Python
実践
データ分析
課題解決
ワークブック

黒木賢一・安田浩平・桑元凌・下山輝昌 [共著]

秀和システム

はじめに

　以前は限られた一部の企業や分野で利用されていた印象のあるデータサイエンスですが、年を追うごとに着実に世の中に広がり、今では企業経営において欠かせない要素の一つになっています。特にChatGPTに代表される生成AIの登場は世の中に大きなインパクトを与えており、今まで以上にデータサイエンスの企業や社会への浸透を後押ししていると感じます。

　そのような背景もあり、データサイエンティストへの認知や関心は高まっており、またそれと足並みをそろえるようにデータサイエンスを学習する機会や手段も増えています。今では多くの書籍やe-learningなどで気軽にデータ分析について学ぶことができます。加えて、ChatGPTに代表される大規模言語モデルを活用すれば、望んだ条件でサンプルコードを出力してくれたり、コードの改善点を指摘してくれるなど、我々の分析業務をサポートしてくれます。以上のようにデータ分析の学習のハードルは大きく下がっていると言えるのではないでしょうか。

　しかし一方で、研修などでデータ分析を学習してPythonなどのコードは書けるようになったものの、その後の業務には活かせずに終わってしまうなど、分析スキルがビジネス成果に結びつかず悩んでいる企業や人が多いのが実態だと感じています。なぜ学んだ分析スキルがビジネス成果につながらないのでしょうか。

　著者がこれまで多くのデータサイエンティスト育成に携わる中で実感していることは、データ分析でビジネスに貢献するためにはPythonでデータ分析のコードが書けるようになるといった「技術的なスキル」だけでなく、その技術を実務に適用してビジネス成果につなげるスキル（本書では「思考的なスキル」と呼びます）も併せて身に付ける必要があるという点です。これは料理人の例で考えてみると少し分かりやすいかもしれません。例えば、お客様が満足する料理を提供するために、技術的なスキル（包丁やフライパンの使い方など）を磨くだけで十分でしょうか？もち

ろん技術はとても大事です。しかし、例えば「包丁の使い方がとてもうまい」というだけで「お客さまが満足する料理を提供する」という目的を達成できるかというとそうではなく、お客様のニーズを踏まえて適切な料理を選定したり、必要な食材や調理の段取りを考えたりするようなスキルも大事になります。これはデータサイエンティストも同様です。目的であるビジネス成果の創出に向けて、技術的なスキル（Pythonで分析コードが書ける等）だけではなく、その技術を実務に適用する「思考的なスキル」も両輪で重要になるのです。

　一般的にこの「思考的なスキル」は、先輩データサイエンティストに学びながら分析プロジェクトの実務の中で身に付けるケースが多く、レビューの機会などを意識的に設けながら新人データサイエンティストの育成を進めていきます。しかし、そのように指導してくれる先輩データサイエンティストが周りにいなかったり、忙しくて手が回らないといった理由で、この「思考的なスキル」を学ぶ機会は限られているのが実態であり、それが学んだ分析技術がビジネス成果になかなかつながらない大きな原因の一つだと考えています。更に、この「思考的なスキル」は教科書を読んだらすぐに使いこなせるかというとそうではありません。料理人も厨房で実際に手を動かして料理を作ったという経験値がとても大事になるように、データ分析も同様に分析プロジェクトで分析経験を重ねることで思考的なスキルが体に染みついていくのです。しかし、分析初心者に適した分析プロジェクトの案件がいつもあるかというとそうでもありません。

　以上の課題を解消すべく、本書では初心者に適した仮想の分析プロジェクトを通じて、データ分析の技術だけでなく、ビジネスへの活かし方（思考）を身に付けて頂くことを目指します。具体的には、データ分析の基本的な段取りやポイントを整理した「分析ワークシート」をベースに分析を進めることで思考面を意識いただくとともに、Pythonで実際に手を動かして分析を進めていただくことで技術的なスキル習得を進めていきます。先輩社員が伴走する分析プロジェクトにおいて、どんなことを考え

て、どんな作業をするのかを仮想的に体験しながら技術と思考の両面を同時に身に付けていただくイメージです。技術だけあっても引き出しにしまっていては宝の持ち腐れですし、せっかく思考があっても技術がなかったら実践することができません。ぜひ1章と2章で基本となる考え方や基礎体力作りをした上で、3章から仮想の分析プロジェクトでの体験を楽しみながら進めていただければと思います。

　なお、生成AIの登場により、データ分析を学ぶ必要性はなくなるのではと不安になる方もいらっしゃるかもしれません。しかし、例えば中身が分かっていない業務をコンサルタントに委託してしまうと、アウトプットの妥当性を判断できずコンサルタントの言いなりになってしまうリスクがあるように、自身で分析ができない人が生成AIを使って分析した場合は、出力された分析結果の妥当性を判断できず、最悪誤った意思決定につながってしまうリスクがあります。実際に現時点では大規模言語モデルにはハルシネーションという誤った情報も含めて出力してしまう特徴があり注意が必要です。また、本書で解説するようにデータ分析には検討すべきポイントが多岐にわたりますが、内容を知らないと適切な判断や指示ができなかったり、検討ポイントを見落とす可能性もあります。一方で、自身で分析ができる人は、生成AIをサポートツールとして使い倒すことで、24時間365日文句も言わずサポートしてくれる存在の恩恵を受けることが可能となります。生成AI登場以前にもAutoMLによってコーディングの必要性が薄れたように技術的なスキルは今後代替が進んでいく可能性がありますが、技術をどう実務に適用するかといった思考的なスキルは今後ますます重要になると思われます。ぜひ本書を通じて、今後データ分析を進める上でベースとなる技術や思考を身に付けていただければと思います。

　それでは、まずはデータ分析による課題解決に向けた準備を1章から進めていきましょう！

◆ 動作環境

Python：Python 3.10 (Google Colaboratory)

Web ブラウザ：Google Chrome

本書では、Google Colaboratory を使用して進めていきます。

Colaboratory における Python のバージョンとインストールされている各ライブラリのバージョンは、本書執筆時点（2024年2月）において、以下の通りです。

Python 3.10.12

pandas 1.5.3

matplotlib 3.7.1

japanize_matplotlib 1.1.3

scikit-learn 1.2.2

seaborn 0.13.1

sweetviz 2.3.1

numpy 1.25.2

lightgbm 4.1.0

shap 0.44.1

statsmodels 0.14.1

◆ サンプルソース

本書のサンプルは、以下からダウンロード可能です。

Google Drive のマイドライブ直下にアップロードして、ご使用してください。詳細は2章で解説します。

https://www.shuwasystem.co.jp/support/7980html/7142.html

第2章
Pythonを用いたデータ分析の
基礎体力作り　　　　　　　　　23

▶ Part2
仮想の分析プロジェクトで課題解決を進めよう

第3章
「課題の絞り込み」を進めよう
（可視化）　89

第5章
「原因の特定」を進めよう（決定木）
181

第6章
「対策の立案と実行」を進めよう
（LightGBM、SHAP） 233

第7章
「対策の評価」を進めよう
（重回帰分析）　299

▶ コラム目次

## 第1章

データ分析で
ビジネス課題解決に
貢献するための
ポイント

1▸1 ようこそデータサイエンティストの世界へ

　新聞などのマスメディアの報道で、AIやIoTといったデータ分析に関連するキーワードに触れない日は無いほど、データ分析は身近なものになり、企業経営においても重要な要素になっています。その中で、データサイエンティストへの注目はますます高まっていることが多くの記事や調査からも確認できます。

　例えば、一般社団法人データサイエンティスト協会が2022年3月31日に発表した「データサイエンティストの採用に関するアンケート」によると、2021年調査では「目標としていた人数のデータサイエンティストを確保できたか」という質問に対して「確保できた」と回答した企業はわずか4%にとどまり、「どちらかといえば確保できた」を含めても37%にとどまると報告されています。つまりほとんどの企業がデータサイエンティストの採用に苦労している状況です。この傾向は2020年の調査と比較すると強まっていることが確認できます。また、OpenAI社が2022年11月にリリースしたChatGPTに代表される生成AIの登場や発展がAIに対する認知や期待を更に後押ししていると感じます。このような世の中の状況からデータサイエンティストという職種に興味をもたれた方もいらっしゃるのではないでしょうか。

　以前は理系出身のごく限られた方が目指す職種だったデータサイエンティストですが、今や文系出身の方も含めて多くのデータサイエンティストが活躍しています。本書を手に取ってくださったみなさんも、そんな世界に飛び込もうとしている方や、飛び込んでみたけど成果を出すためにあがいている方なのではないでしょうか。そのような悩みを少しでも解決できるように、まずはデータサイエンティストの役割から紐解いていきたいと思います。

　一般社団法人 データサイエンティスト協会の定義によると、「データサイエンス力、データエンジニアリング力をベースに、データから価値を創出し、ビジネス課題に答えを出すプロフェッショナル」とされています。

● 図1：データサイエンティスト定義（データサイエンティスト協会）

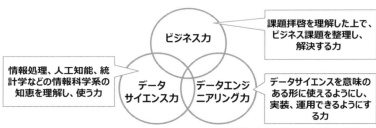

データサイエンティストとは、「データサイエンス力、データエンジニアリング力をベースに、データから価値を創出し、ビジネス課題に答えを出すプロフェッショナル」

ビジネス力

課題拝啓を理解した上で、ビジネス課題を整理し、解決する力

情報処理、人工知能、統計学などの情報科学系の知恵を理解し、使う力

データサイエンス力

データエンジニアリング力

データサイエンスを意味のある形に使えるようにし、実装、運用できるようにする力

（一社）データサイエンティスト協会より筆者加工

　また、経済産業省と独立行政法人情報処理推進機構（IPA）の「デジタルスキル標準」によれば、「事業戦略に沿ったデータの活用戦略を考えるとともに、戦略の具体化や実現を主導し、顧客価値を拡大する業務変革やビジネス創出を実現する」といった役割が定義されています。

● 図2：データサイエンティスト定義（デジタルスキル標準）

データサイエンティスト	データビジネスストラテジスト	事業戦略に沿ったデータの活用戦略を考えるとともに、戦略の具体化や実現を主導し、顧客価値を拡大する業務変革やビジネス創出を実現する
	データサイエンスプロフェッショナル	データの処理や解析を通じて、顧客価値を拡大する業務の変革やビジネスの創出につながる有意義な知見を導出する
	データエンジニア	効果的なデータ分析環境の設計・実装・運用を通じて、顧客価値を拡大する業務変革やビジネス創出を実現する

経済産業省と独立行政法人情報処理推進機構（IPA）「デジタルスキル標準」より

1▶2 データサイエンティストの課題解決への貢献ポイント

　これらの定義に共通して言えることは、様々なデータ分析のスキルを活用しながら、「データから価値を創出し、ビジネス課題に答えを出す」や「顧客価値を拡大する業務変革やビジネス創出を実現」といったビジネスの課題解決に貢献することを目的としているという点です。

　では、データサイエンティストはどのようにビジネスの課題解決に貢献できるのでしょうか。

　貢献ポイントは大きく次の3つに分類することができます。

● 図3：データサイエンティストの貢献ポイント

課題の発見	課題の深掘り	課題の解決
①データから定量的に状況を把握し、課題を早期発見	**②データという客観的な観点から仮説を発見・裏付け、意思決定を支援**	**③データを活用した付加価値の高い対策や効果検証を実現**
現状とあるべき姿（目標値等）の乖離状況の定量的な把握や、兆候検知等により課題の早期発見が可能になる	データという客観的な観点も含め検討することで、主観・思い込みの排除や、検討の抜け漏れを防止し、意思決定の精度やスピードを向上する	将来予測などデータ分析の力がないと実現が難しい対策が可能になる また、定量的な効果検証により、意思決定の精度やスピードが向上する
（分析例） ・ダッシュボードによる一元的かつタイムリーなモニタリング ・兆候検知アラートによる課題の早期検知 etc.	（分析例） ・可視化による仮説の探索や検証 ・解釈性の高い手法（決定木等）による事象の特徴把握 etc.	（分析例） ・将来予測やレコメンドによるプロアクティブな対策の実現 ・解釈性の高い手法（重回帰等）による効果の検証や改善検討 etc.

①データから定量的に状況を把握し、課題を早期発見する

②データという客観的な観点から仮説を発見・検証し、意思決定を支援する

③データを活用した付加価値の高い対策や効果検証を実現する

▶ ①データから定量的に状況を把握し、課題を早期発見する

　現状と、あるべき姿（目標値等）の乖離をデータで可視化することで、経営状況の良し悪しなどの状況を定量的に確認し、課題を早期に発見することが可能になります。例えば、計画値との乖離が発生したタイミングで素早く課題を検知したり、乖離の度合いから対処すべき課題の優先度の判断に役立てることができます。

　更には、現状の可視化だけでなく、問題発生の兆候を検知するようなモデルを構築・活用することで、問題が発生する前の兆候段階で対策を打ち、問題の発生を未然に防ぐことも可能になります。

▶ ②データという客観的な観点から仮説を発見・検証し、意思決定を支援する

　課題の深掘りを進めるにあたり、「ここが原因なのでは」といった経験や勘による判断に加えて、データという客観的な観点も含めて判断することで、意思決定の精度やスピードを向上することができます。

　例えば、社員の労働時間が前年よりも増加傾向にあるという課題に対して「恐らくリモートワークの増加が原因では」という仮説のもと「リモートワークを制限する」という対策を考えたとしましょう。しかし、データで検証すると、労働時間の対前年増加率とリモートワーク率には相関がなく関係性がみられない場合は、実施しようとしている対策は的外れになる可能性が高くなります。このように、主観・思い込みによる誤った判断をデータという客観的な観点から防止することで意思決定の

精度を高めることができます。またデータ分析により、より網羅的な観点で検討をすることも可能になります。例えば、労働時間が組織の中で特に長い社員をデータから抽出して属性を確認したところ、これまでノーマークだった中途入社社員が多く、入社後のケアが十分でなかったことが分かったとします。このようにこれまで見落とされていた事象について分析で発見しアクションを考えることができるようになります。

　もちろんビジネス成果を出すためには経験と勘は欠かせない要素ですが、それに、データ分析というサポートを追加することで、その経験と勘をより効果的にビジネス成果につなげることが可能になります。

　また、可視化だけでなく、決定木など解釈性の高い手法を活用することで、事象のパターンを機械的にとらえたうえで新たな有力仮説を発見するアプローチも可能になります。本書では3章から5章で可視化やクラスタリング、決定木を用いた「課題の深掘り」に関する分析について解説します。

▶ ③データを活用した付加価値の高い対策や　効果検証を実現する

　ビジネス課題を解決するための対策としては様々な方法が考えられますが、そのうちの1つとしてデータ分析を活用した対策があります。データ分析を活用した対策とは、例えばダッシュボードを構築して必要な情報を一元的かつタイムリーにモニタリングできるようにしたり、問題の兆候検知などの予測モデルを構築してアウトプットされた予測情報をもとにプロアクティブな運用を実現したりする対策です。

　これらの対策はデータ分析の力がなければ実現が難しい対策であり、プロジェクト外の第三者から見てもデータ分析の価値が分かりやすいという特徴があります。もちろん、品質の高いダッシュボードや予測モデルを提供できることが大前提にはなりますが、データ分析の価値を感じてもらいやすいという点でお勧めの適用箇所です。

また実行した対策の効果について、定量的にデータから評価すること
で、対策の継続や改善に向けた意思決定の精度やスピードの向上が期待
できます。大まかな傾向であれば対策実施前後の売上比較や、アンケート
の満足度比較などで、把握することができるかもしれません。しかし、現
実問題としては他にも売上等に影響を与える様々な要因（バイアス）があ
り、前述のような方法だと今回実施した対策がどの程度の効果があった
のかを正確にとらえることはできません。より精度高く効果を測定した
い場合には、重回帰などを活用することでバイアスの影響を低減しなが
ら効果を検証する手法もあり、適用することでより正確に対策の評価を
行うことが可能です。

　本書では6章で勾配ブースティング木（LightGBM）を用いた対策、7章
で重回帰を用いた対策の効果検証について解説します。

いかがでしょうか。データサイエンティストの活躍と、それによるビジネスの成果のイメージが少し湧いてきましたでしょうか。データ分析は様々な意思決定を助けてくれたり、ビジネスの仕組みを変えるのに大きく役立ちます。今まで「あの人にしかできない」という判断をデータで再現できれば、あの人の判断を誰でもできるようになります。それは、もしかしたらトップ営業の知見を全社員が持つことができるようになるということかもしれません。またその知見に基づいた判断を自動化することで、先んじた顧客フォローアップができるようになるでしょう。それだけでも大きな可能性を感じませんか。ここで説明したことはあくまでも1例ですが、まさにそのような大きな可能性を生み出すのがデータサイエンティストの役割であり醍醐味でもあるでしょう。

しかし一方で、多くの企業がPythonやBIツールなどを用いてデータ分析を学ぶ研修開催を進めているものの、分析スキルとビジネス成果の間には壁があり、なかなか学んだ分析スキルが目的である課題解決などのビジネス成果に結びつかず悩んでいるというのが実態です。なぜ、分析スキルがビジネス成果につながらないのでしょうか。

● 図4：ビジネス成果への壁

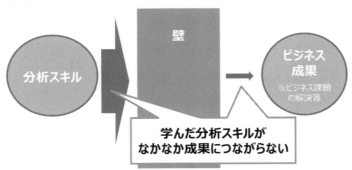

1▸3 | データ分析をビジネス課題解決につなげるポイント

データサイエンティストは、データの力を最大限引き出して**課題解決**という目的を達成する人材です。これには、統計解析や機械学習、Pythonなどのデータ分析の「技術的なスキル」と同時に、データから価値を創出しビジネス課題に答えを出していくデータ分析の「思考的なスキル」が重要となります。

料理に例えて考えてみると、包丁の使い方やフライパンの使い方などの調理（技術）スキルを磨くだけではレストランのシェフとしてお客さまが満足する料理が提供できないように、データ分析も技術的なスキルだけを身につけるのではなく、その分析技術を実務に適用するスキル（活かし方）を身につけることで効果的にビジネス成果につなげることができるのです。

お客さまに料理を提供する場合を考えてみると、①どのような料理が食べたいか確認して、②必要な食材や調理法を整理して、③食材を集め下ごしらえして、④調理をして、⑤盛り付けて提供する、という一連のサイクルを通して進めるとともに各フェーズにおいて料理を美味しくするコツがあり、それを踏まえることではじめてお客さまが満足する料理を提供できます。

データ分析においても、①分析目的や課題を整理して、②分析のデザインを考え、③データを収集・加工し、④データ分析を行い、⑤分析結果を整理・活用する、という一連のプロセスを通して進めるとともに各フェーズで留意すべきコツとなるポイントがあり、それを踏まえることでビジネス成果につなげることができます。

データ分析技術はあくまで課題解決の道具であり、その道具を活かす分析の段取りやコツといったデータ分析の思考的なスキルも身に付けることで効果的にデータ分析をビジネス成果につなげることができるのです。

💬 **図5：ビジネス成果に繋げるためのスキル**

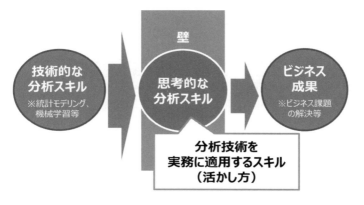

　技術的なスキルを身に付ける研修は多く存在しますが、決められたものを仕様通りに作るようなエンジニアリングとは大きく異なるため、研修で技術的なスキルだけを学んでも、職場に戻った後、その技術がほとんど活用されないなど、ビジネスの成果に結びつかずに悩んでいる企業が非常に多いのが実態です。データから価値を創出してビジネス課題に答えを出して欲しいという期待があるのに、技術側のスキルだけを学んでいてもなかなかビジネス成果には結びつかないのは想像に難くありません。

　一方で、データ分析の思考的なスキルは教科書を読んだらすぐに使いこなせるかというとそうではありません。料理もレシピ本をたくさん読むだけでシェフになれるわけではなく、実際に手を動かして料理を作った経験値が大事になるように、データ分析も同様に分析をこなした経験を重ねることで思考的なスキルが体に染みついていきます。このデータ分析のビジネスへの活かし方（思考）は多くの場合、先輩のデータサイエンティストの指導を受けながら現場で磨いていくということが一般的です。しかし、初心者に適した分析プロジェクトへの参加の機会がなかったり、指導してくれる先輩データサイエンティストが存在しなかったりすることで、データ分析のビジネスへの活かし方という思考的なスキルを

磨く機会がなかなかないのが実態です。また、分析経験はやみくもに積めばいいかというとそうではありません。

　そこで本書では、初心者に適した仮想の分析プロジェクトを用いて、データ分析のビジネスへの活かし方（思考）を意識しながら分析を進めていただきます。具体的には、データ分析の基本的な段取りやポイントを整理した「分析ワークシート」を埋めながら分析を進めることで思考面を意識いただくとともに、Pythonで実際に手を動かして分析を進めていただくことで技術的もスキルを身に付けていきます。先輩社員が伴走する分析プロジェクトにおいて、どんなことを考えて、どんな作業をするのかを仮想的に体験いただきながら思考と技術の両面を同時に身に付けていただくイメージです。

　技術だけあっても引き出しにしまっていては宝の持ち腐れですし、せっかく思考があっても技術がなかったら実践することができません。分析スキルは、技術＋思考の総和で決まります。技術だけでも、思考だけでもダメなのです。ぜひ1章と2章で基本となる考え方やPythonの基礎体力作りをした上で、3章から仮想の分析プロジェクトでの体験をぜひ楽しみながら進めていただければと思います。

　なお、本書では分析技術を実務に適用するために必要となる「思考的なスキル」を鍛える点に特にフォーカスするため、データの前処理や分析手法などの分析の技術面については必要なものに絞って解説をしていきます。詳しく学びたい方は、書籍「100本ノックシリーズ」（Python実践データ加工／可視化、Python実践データ分析など）やプログラミングの本なども必要に応じて合わせてご参照いただき、技術的な引き出しを更に増やしていただければと思います。

1▸4 課題解決プロセスと分析プロセスの関係を押さえよう

　先ほども述べましたが、データサイエンティストに求められるのは、データから価値を引き出し、ビジネスの課題解決に貢献することです。

　そこで、まずはビジネスの課題解決を進める際の**課題解決プロセス**を確認します。その後、**分析プロセス**を確認した上で、その2つのプロセスがどのように関係するのかを解説します。この課題解決プロセスとデータ分析プロセスの関係性を意識することはとても重要です。3章以降の構成にもなっているので押さえていきましょう。

　まずは課題解決プロセスについて解説します。

▶ 課題解決プロセス

　一般的にはビジネスの課題解決は通常、以下のようなプロセスで進めていきます。

💬 図6：課題解決プロセス

・**課題の発見**

　現状とあるべき姿を整理しながら解決が必要な課題を見つけるフェーズです。企業だと中期経営計画で設定された課題や直近の経営環境の変化（対前年で売上が大きく減少している、等）に伴う課題などが挙げ

られるでしょう。この段階では課題の粒度が解決に取り組むためには粗すぎるため、課題を分解して解くべき課題を明確にしていく必要があります。

・課題の深掘り

粗い課題についてフレームワーク（ロジックツリーやマトリクス（PPM 等）、ファネル（AIDMA等））等を活用しながら解くべき課題を整理して絞り込みを進めます。

解くべき課題が明確になったら、次に「なぜその課題が発生しているか」について仮説を立てながら検証を進め、原因の特定を進めます。

・課題の解決

課題が発生している原因に対して対策案を検討・整理するとともに、各対策について想定される効果やコスト、実現性等で評価を行い、対策の実施可否や優先度を整理し、実行していきます。また、対策の効果について評価を行うとともに、効果が十分でない場合は改善に向けた取り組みを進めます。

　ビジネスの課題解決のプロセスは、データ分析がなくとも経験と勘をベースにしながら進めることは可能です。しかし、競争力の高い企業は、データ分析が一連のプロセスに組み込まれることによってビジネスの成果を上げているように、データ分析を活用することでより効果的に課題解決のプロセスを進めることが可能になります。つまり、この課題解決のプロセスの中で効果的にデータ分析を組み込むことが重要なのです。

　では、そのデータ分析はどのようなプロセスで進めるのでしょうか。続いて確認していきましょう。

▶ 分析プロセス

　データ分析は通常、以下のようなプロセスで進めていきます。また、分

析は一度で狙った結果を得られないケースも多く、分析デザイン〜データ分析は適宜繰り返して試行錯誤しながら分析を進めていきます。

● 図7：分析プロセス

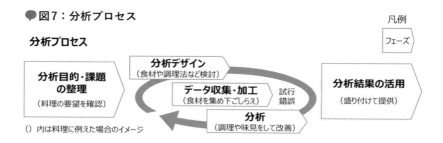

() 内は料理に例えた場合のイメージ

◆ 分析目的・課題の整理

分析を通じて何を達成したいかの目的を明確にするとともに、目的を達成するために解決が必要な課題を整理します。料理でいうとお客さまのニーズ（どのような料理を食べたいかなど）を確認するフェーズになります。こちらが明確でないとお客さまが望んでいない料理を出してしまうように、分析においても成果につながらない残念な分析になってしまいます。分析目的や課題を整理する方法は色々とありますが、現状とあるべき姿を整理したうえでそのギャップから確認する方法があります。

◆ 分析デザイン

分析目的を達成するために、どのような分析を行うのかを整理していきます。料理でいうと①どのような料理を②どのような材料や③調理方法・調理器具を使って④どのような段取りで料理し、⑤どのような形で提供していくか、というようなことを考えるフェーズです。

分析においても、①どのような分析を②どのようなデータや③分析手法・分析モデルを使って、④どのような条件・スケジュール・コストで分析し、⑤どのような成果物で提供するか、という点を考えて整理していきます。

◆ データの収集・加工

　分析デザインで整理した分析で必要となるデータを収集し、分析で使える形式に加工していきます。料理で例えると必要な食材や調味料を調達したり、調理前の下ごしらえ（食材に調味料を漬け込んだり）するフェーズです。重要なデータになるほど取得に時間がかかることがあるため、一定の時間がかかることを見越してスケジュールを立てる必要があります。データ取得に時間がかかる場合は、優先度をつけて段階的に分析を開始することも検討するようにしましょう。また、データと合わせてデータ項目の定義やデータ間の関連性を理解する上でデータ定義書やER図があればそれを入手するとデータの理解にとても役に立ちます。ただ、正確な分析を進めるためには、やはりそのデータオーナーなどの有識者にデータの読み解き方を確認する必要がある場合が多いです。

　また入手したデータはそのまま分析で利用できないケースも多く存在します。欠損値や異常値がない綺麗なデータであることは稀であり、縦横変換やデータの結合などの前処理を行う必要がある場合もあるでしょう。データ分析の全体の工程において、データ前処理は半分以上を占めるということを言う人もいるほど深いテーマです。

◆ データ分析

　収集したデータを利用してデータの可視化や機械学習モデル構築などの分析を行うフェーズです。料理で例えると、用意した食材を使って調理を進めるフェーズです。本書ではPythonを利用して、様々な軸でデータを可視化したり、モデルを作成したりしながら課題解決に向けて取り組んでいきます。

　なお、一度の分析で分析目的を満たす結果が得られるとは限りません。分析した結果が、今回の分析目的を満たさない場合は、改善に向けて、再度分析デザインをやり直したり、新たなデータを収集・加工するなど、分析目的を満たす分析結果が得られるように試行錯誤します。

◆ 分析結果の活用

　分析を行った結果を整理して、活用していくフェーズです。料理で例えると、作った料理を盛り付けてお客さまに提供するフェーズです。せっかく作った料理も盛り付けが汚かったり、食べてもらえないと意味がないように、データ分析も作成したモデルの特徴を説明したり、実際に意思決定プロセスの中で分析結果が利用されるように進めていくことが大事になります。

　それでは、課題解決プロセスとデータ分析プロセスはどのような関係になっているのでしょうか。それは、ビジネス課題解決プロセスの各フェーズにおいて、データ分析プロセスを回すイメージになります。

💬 図8：課題解決プロセスと分析プロセス

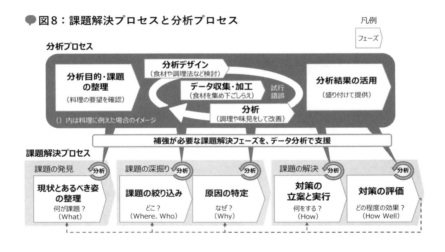

　例えば、本書の3章では課題解決フェーズ「**課題の絞り込み**」に対して分析プロセスを回すことで「どこに課題があるのか」をデータから絞り込んでいきます。4章では課題解決フェーズ「**原因の特定**」に対して分析プロセスを回すことで「なぜその課題が発生しているのか」をデータという客観的な観点から特定を進めます。ただし、必ずすべての課題解決フェーズでデータ分析を行う必要があるかというとそうではなく、費用対効果

などを踏まえた判断になります。データ分析を行うことで様々なインサイト（隠れた発見など）を得ることができますが、一方でデータサイエンティストの工数やクラウドを利用する場合はクラウド利用料などのコストも発生します。また、分析結果を得るためには相応の期間も必要になります。そのため、案件の特性や取り組み状況を踏まえてデータ分析を実施するかを判断していくのが重要です。

　例えば意思決定を誤ると大きな損失が出るような重要な課題はデータ分析という客観的な観点も含めた判断が望ましいですが、スピード重視で試行錯誤が許されるテーマなどは課題の深掘りは既存の調査や有識者の判断で代替し、対策の実行（例えば予測モデルの構築など）から分析を進めるようなケースもあるでしょう。課題解決プロセスの全体像を意識しながら、自身がどの課題解決フェーズにおいて、どのような貢献を目指すのかを意識することが、データ分析をビジネス成果につなげるための第一歩になります。

　なお、本書では課題解決プロセスを意識しながら分析する習慣を身に付けられるよう、課題解決フェーズごとに一連の分析プロセスを回すアプローチで解説していきますが、必ずしも課題解決フェーズごとに分析プロセスを分割しなければいけないというルールはありません。慣れてきたら課題の絞り込みと原因の特定を一つの分析プロセスとして分析するなど、応用的に取り組んでいただければと思います。

　また、課題解決フェーズの最初である「課題の発見」については、実際の分析ケースとしては与えられるケースも多い（例えば経営企画部門から「売上が下がっているため分析で確認してほしい」と依頼を受けるなど）ため、本書では「課題の絞り込み」以降のフェーズを中心にPythonを用いて分析を進めていきます。

　ここまで、ビジネス課題を解決するためのプロセス、そしてその中で組み込まれる分析プロセス、そしてそれによる分析の貢献ポイントを説明してきました。章の違いは課題解決フェーズの違いであり、本書においてはどのフェーズでも分析プロセスに沿って進んでいきます。もちろん、実

際の分析では分析プロセスが一直線で進むことばかりではなく、例えば分析をしてうまく成果が出ない場合は分析デザインやデータ収集・加工をやり直して再度分析するなど、試行錯誤も発生することになります。試行錯誤していくと迷いやすくもなるので、今自分がどの分析プロセスにおいて、何をやっているのかを意識しながら進めるとより良い分析ができるようになるでしょう。

　復習も兼ねて、冒頭に述べた貢献ポイントも合わせて図示すると次図になります。自分はどの課題解決フェーズにおいて、どのような貢献を目指すのかを意識しながら、分析を進めるようにしましょう。

● 図9：1章のまとめ

データサイエンティストの貢献ポイント

それでは、さっそく分析を進めていきたいと思いますが、いきなり「分析の目的を設定してください」と言われても、どのように設定して良いのか戸惑う人も多いと思います。最初からビジネス課題の解決につながるような目的や仮説を設定できたら誰も苦労はしません。「仮説思考を持ちましょう」は非常に正しい言葉ですが、一足飛びにはなかなか身に付かないものなのです。まずは、手を動かしてデータの前処理やグラフの作成を進めながら、Pythonを使ったデータ分析に慣れることが最初の1歩と考えています。そのため、「思考」と「技術」を結び付けるための基礎体力をつけるための2章を用意しました。先ほど説明した課題解決プロセスや分析プロセスは、一度頭から避難しておいて、難しく考えずに、まずは目の前にあるデータに向き合っていきましょう。

2章からはPythonを利用して可視化やモデル作成などのデータ分析に取り組んでいきます。普段、ExcelやBIツールなどのノーコード・ローコードツールの分析ツールを使っている方はコーディングになじみがなく最初は戸惑うかもしれません。しかし、Pythonは世界中のデータサイエンティストが利用しているツールであり、使いこなすことで実装できる分析の幅が大きく広がります。ぜひ、本書を通じてPythonの魅力や可能性を感じていただきつつ、この機会に習得を進めていただければと思います。

それでは、2章でPythonを用いたデータ分析の基礎体力作りを進めていきましょう！

Column ▶ データサイエンティストのサポート役としての生成AI活用

　ChatGPTに代表される大規模言語モデル（LLM）の進化に伴い、例えば「決定木分析のサンプルコードを出力して」とChatGPTに指示すればサンプルコードを出力してくれる時代になりました。また、OpenAI社などが提供する機能を利用すればコードの生成だけではなく、コードの実行まで進めてくれます。先ほどのように料理に例えてみると、「お雑煮のレシピを出力して」と自然言語で指示をするとお雑煮のレシピを作成してくれたり、調理まで実行してくれたりする自動調理マシーンのような存在が登場したといえるでしょう。

　しかし、誰もが認める唯一絶対の「お雑煮」という正解はなく、お雑煮のバリエーションは多岐に渡ります。ちょっとした調理の工夫や味付けまで加えるとそのパターンは莫大になるでしょう。素人料理であればどのようなお雑煮が出てきても許されるかもしれませんが、プロの料理人であれば、仮にそのような自動調理マシーンを利用する場合でも、「お雑煮を作って」という指示で終わらせるのではなく、食材の吟味や細かい調理上の工夫、味付けなど細かく指示を出しながら料理を進めるでしょう。また、料理の味付けなどを適宜チェックしながら、お客様に満足いただける料理として提供できるよう努めるはずです。このような適切な指示やチェックができるのは自分で料理ができるプロの料理人だけでしょう。

　これはデータ分析も同様です。データ分析には唯一絶対の正解が存在するわけではなく、データ分析の目的や適用先などによって求められる分析内容は異なります。必要となるデータや前処理の内容も異なりますし、適用する手法も解釈性を求められる場合と精度を優先したい場合などで異なります。これらの多岐にわたる検討ポイントを理解し、かつ、適切に判断して指示するためには、やはり自身でデータ分析ができるデータサイエンティストである必要があります。加えて、大規模言語モデルには例えば次のような留意すべき点があります。

ハルシネーション（誤った情報の出力など）

　大規模言語モデルは、過去の学習内容（文章など）を踏まえて、ユーザーが入力した文章の後続に続く単語を予測して出力するような仕組みのため、誤った内容を出力する可能性があります。データ分析で利用する場合も、出

力されたコードや分析結果に誤りがあるなど適切でない可能性があるため、出力結果を鵜呑みにせず、あくまで下書きレベルの情報としてとらえるべきです。

入力内容によって出力結果が大きく変わる（プロンプトエンジニアリング）

　大規模言語モデルは、ユーザーに入力した文章によって出力結果も大きく異なります。例えば「クーポン利用有無を分類する予測モデルを作成して」というようにラフな自然言語の指示をすることで、コード出力など一定のデータ分析を行ってくれます。しかし、前述のような分類モデルを実現する分析手法は数多く存在し、分析目的にそって使い分ける必要があります。また、例えば解釈性を重視して分析手法は決定木を利用することにした後も、木の深さや葉の数、分割の基準など、多くの判断ポイントがあります。これらの判断ポイントを理解した上で、適切な判断や具体的な指示を出すことで、より意図に沿った分析結果等の出力結果を得ることができます。

入力したデータが学習に使われる等のリスクがある

　利用条件などによりますが、大規模言語モデルに入力した情報は将来的にモデルの学習に利用される可能性があります。例えば、個人情報（氏名や電話番号など）や機密情報（社外秘のソースコードなど）を含む情報を入力すると、その入力データが大規模言語モデルの学習に利用された場合、将来リリースされる新しいモデルで該当情報を含む出力がされる可能性があるということです。多くの大規模言語モデルでは、どのような条件の場合は学習に利用しないなどの条件（API経由であれば学習しない、オプトアウトすれば学習しない、など）を開示しており、そちらを確認しながら適切に利用することが必要です。また、大規模言語モデルが過去に学習で利用したデータの関係で、著作権や倫理的なリスク（偏った情報が出力される等）が存在します。これらの法律や倫理的な観点の判断は企業毎に異なることもあり、業務として生成AIを利用する場合は自社の法務担当などの見解を踏まえて利用することが望ましいです。

　以上の点は今後の技術進歩により解消される可能性もありますが、少なくとも執筆時点においては留意すべき点として存在しています。Microsoft社

がWordやOutlookなどの製品に生成AIを組み込んで提供するサービスについて「Copilot」という名称で提供していますが、「Copilot（副操縦士）」という名前から分かるように、あくまでサポート役としての位置づけでの生成AIの利用を想定しています。データ分析で生成AIを利用する際も同様に、出力された内容を鵜呑みにせず、適切かをデータサイエンティストが判断しながら下書きとして利用するスタンスが望ましいでしょう。

　なお、少しマイナスのような書き方をしてしまいましたが、自身で分析ができるデータサイエンティストにとっては、24時間365日文句も言わずサポートしてくれる優秀なパートナーが誕生したと言っても過言ではありません。生成AI登場以前にもAutoMLによってコーディングの必要性が薄れたように技術面については今後代替が進んでいく可能性がありますが、生成AIを含む技術をどう実務に適用するかといった思考面のスキルは今後ますます重要になると思われます。まずは本書を通じてデータ分析の「思考」と「技術」のベースとなるスキルを身に付けていただくとともに、分析に慣れてきたら前述のような留意点は踏まえつつ、自身の能力をサポートしてくれる技術（道具）として使い倒して、業務の効率化などにつなげていただければと思います。

第2章

Pythonを用いた
データ分析の
基礎体力作り

2▶0　準備

　1章では、データサイエンティストがどのようにビジネス課題解決に貢献していけるのか、またそのためにはデータ分析の技術だけでなく段取りやコツといった「思考」も必要になるという点をお伝えしました。「思考」と「技術」は両輪で学ぶことが重要で、切っても切り離せない関係にあることを少し理解していただけたのではないでしょうか。

　しかし、各プロセスにおける取り組みポイントを理解して適切に目的を設定したりできる「思考」面のスキルも非常に大事ですが、それ以前に目の前のデータと向き合って価値を引き出すことができる「技術」面の基本的な体力がないとデータという海を泳いでいくことはできません。そこで、2章では、「技術」面の準備としてPythonを用いたデータ分析の基礎体力を付けていきましょう。本章は次の流れで解説していきます。

2-1 Google Colaboratoryを使ってみよう

2-2 データを読み込んでみよう

2-3 データを結合してみよう

2-4 データの基本的な特性を把握しよう

2-5 欠損値/異常値を処理してデータを綺麗にしよう

2-6 データ取り扱いの注意点とよく使う処理を押さえよう

2-7 集計・可視化・データ出力をしてみよう

最初に、Pythonを使うための準備としてGoogle Colaboratoryのセッティングを行います。**Google Colaboratory**は、初級者にはつまずきやすい環境構築を飛ばして、すぐに利用できる便利なプログラミング環境です。利用方法とともにGoogle Colaboratory利用上の注意点なども合わせて押さえていきましょう。

　Google Colaboratoryの準備が整ったら、いよいよデータ分析の基礎的な技術に触れていきます。データ分析の基本的なステップにそって、データを読み込んだ後、データを結合したりすることで使いたい形に整形/加工して、データの型や基本的な統計量などを把握していきます。また、必要に応じて異常や欠損しているデータのクリーニング等の処理を行いますが、処理を進める中ではインデックス初期化などPythonを使う際に注意すべき点を踏まえながら進めていきます。最終的には整理したデータを活用して集計や可視化、出力などを進めます。以上のようなデータ分析の流れを踏まえながら順に理解を深めていきましょう。

　それでは、Pythonを用いたデータ分析の基礎体力作りを進めていきましょう！

2▶1 Google Colaboratory を使ってみよう

プログラミングとは、パソコンに分かる形で命令文を書いて、パソコンに仕事をお願いして、その結果を得るというものです。その命令文の文法がプログラミング言語によって変わってきます。今回使用するプログラミング言語は「**Python**」です。Python は文法が比較的容易、かつ、データ分析/AI などの用途で使いやすい特徴も持つため人気のある言語です。

そして、この Python というプログラミング言語をパソコンに理解させるための準備が環境の準備になります。また、プログラミングを書くためのツールのことをエディタや開発環境などと呼びます。本来であれば、自分のパソコンに、プログラミング言語である Python とエディタなどをインストールしてから、プログラミングをしていきます。しかし、今回使用する Google Colaboratory は、つまずきやすい環境構築というのをすっ飛ばして無料ですぐに利用できるのです。つまり、Python が動く環境とエディタを Google が用意してくれいるということなのです。自分の PC 内にツールをインストールする手間が省けることから、この Google Colaboratory は広く普及してきています。

また、本来どのエディタを採用するかは、「どのような形式でコードを記述・実行するか」によって変わります。形式には、ノートブック形式（ファイルの拡張子が.ipynb）とモジュール形式（ファイルの拡張子が.py）の2種類があり、それぞれ以下のような特徴があります。

・ノートブック形式
　「セル」という単位でコードを実行することができるため、こまめに処理結果の確認ができる。試行錯誤向き。

・モジュール形

別の.pyファイルの処理を呼び出すことができる。機能ごとにファイルを分けることで、複数人での共同開発やメンテナンスが効率的にできる。システム開発向き。

データ分析は試行錯誤の要素がとても強いので、「コードを書く→実行結果を確認する→（必要に応じて）コードを直す」のサイクルを効率的に回せることがとても重要です。そのため、データ分析にはノートブック形式のエディタを使うのが一般的です。Google Colaboratoryもノートブック形式のエディタの一つで、その他のノートブック形式のエディタとして代表的なものはJupyter NotebookやJupyter Labなどが挙げられます。

Google Colaboratoryは手軽に使用できる一方でいくつかの注意点が存在するので、しっかりと押さえておきましょう。利用上の注意点としては、主に下記の3つが挙げられます。

①90分ルールと12時間ルール

最後のコード実行が終わった状態から90分が経過すると、それまで実行した結果がすべてクリアされてしまいます。例えば、休憩や別の作業などでPCから90分以上離れた場合はまたはじめからコードを実行する必要があります。

もう1つの12時間ルールに関しては、ノートブックファイル（コードが記述されているファイル）を起動してから12時間が経過すると、起動したノートブックとの接続がすべて切断されてしまうルールです。この切断は、たとえコードを実行中であっても強制的に行われてしまいます。つまり12時間を超えるような長いコードは実行できないということです。

どちらにおいても対策は存在しますが、まずは90分以上離れる場合に注意するのと、12時間を超えるようなコード実行する際には注意する点を押さえておきましょう。

②リソースの上限

　プログラミングとは、パソコンに分かる形で命令文を書いて、パソコンに仕事をお願いして、その結果を得ることですが、Google Colaboratoryの場合はGoogleのクラウド上にあるパソコン（サーバー）を無料で使用していることになります。そのため、サーバーの性能は、Googleによって割り当てられており、スペックが保証されていません。そのため、長時間実行するコードや、大量のデータを処理するコードを実行する場合は、リソース不足で実行が中断されることがあるので注意が必要です。本書で扱うデータでは問題なく動作しますが、ビッグデータなどの大規模データの場合は、実行できない場合もあるので注意しましょう。

③セキュリティ

Google Colaboratoryの場合はGoogleのクラウド上にあるサーバーを使用しており、当然ながらセキュリティには注意が必要です。この後、実際に使用するとイメージが湧くと思いますが、Google Drive上にノートブックファイル（コードが記述されているファイル）を配置して使用します。Google Driveは、簡単に第三者に共有できるというメリットがある一方で、セキュリティリスクにもなります。Google Colaboratoryで実行するプログラムには、なるべく個人情報や機密情報などを扱わないようにしましょう。また、もし第三者に共有などを行う場合は、共有するコードやデータには、悪意のあるコードや個人情報、機密情報が含まれていないか、必ず確認するようにしましょう。

　それでは、Google Colaboratory を、自分のGoogleアカウントで使えるようにするための準備を進めていきます。これはGoogleアカウントに対して初回に1度だけやる準備となります。手順通りに進めれば何も難しいことはありませんので1歩1歩進めていきましょう。
　ここからは、Googleアカウントがある前提で話を進めていいきますので、アカウントがない方は作成しましょう。無料で作成が可能です。ま

た、既にGoogle Colaboratoryを使ったことがある方は飛ばしていただいて構いません。なお、本書の画像等は2024年2月時点のため、各ページのデザインや画面遷移などが変わる可能性がある点はご了承ください。

　まずは、Google Driveにアクセスして、左上にある新規ボタンをクリックします。Google Driveには下記URLからアクセス可能です。

　　https://drive.google.com/drive/home

● 図1：Google Colaboratoryの準備　①「新規」をクリック

　新規ボタンをクリックしたら、サブウインドウが開かれるので、「その他」から「アプリを追加」を選択してください。

● 図2：Google Colaboratoryの準備　②「アプリを追加」をクリック

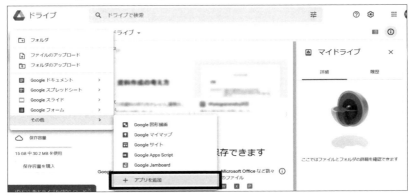

追加をクリックすると検索画面が出てくるので、「Colaboratory」という
ワードで検索します。そうすると、Colaboratoryのアプリが出てくるの
で、クリックしてください。

● 図3：Google Colaboratory の準備　③「Colaboratory」で検索しアプリをクリック

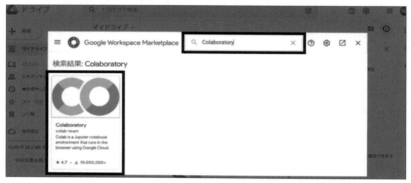

　アプリをクリックすると、インストールボタンが表示されるので、イン
ストールボタンをクリックしてください。

● 図4：Google Colaboratory の準備　④インストールをクリック

　権限の確認が行われるので、続行と紐付けたいGoogleアカウントを選
択してください。場合によっては、ログインが求められることがあります。

💬 図5：Google Colaboratory の準備　⑤権限確認

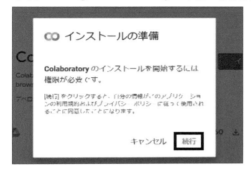

インストールが無事完了すると、インストール完了画面が表示されます。

💬 図6：Google Colaboratory の準備　⑥インストールの完了

これで、Google Colaboratory の準備が整いました。

では、続いて今回使用するサンプルコードなどを Google Colaboratory で使えるように準備していきましょう。サンプルコードは次の秀和システムのサポートページからダウンロード可能です。

https://www.shuwasystem.co.jp/support/7980html/7142.html

本書サポートページからサンプルコードをダウンロードして、解凍します。解凍したフォルダ「DA_WB」を Google Drive にアップロードしま

2

Python を用いたデータ分析の基礎体力作り

しょう。図7のようにGoogle Driveの画面にドラッグ＆ドロップするだけでアップロードは完了します。

　アップロード先は必ずマイドライブ直下にしてください。マイドライブ以外にアップロードした場合、一部のサンプルコードを書き換える必要があるので注意してください。

● 図7：サンプルコードのアップロード

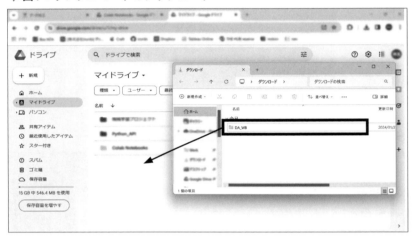

　アップロードが完了すると、Drive上にフォルダが生成されます。これで、コーディングを行うための環境準備が整いました。

　本書では、「DA_WB」フォルダの下に、章ごとにファイルを格納しています。また、各章のフォルダには、白紙のノートブックファイルと答えが書かれているAnswerノートブックが配置されています。2章の場合は、「2_Pythonを用いたデータ分析の基礎体力作り.ipynb」と「2_Pythonを用いたデータ分析の基礎体力作り_answer.ipynb」という２つのファイルがコーディングを行うための「.ipynb」ファイルとなっています。また「data」フォルダには各章で使用するデータが含まれています。

●図8：「DA_WB」のフォルダ構成

●図9：「2章」のフォルダ構成

コーディングは反復練習を行いながら慣れることが重要なため、白紙のノートブックを開いて、書籍の内容を写しながら進めていくと理解が進みますが、無理をしてPythonに苦手意識を持ってしまうのも本末転倒です。まずはデータ分析の感覚をつかむために既にコードが入力されたファイルを実行しながら読み進めたい方は「2_Pythonを用いたデータ分析の基礎体力作り_answer.ipynb」を利用しましょう。また、白紙のノートブックでコーディングを行う場合も、エラーが発生して困ってしまったり、実行結果が正しいか分からなくなってしまった場合などは、無理をせずにanswerファイルを確認して、自分が書いたコードとの差を確認していくと良いでしょう。

2

Pythonを用いたデータ分析の基礎体力作り

2▶2　データを読み込んでみよう

　それでは、ここからデータ分析の基礎体力を付けるためのコーディングを行っていきます。本章で利用するデータとして、プリンターなどのOA機器レンタル会社をイメージした、売上や顧客などに関するサンプルデータを用意しました。このデータを用いて、データ分析の基礎体力を付けていきましょう。まずは、Google Colaboratoryの使い方を覚えるとともに、データの読み込みに取り組んでいきます。

　まずは、先ほどアップロードした「DA_WB」の中の「2章」のフォルダにアクセスして、「2_Pythonを用いたデータ分析の基礎体力作り.ipynb」をダブルクリックしてください。ダブルクリックすると空白のノートブックが表示されます。

💬 図10：Google Colaboratoryの初期画面

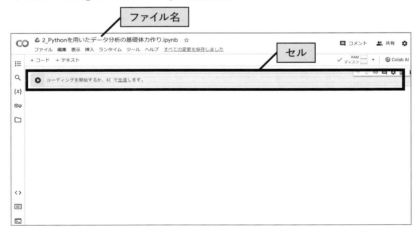

「2_Pythonを用いたデータ分析の基礎体力作り.ipynb」というファイル
をGoogle Colaboratoryで開いた状態です。枠で囲まれた部分をセルと呼
び、このセル内にコードを書いて、実行していくことになります。名前を
変更したい場合は、上部にあるファイル名（2_Pythonを用いたデータ分
析の基礎体力作り.ipynb）の部分をクリックすると変更できます。その
他、上部にあるファイルタブをクリックすると、「保存」や「ダウンロー
ド」などが可能で、記述したコードや実行結果などを保存やダウンロード
することが可能となっています。

●図11：ファイルタブ

　それでは、まずはセルの中にコードを書いて出力してみます。
　セルの中に、下記のプログラムを書いてみましょう。

```
print('hello')
```

●図12：helloコードの記述と実行

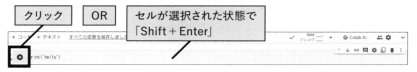

　実行したいセルの再生マークをクリックするか、実行したいセルが選択された状態で「Shift + Enter」を押すことで実行できます。「Ctrl/Cmd + Enter」でも実行は可能ですが、「Shift + Enter」は該当のセルを実行した上で次のセルに自動的に移動するので、よく多用するので覚えておきましょう。

💬 **図13：hello コードの実行結果**

　実行すると、「hello」の文字が出力され、コードが実行されたのが確認できます。「Shift + Enter」を押した場合は、空のセルが新たに作成されます。もし、再生マークのクリックや「Ctrl/Cmd + Enter」を押して実行した場合は、セルは作成されないので、「＋コード」をクリックすればセルを追加できます。

💬 **図14：コードセルの挿入**

　では、ここからは、一気にデータ分析の方へと進んでいきます。
　まずはデータの読み込みからとなりますが、Google Colaboratory で Google Drive 上のデータを使用する場合には必ず行うべきおまじないが存在します。それは、Google Colaboratory から Google Drive に接続する命令文です。これはプログラミングというよりかは、Google Colaboratory 特有のものなので、あまり細かく説明はしませんが、Google Colaboratory で Google Drive のファイル等を読み込む場合には必須となります。まずは、セルに下記を記述し、実行してみましょう。

```
# Google Driveと接続を行います。これを行うことで、Driveにあるデータにアクセスでき
るようになります。
# 下記セルを実行すると、Googleアカウントのログインを求められますのでログインしてくだ
さい。
from google.colab import drive
drive.mount('/content/drive')

import os
# 作業フォルダへの移動を行います。
# もしアップロードした場所が異なる場合は作業場所を変更してください。
os.chdir('/content/drive/MyDrive/DA_WB/2章/data')
```

　セルを実行すると、アクセスの許可を求められます。Google Drive に
接続をクリックすると、サブウインドウが開くので、アカウントを選択し
た後、「次へ」と「続行」をクリックしてください。なお、前述の通り、本
書の画像等は2024年2月時点のものになります。今後、画面のデザインや
遷移などは変わる可能性がありますがご了承ください。

● 図15：Google Drive への接続許可

● 図16：Google Drive への接続

```
[2] # Google Driveと接続を行います。これを行うことで、Driveにあるデータにアクセスできるようになります。
    # 下記セルを実行すると、Googleアカウントのログインを求められますのでログインしてください。
    from google.colab import drive
    drive.mount('/content/drive')

    import os
    # 作業フォルダへの移動を行います。
    # もしアップロードした場所が異なる場合は作業場所を変更してください。
    os.chdir('/content/drive/MyDrive/DA_WB/2章/data')

    Mounted at /content/drive
```

　無事接続されると、Mounted at という出力が確認できます。少しだけ
コードの説明を行うと、from google.colab import drive という部分で、
Google Colaboratory のライブラリをインポートした後、drive.mount('/
content/drive') で Google Drive との接続（Mount）を記述しています。後
ほど詳しく説明しますが、Python ではライブラリをインポートすること
で、短いコードで様々な機能を実現することが可能となっています。

　Drive との接続の後に、os というライブラリをインポートしています。
その後、その os というライブラリを用いて、os.chdir('/content/drive/
MyDrive/DA_WB/2章/data') で作業場所をマイドライブ直下にある、
DA_WB/2章/data に変更しています。このような作業場所やファイル場
所までの道を**パス**と呼びます。

　本書では3章以降も、本書サポートウェブからダウンロードしたサンプ
ルコードを解凍した上で、Google Drive のマイドライブ直下にアップ
ロードした前提で記載しています。もし別のフォルダにアップロードし
た場合は先ほどのパスを変更してください。エラーなどが発生した場合
は、パスの指定が間違っているケースが多いので確認してみましょう。エ
ラーになっても慌てないで、セル内の記述を変更して再度実行すれば問
題ありません。では、ここまでできたら、いよいよプログラミングの型の
中身に入っていきます。

　2章の data フォルダを確認すると、今回のデータは「売上テーブル
_2021.csv」「売上テーブル_2022.csv」「顧客テーブル.csv」の3つのデータ
が存在します。

図17：2章で使用するデータ

1つ1つダブルクリックしてデータを確認してみましょう。

図18：顧客テーブル

● 図19：売上テーブル_2021

← 🗎 売上テーブル_2021.csv　　　　　　　　　アプリで開

	A	B	C	D	E
1	売上ID	顧客ID	契約ID	売上日	売上
2	S-1000072	C-1000222	N-1002716	2021/1/1	6000
3	S-1000073	C-1000458	N-1000683	2021/1/1	50000
4	S-1000074	C-1000599	N-1001044	2021/1/1	10000
5	S-1000075	C-1000599	N-1001042	2021/1/1	10000
6	S-1000076	C-1000599	N-1001041	2021/1/1	10000
7	S-1000077	C-1000532	N-1001040	2021/1/1	15000
8	S-1000078	C-1000792	N-1002626	2021/1/1	9000
9	S-1000079	C-1000458	N-1000684	2021/1/1	50000
10	S-1000080	C-1001095	N-1002625	2021/1/1	30000
11	S-1000081	C-1001093	N-1002623	2021/1/1	30000
12	S-1000082	C-1000656	N-1001449	2021/1/1	15000
13	S-1000083	C-1001095	N-1002622	2021/1/1	30000
14	S-1000084	C-1000656	N-1001450	2021/1/1	15000
15	S-1000085	C-1001093	N-1002621	2021/1/1	30000
16	S-1000086	C-1001198	N-1003055	2021/1/1	50000
17	S-1000087	C-1001093	N-1002624	2021/1/1	30000

● 図20：売上テーブル_2022

← 🗎 売上テーブル_2022.csv

売上ID	顧客ID	契約ID	売上日	売上
S-1125052	C-1000892	N-1001965	2022/1/1	29000
S-1125053	C-1001352	N-1003792	2022/1/1	10000
S-1125054	C-1000547	N-1000944	2022/1/1	30000
S-1125055	C-1000072	N-1000075	2022/1/1	10000
S-1125056	C-1000222	N-1000275	2022/1/1	50000
S-1125057	C-1000072	N-1000074	2022/1/1	10000
S-1125058	C-1000792	N-1002626	2022/1/1	9000
S-1125074	C-1000782	N-1001893	2022/1/1	50000
S-1125075	C-1000905	N-1002042	2022/1/1	10000
S-1125076	C-1000251	N-1000324	2022/1/1	9000
S-1125077	C-1000577	N-1001166	2022/1/1	80000
S-1125078	C-1000656	N-1001417	2022/1/1	30000
S-1125079	C-1000599	N-1001044	2022/1/1	10000
S-1125080	C-1000222	N-1000274	2022/1/1	50000
S-1125081	C-1000792	N-1001571	2022/1/1	9000
S-1125082	C-1001093	N-1002623	2022/1/1	30000
S-1125083	C-1001095	N-1002622	2022/1/1	30000
S-1125084	C-1001037	N-1002414	2022/1/1	6000
S-1125085	C-1001093	N-1002621	2022/1/1	30000

　顧客テーブルには、顧客IDの他に、顧客区分や地域などの顧客情報に加えて、社員IDからも想像できるように担当している社員が割り振られているようです。

　一方、売上テーブルには売上ID、顧客ID、契約IDの他に、売上日や売上の金額が記載されています。つまり、どんな顧客が、どんな契約のもと、いつ、いくらぐらいの売上があったのかを示すデータであることが分かります。また、2021年、2022年ともに同じデータ構造をしていることが分かります。

　まずは、「売上テーブル_2021.csv」の読み込みを行っていきます。まずは動かしてみましょう。以下のコードをセルに書き写して、実行してみてください。

```
import pandas as pd
df_sales_2021 = pd.read_csv('売上テーブル_2021.csv', encoding='SJIS')
df_sales_2021.head()
```

💬 **図21：売上テーブル_2021の読み込み**

　データが表示されれば問題ありません。

　それではコードの説明をしていきます。まず1行目でPandasというライブラリをインポートしています。Google Driveへの接続でもosやGoogle Colaboratoryのライブラリをインポートしましたね。

　Pythonはライブラリが非常に豊富に揃っていることで有名です。**ライブラリ**とは、プログラミングを効率的に、かつ、容易に行うための便利機能といって良いでしょう。例えば、データ分析ではデータの入出力が必須

ですが、「CSVファイルの読み込み」という処理一つをとっても、ライブラリを使わずに一からプログラミングをして実現しようとすると、膨大な行数のプログラミングが必要になります。ライブラリとは、このような頻繁に使われる処理をあらかじめ用意しておき、簡単に呼び出せるようにしたものです。

　ここでインポートした**Pandas**はデータの加工や集計に強みを持つ代表的なライブラリですが、その他にもデータの可視化に特化したもの、機械学習に特化したものなど、ライブラリは無数にあります。Pythonのプログラミングにおいては、複雑で高度なプログラムが書けるようになることよりも、ライブラリの使い方を覚えることの方が重要です。本書でも主にデータ分析プロジェクトで使用することが多い便利なライブラリをインポートしながら進めていくので使い方に慣れていきましょう。

　Pythonでライブラリを使用するためには、「このプログラムではこのライブラリを使います！」と予め宣言しておく必要があります。それがライブラリの読み込みです。以下のようなコードで読み込みます。

```
import ライブラリ名 as ライブラリの別名
```

　as以降は任意ですが、ライブラリ名が長い場合などは別名を設定することで、処理の中で別名を使用できるようになります。こうやって見返すと、import pandas as pd というのは、Pandasというライブラリを、pdという別名で利用できるように宣言したということが理解できますね。

　ここでライブラリの読み込みに関しての補足となりますが、Pythonでは「from〜import〜」の形でライブラリを読み込む場合があります。例えば、冒頭で使用している「from google.colab import drive」もそうですし、3章以降でも「from sklearn.preprocessing import StandardScaler」のような形で度々出てきます。これは、ライブラリ全体を読み込むのではなく特定の部分のみをインポートしたい場合に使用します。例えば、前者の例で言えば、googleというライブラリ全体を読み込むのではなく、googleの

colabのdriveだけをインポートしています。後者は、sklearnのpreprocessingのStandardScalerのみをインポートしていることになります。全体を読み込むと、例えばStandardScalerを使用する際では毎回「sklern.preprocessing.StandardScaler」を書く必要がありますが、「from sklearn.preprocessing import StandardScaler」で読み込んだ場合は、「StandardScaler」のみを記述すれば良いので大幅にコード量を削減可能です。モジュールの特定の部分だけが必要な場合や、頻繁に使用する関数がある場合は、「from〜import〜」で読み込むことが可能であることを覚えておきましょう。

　続く2行目では、データの読み込みを行っています。Pandasのおかげで、read_csv(ファイルパス)と書くだけで、データの読み込みが可能です。pd.read_csv('売上テーブル_2021.csv', encoding='SJIS')では、売上テーブル_2021.csvを読み込むように指定していることが理解できますね。冒頭でos.chdir('/content/drive/MyDrive/DA_WB/2章/data')のコードを実行したことでMyDrive/DA_WB/2章/dataが作業場所となっているのため、売上テーブル_2021.csvは、厳密にいうと「MyDrive/DA_WB/2章/data」の中にある「売上テーブル_2021.csv」を読み込んで、「df_sales_2021」という変数に格納しています。

　さらに、「encoding='SJIS'」で文字コードを「shift-jis」で指定しています。文字コードとは、文字をどのような数値として扱うかのルールであり、他にも「UTF-8」などが有名です。本来コンピューターでは文字は数値として扱われます。文字を変換するためのルールが文字コードとなっており、そのルールが複数存在しているためファイルによって正しく指定することが重要なので覚えておきましょう。本書のCSVはすべて「shift-jis」となっています。

　1行でデータの読み込みが完了しましたね。このようにPandasを用いることで、非常に簡単にデータを扱うことが可能となっています。今回はCSVだったため、read_csv()でしたが、その他にも、read_excel()やread_json()など様々なデータ形式に対応できるようになっています。また、

encodingなどのように指定するパラメータも多く存在し、ここでは全て説明できません。興味のある方はPandasの公式サイトやWebなどで「Pandas　データ読み込み」などの検索をしてみると良いでしょう。コーディングは、自分なりに調べて使ってみるのも重要なので覚えておきましょう。

　最後に、読み込んだデータを表示して中身を確認してみましょう。Pandasでは行と列で構成される表形式のデータ構造（データフレーム型）としてデータを扱うことが可能です。Excelなどと同じように表形式となっており、縦方向が行で横方向が列です。1行が1件のデータを表しており、横方向を見ていくと列名に該当するデータが格納されています。行はレコード、列は項目やカラムと呼ぶことが一般的です。本書では「行」はレコード、「列」は項目と記載していきます。また、1番左側に各行（レコード）を一意に識別するために使用されるラベルが存在します。これをインデックスと呼び、読み込み時に特に指定しない場合は、上から順番に0から連番で勝手に割り振られていきます。なお、今後、データ前処理などでデータ（データフレーム等）を操作したい場合があると思います。その際の基本的な文法としては「操作の対象とするデータ（データフレームなど）」+「.」+「どんな操作をするのかのメソッド（引数）」をといった形式で表現します。

　例えば先ほど読み込んだデータフレーム「df_sales_2021」を対象に、先頭から3行を出力する操作（メソッド）を実行したい場合は、図のように「df_sales_2021.head(3)」と指示をします。もし、操作対象とする項目を絞りたい場合は「df_sales_2021['売上']」など絞り込んだ上でメソッドを実行することができますし、他の操作がしたい場合はメソッドを変更して実行することが可能です。

💬 **図22：基本的な表記方法**

```
df_sales_2021  .  head(3)
```

操作の対象とする
データフレーム

どんな操作をするかの
メソッドと引数
※()内の引数は省略可能

　英語の学習に例えると、学習の中で知らない単語や熟語が出てくることがあると思いますが、基本的な文法を押さえていれば、単語や熟語を調べれば英文を理解できると思います。Pythonのメソッドも同様ですので、このあと複雑なコードも出てくると思いますが、基本的な型として「どの対象に対してどのような操作を実行しようとしているのか」をイメージしながら確認すると理解が進むのではと思います。また、全ての英単語や熟語を暗記している人は少ないように、Pythonもすべてのメソッドを完全に暗記している人はそう多くありません。本書で説明するような代表的なメソッドは押さえた上で、実施したい操作があれば、英単語や熟語を調べるように、インターネットなどでメソッドを調べて実行しながら自分の技術引き出しを広げていくとよいでしょう。

　それでは今回は、データフレーム「df_sales_2021」を対象として、メソッド「head()」を実行することで先頭5レコードを表示したいと思います。headは引数を設定しないとデフォルトで先頭から5レコードが表示されます。

　実行結果を見ると、例えば上から2番目のデータは、インデックス「 1 」、売上ID「S-1000073」、顧客ID「C-1000458」、契約ID「N-1000683」、売上日「2021/1/1」、売上「50000.0」であることが分かります。

🍃**図23：データフレームの説明**

　これでデータの読み込み方法や表示されるデータの意味や言葉が理解

できたと思うので、「売上テーブル_2022.csv」「顧客テーブル.csv」も読み込んでみましょう。それぞれ別のセルで実行します。

```
df_sales_2022 = pd.read_csv('売上テーブル_2022.csv', encoding='SJIS')
df_sales_2022.head()
```

```
df_customer = pd.read_csv('顧客テーブル.csv', encoding='SJIS')
df_customer.head()
```

● 図24：売上テーブル_2022-顧客テーブルの読み込み

先ほどのコードとの違いは指定しているファイル名のみです。エラーなくデータが表示されれば成功です。既にPandasのインポートは済んでいるので今回は必要ありません。このように、importは1つのノートブック（もしくはPythonファイル）で1度だけ実行すれば良いです。そのため、Pythonのコードとしては、一番冒頭にまとめて書くことが一般的ですが、本書では説明や理解のしやすさの観点から、必要になった際に都度インポートしていきます。

2▸3 データを結合してみよう

これでデータの読み込みが完了しました。続いて、結合を行っていきます。ここで売上の分析をしようと考えると、売上テーブルをベースにしていきたいのですが、2つの点で問題が生じています。

1つ目は売上テーブルが2021年と2022年で別ファイルになってしまっている点です。別々に分析するのは大変なので、1つにまとめたいところです。2つ目の問題点は、売上テーブルだけでは顧客IDしか分からないので、顧客テーブルにあるような地域などの情報を活用できず地域別の売上などの分析ができない点です。できれば売上テーブルに顧客テーブルの情報を付加させたいですね。

このようなデータを受け取ることは、データ分析プロジェクトの中では良くあることです。データが重たい場合などは、本章の売上テーブルのように年別にデータを受領することは多々ありますし、本章のデータのようなシステムデータはIDなどで管理することが一般的で、システムにとっては効率的なデータ構造ですが人間が分析するには分かりにくい構造となっています。

そこで、データ分析のためのデータ結合を行っていきます。2021年と2022年で別ファイルになってしまっているようなデータを縦に結合することを「**ユニオン**」と呼び、売上テーブルと顧客テーブルを横に結合することを「**ジョイン**」と呼びます。ここでは、コーディングを学びながら、ユニオンした後に、ジョインを行います。

まずは、売上テーブルを1つにするために縦に結合（ユニオン）してみましょう。

```
df_sales = pd.concat([df_sales_2021, df_sales_2022], ignore_index=Tr
ue)
```

```
df_sales.head()
```

● **図25：売上テーブルの結合（ユニオン）**

　ここでも、Pandasを使えば容易に結合が可能です。df_sales_2021、df_sales_2022の2つのデータを指定して縦に結合しています。ignore_index=Trueというのは、その名の通りインデックスを無視するという意味です。つまり、2021年、2022年のデータを結合する際に、結合前のそれぞれのインデックスを無視して、結合後の新しいデータに対してインデックスが0から順番に上から割り当てられます。今回は、2021年、2022年の順番でコードを書いているので、2021年のデータが上に、2022年のデータが下になります。

　先ほどのユニオンした結果の先頭のレコードは2021年のデータしかありませんでしたね。これでは本当に縦に結合できたか分かりません。そこで、末尾5レコードを確認してみましょう。

```
df_sales.tail()
```

● 図26：売上テーブルの結合（ユニオン）結果の確認

```
df_sales.tail()
```

	売上ID	顧客ID	契約ID	売上日	売上
75440	S-1177220	C-1001260	N-1004684	2022/12/30	9000.0
75441	S-1177223	C-1000315	N-1004170	2022/12/30	21000.0
75442	S-1177224	C-1000094	N-1004169	2022/12/30	15000.0
75443	S-1177234	C-1001645	N-1004605	2022/12/30	13000.0
75444	S-1177235	C-1001714	N-1004814	2022/12/31	50000.0

head()ではなくtail()を用いることで末尾のデータを確認することができます。末尾に2022年のデータがくっついていることが確認できますね。その他にも、データ件数（レコード件数）を確認する方法があります。今回は縦に結合したので、df_sales_2021とdf_sales_2022のデータ件数の合計が、df_salesのデータ件数と一致するはずです。len()を利用するとデータ件数を算出できますので、出力してみましょう。

```
print(len(df_sales_2021))
print(len(df_sales_2022))
print(len(df_sales))
```

● 図27：売上テーブルの件数確認

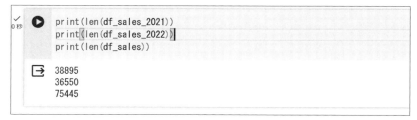

```
print(len(df_sales_2021))
print(len(df_sales_2022))
print(len(df_sales))
```

```
38895
36550
75445
```

データ件数は、2021年が38,895件、2022年が36,550件で合計すると75,445件になるので、ユニオンしたdf_salesのデータ件数と一致していることが確認できました。

　では、続いて顧客テーブルを横に結合するジョインを行っていきましょう。ジョインをするためには、大きく2つのことを考える必要があります。1つ目は**結合するためのキー**は何か、2つ目はどのような**結合方法**にするかです。詳細はジョインを行った後に説明するので、まずはやってみましょう。結合キーは「顧客ID」、結合方法は左結合（レフトジョイン）とします。ジョインはpandasのmergeで簡単に実行できます。

```
df_sales_customer = pd.merge(df_sales, df_customer, on='顧客ID', how=
'left')
df_sales_customer.head()
```

● **図28：顧客テーブルの結合（ジョイン）**

　売上テーブルが、売上ID、顧客ID、契約ID、売上日、売上の5項目しかありませんでしたが、顧客区分や地域などの顧客テーブルの情報が横にくっついていることが分かりますね。このように、縦ではなく横に結合するのがジョインです。これによって、例えば、地域ごとの売上を集計することなどが可能になりますね。

　なお、ジョインする2つのテーブルの結合キーが「顧客ID」と「顧客番号」など項目名が異なる場合もジョインすることは可能です。その場合は「on='顧客ID'」のところを「left_on='顧客ID', right_on='顧客番号'」とそれぞれのテーブルの結合キーを指定してジョインするようにしましょう。

　では、コードを見ながら、ジョインのポイントである結合キーと結合の

方法に関して押さえていきましょう。ジョインに使用したのは、pd.merge()です。結合したいデータを2つ順番に指定します。今回であれば、df_sales、df_customerの2つですね。その後、on='顧客ID', how='left'という形で、結合キーと結合方法を指定しています。

結合キーは、結合に使用するための接着剤のようなものです。ここでは、売上テーブルにある顧客IDに対して、顧客テーブルにある顧客IDをもとに顧客テーブルの情報を結合するという意味です。例えば、顧客IDがC-1000222という売上テーブルのデータがあった際に、顧客ID がC-1000222の情報を顧客テーブルの中から引っ張ってきて、横に結合するイメージです。結合キーは非常に重要で、顧客IDのような分かりやすいものもありますが、「顧客名」かつ「入会日」のように複合的なキーなどの複雑なものもあります。

一方で、結合方法はleftと指定しており、左結合をしています。その他にも、右結合（right join）や内部結合（inner join）、外部結合（outer join）が存在します。指定の仕方は、right、inner、outerのように指定すれば結合方法を変えることができます。

下記に各結合方法の特徴や使用したいシチュエーション、注意点などを示しますので簡単に押さえておきましょう。

◎内部結合
結合する2つのデータのどちらにも存在するデータのみで構成されます。

この結合方法を使うのは、2つのデータで共通のデータのみを抽出したい場合となります。注意点としては、正しく結合条件を設定しないと、データの欠落が起こる点です。たとえば、売上テーブルと顧客テーブルを内部結合した場合、万が一顧客テーブルに未登録の顧客が存在した場合、売上テーブルからその顧客の売上が除外されてしまい、集計に影響が出てしまいます。

◎外部結合

外部結合は、結合する2つのデータのどちらかに存在していればデータが結合されます。この結合方式を使うのは、2つのどちらか片方にでもデータが存在すれば対象となりますので、単純にデータを結合したい場合となります。注意点としては、データ①にしかデータがないレコードのデータ②にはすべてNULL（欠損値）が代入されてしまう点です。また、レコード件数なども不用意に増えてしまうので、結合条件をしっかり設定する必要があります。

◎左（右）結合

左結合では左側（結合される側）のデータがすべて使われます。右結合では右側（結合する側）のデータがすべて使われます。この結合方法は、どちらか片方のデータを主としたい場合に有効です。内部結合の時と同じく、売上テーブルと顧客テーブルを結合する際、売上テーブルは100%残って欲しいので、左結合で左側の「売上テーブル」を主体として結合します。

顧客テーブルにデータが存在しない場合、抽出データにNULLが入りますので、欠損値の確認や補完を行う必要があるので注意しましょう。

以上が各結合方法の特徴や注意点になります。少し文章だと理解が難しい部分があると思いますので、次の図で簡単な例をベースに各結合方法による結合結果について示します。こちらの図の例を確認しながら、結合方法ごとの特徴をつかんでいただければと思います。

● 図29：結合方法の違い

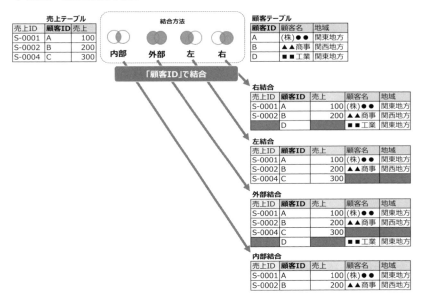

　これでジョインが完了しました。ジョインの場合、列（項目）が増えているのが分かるので、しっかりと横に結合できているのが一目瞭然ですね。ただし、意図しない結合になっていないか確認するためにもデータの件数は確認する癖を付けましょう。今回の場合は、横に結合しただけなので、df_salesとdf_sales_customerのデータ件数は同数になるはずです。確認してみましょう。

```
print(len(df_sales))
print(len(df_sales_customer))
```

●図30：ジョイン結果の件数確認

```
[16]  print(len(df_sales))
      print(len(df_sales_customer))

      75445
      75445
```

　先ほどと同じように、len()でデータ件数が確認できます。結合する前の売上テーブルのデータも結合後のデータも75,445件となり正しく結合できていることが分かります。もし、顧客テーブルの顧客IDが重複してしまっている場合は、売上テーブルに2回結合されることになるので、データ件数が一致しません。例えば、顧客ID「C-1000222」の顧客が売上テーブルに1件存在し、5000円の売上だったとします。一方で、もし顧客テーブルには顧客ID「C-1000222」の顧客が誤って2件重複して存在した場合、結合すると5000円の売上テーブルに2回結合されてしまい、データ件数や集計結果（売上など）も重複分だけ増えてしまいます。もしそれが意図しない結合であった場合は、プロジェクトをストップさせるほどの重大な事案に発展する可能性もあるので、データの結合や集計結果には注意するようにしましょう。そのためにも、データの基本的な特性を把握することは非常に重要です。そこで、次にデータの基本的な特性を押さえていきましょう。

2·4 データの基本的な特性を 把握しよう

　データの基本的な特性としては、データの型、データ欠損、データの基本的な統計量を押さえることが重要です。1つ1つ確認していきましょう。

　まずは、データの型についてです。身近な例だと、例えばExcelなども「この項目は日付型」「この項目は文字型」など、データ型をきちんと指定しないと意図しない表示になったりした経験があるのではないでしょうか。Pythonも同様でプログラミングを行う場合やデータを扱う際にはデータ型を意識する必要があります。例えば、intは整数型で整数が扱える型ですが小数点は扱えません。小数点を扱う場合はfloat型を用います。また、それ以外にも文字列を扱えるobject型などもありますし、日付や時間を扱えるdatetime型も存在します。Pythonの場合、型を厳密に定義する必要はなく、ある程度は予測して勝手に型を定義してくれます。そのため、あまり意識をしないことが多いのですが、意図しない型となるケースもあるので、確認を行うことは非常に重要です。例えば、システムデータなどの場合は、IDとして「0003」のようなIDが使われるケースがありますが、型を意識しないとPythonではintやfloatの数字として読み込んでしまっているケースもあり、「3」と「0003」を区別できないことも出てきてしまいます。また、日付を扱う場合は、型をdatetime型に変換して使用する必要があるのでここで押さえておきましょう。

　まずは、型の情報を確認していきます。

```
df_sales_customer.info()
```

● **図31：型情報の確認**

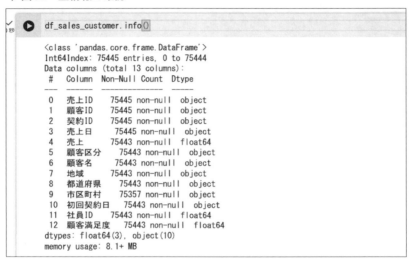

```
df_sales_customer.info()

<class 'pandas.core.frame.DataFrame'>
Int64Index: 75445 entries, 0 to 75444
Data columns (total 13 columns):
 #   Column   Non-Null Count   Dtype
---  ------   --------------   -----
 0   売上ID    75445 non-null   object
 1   顧客ID    75445 non-null   object
 2   契約ID    75445 non-null   object
 3   売上日    75445 non-null   object
 4   売上      75443 non-null   float64
 5   顧客区分   75443 non-null   object
 6   顧客名     75443 non-null   object
 7   地域      75443 non-null   object
 8   都道府県   75443 non-null   object
 9   市区町村   75357 non-null   object
 10  初回契約日  75443 non-null   object
 11  社員ID    75443 non-null   float64
 12  顧客満足度  75443 non-null   float64
dtypes: float64(3), object(10)
memory usage: 8.1+ MB
```

　info()を用いることで簡単にデータ型の確認が可能です。まず冒頭の「Int64Index: 75445 entries, 0 to 75444」という表示から、75,445件のデータで、インデックスが0から75444まで振られていることが分かります。また、「Data columns (total 13 columns)」という情報からは、13項目が存在することが分かります。

　さらに下に目を向けると、各項目に対して、non-nullつまり欠損値を除いたデータの件数とobjectのような型の種類も確認できます。売上IDは、欠損値を除いたデータの件数が75,445件となりデータ件数と一致していることから売上IDには欠損データが存在しないことが分かります。一方で、売上や顧客名などは2件ほど欠損していることが分かります。売上日は、datetime型ではなくobject型として認識してしまっていることが分かります。後ほど、datetime型への変換は実施するので型変換は置いておきましょう。

　では、続いて欠損が存在していることが分かったので、欠損しているデータを確認していきましょう。ここでは、顧客区分と売上が欠損しているデータをそれぞれ確認していきます。

```
df_sales_customer.loc[df_sales_customer['顧客区分'].isnull()]
```

```
df_sales_customer.loc[df_sales_customer['売上'].isnull()]
```

●図32：顧客区分の欠損値確認

	売上ID	顧客ID	契約ID	売上日	売上	顧客区分	顧客名	地域	都道府県	市区町村	初回契約日	社員ID	顧客満足度	
38889	S-1125994	C-9999993	N-9999999	2021/12/31	NaN	NaN	NaN	NaN	NaN	NaN	NaN	NaN	NaN	
38893	S-1125998	C-9999993	N-9999999	2021/12/31	9999999.0	NaN	NaN	NaN	NaN	NaN	NaN	NaN	NaN	

●図33：売上の欠損値確認

	売上ID	顧客ID	契約ID	売上日	売上	顧客区分	顧客名	地域	都道府県	市区町村	初回契約日	社員ID	顧客満足度
38886	S-1125991	C-9999991	N-9999999	2021/12/31	NaN	その他	テスト会社A	関東地方	東京都	新宿区	1990/1/1	9999999.0	99.0
38889	S-1125994	C-9999993	N-9999999	2021/12/31	NaN	NaN	NaN	NaN	NaN	NaN	NaN	NaN	NaN

　ここでは、locを用いて欠損しているデータを抽出しています。繰り返しになりますが、Pandasでは行（レコード）と列（項目）で構成される表形式のデータ構造（データフレーム型）としてデータを扱うことが可能です。Excelなどを想像するとわかりやすいでしょう。Pandasの loc は、表形式のデータから特定のレコードや項目、あるいはレコードや項目の組み合わせを選択・抽出するために使用できます。今回は、df_sales_customer['顧客区分'].isnull()を条件にしており、これは顧客区分がNULL（欠損値）のデータを条件にして、データを抽出しています。locは本書でも良く使いますので、徐々に慣れていきましょう。

　顧客区分が欠損しているデータを確認すると、C-9999993、N-9999999のように他のIDとは大きく異なるデータが入っていることが分かりますね。売上の値を見てみると、欠損や9999999のような大きな売上が入っていることが分かります。

　続いて売上が欠損しているデータを見ていくと、顧客名の値に「テスト会社A」などのデータが入っているのが確認できると思います。システム試験などの一環でテストデータをシステムに入れてみるケースも多々存

在し、その場合はダミーデータとして明らかに通常生成されたデータではないような値が入ることがあります。実際にこのようなデータがあった場合は、システム部門などに確認を依頼することになるでしょう。今回発見できたような9999999のような売上データ（異常データ）も対処が必要になります。今回発見した欠損値や異常値は後ほど補完などの処理を行っていきます。

　本書では実施しませんが、他にも市区町村などの項目に対しても見てみると良いでしょう。

　では、次に代表的な統計量を把握していきます。こちらも関数が用意されているので、1行で確認が可能です。

```
df_sales_customer.describe()
```

● 図34：基本的な統計量の確認

	売上	社員ID	顧客満足度
count	7.544300e+04	75443.000000	75443.000000
mean	3.076949e+04	103257.970057	3.436051
std	9.159202e+04	9519.878995	1.564609
min	0.000000e+00	100002.000000	1.000000
25%	1.300000e+04	101242.000000	3.000000
50%	2.900000e+04	102443.000000	4.000000
75%	5.000000e+04	105523.000000	4.000000
max	9.999999e+06	999999.000000	99.000000

　describe()を用いることで、数値型の統計量を計算してくれます。表示される基本的な統計量は下記になります。

Count ・・・件数

Mean ・・・平均値

Std ・・・標準偏差

Min ・・・最小値

25%	・・・小さい順で並べたときに下から25%に位置する値
50%	・・・下から50%に位置する値（中央値）
75%	・・・下から75%に位置する値
Max	・・・最大値

　今回はデータ型変換を行っていないので、社員IDも統計量として計算されてしまっています。ただ、IDの統計量には意味がないので、売上と顧客満足度を確認していきましょう。

　売上と顧客満足度を見ると、売上「9.999999e+6」や顧客満足度「99.000000」のようにかなり大きな数字が入っています。売上「9.999999e+6」は、9.999999の10の6乗のことで、「9999999」と同じです。先ほど欠損値を確認した際にも異常に高い売上「9999999」が確認できたように、今回の確認結果からも異常な値が入っていることが分かります。こういった異常な数字は対処が必要なので、型変換や欠損値処理とともにデータを綺麗に整えていきましょう。

　なお、統計量と合わせて、データの分布を把握するのも非常に重要です。分布の可視化方法として代表的なものに**ヒストグラム**があります。ヒストグラムがどのような形状になるかによって、データの特徴が見えてきます。3章では実際にヒストグラムでデータの分布を確認しますので、ここでは簡単にヒストグラムやでデータの分布について説明のみ実施するので押さえておきましょう。

● 図35：ヒストグラム

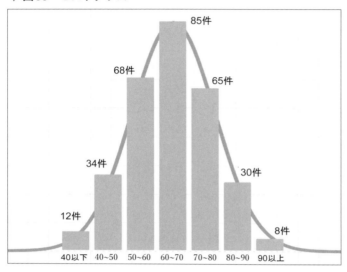

　ヒストグラムは、データを特定の区間に分割し、分割した区分ごとにデータの件数を集計した棒グラフです。例えば100人分の体重データがあったとした時のヒストグラムを考えると、40kg以下、40〜50kg、50〜60kg、60〜70kg、70〜80kg、80〜90kg、90kg以上のように7分割して、それぞれの区間ごとにデータ数を数えていきます。このように連続する数値データを固定された区間を決めて、離散値化（カテゴリ化）することをビン化と呼びますが、ビン化するとどこの区間が一番多いのかなどが一目でわかるようになります。

　身長や体重などのデータ分布は左右対称の分布になることが多いです。このような分布を正規分布と言います。一方で売上などの市場データは、左右非対称となり、裾を引いたような分布になることが多いです。このような分布をべき分布と言います。「上位20%の優良顧客が全体の80%の売上を占める」や「商品の売上の80%は、全製品のうちの2割で生み出している」という80対20の関係性をパレートの法則と呼びますが、それを体現したデータ分布です。完全に80対20ではない可能性はありますが、世の中のデータはほとんどが偏ったデータなので頭に入れておきましょう。

●図36：正規分布とべき分布

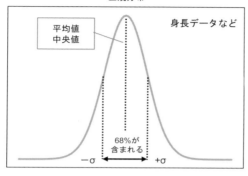

正規分布

平均値
中央値

身長データなど

68%が
含まれる

−σ   ＋σ

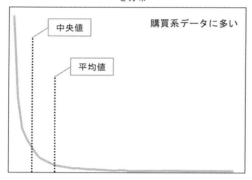

べき分布

中央値

平均値

購買系データに多い

●図37：パレートの法則

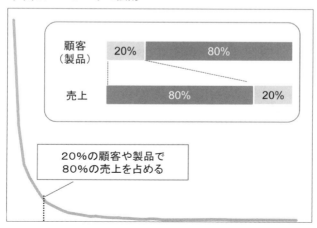

顧客
（製品）   20%   80%

売上   80%   20%

20%の顧客や製品で
80%の売上を占める

　正規分布の場合、平均値と中央値はほぼ同じ値を示します。また、標準偏差σ（シグマ）とは、68%のデータが含まれている区間を示します。体重のケースで言えば、65kgが平均値で標準偏差が5だとすると、65kg±5kgの範囲に68%のデータが含まれているということです。この標準偏差が10だとすると、65kg±10kgの範囲に68%のデータが含まれている分布なのでデータがよりばらついていることが分かります。そういう意味で、標準偏差はバラツキの指標なのです。標準偏差の2倍を2σなどと呼び、正規分布の場合は2σの範囲に95%のデータが存在しています。製品の品質を表す指標などにも使われます。そう考えると、べき分布ではそのまま適用できないことが想像できますね。べき分布の場合、そもそもデータが偏っているのであまり適切な指標ではありません。繰り返しになりますが、べき分布の場合は、まず平均値、中央値、最大値、最小値などの数字を押さえていきましょう。また、べき分布は、正規分布と異なり、平均値と中央値が異なることが多いので注意しましょう。

　このように、データに潜む落とし穴にハマらないように、統計的な数字だけではなくしっかりデータの分布も押さえる癖をつけましょう。

2▶5 欠損値/異常値を処理してデータを綺麗にしよう

　では、先ほど押さえたデータの特性を踏まえて、データを使いやすいように綺麗にしていきましょう。ここで取り扱うのは大きくは欠損値の処理、異常値の処理、datetime型への変換の3つです。

　まずは、欠損値の処理をやっていきましょう。今回は、売上の欠損値を対処していきます。欠損値の処理は「欠損値を含むレコードや項目を消す」「欠損値を別の値で置き換える」「何もしない」のいずれかになります。どの方法を選択するかは分析の目的ややることに対してケースバイケースで判断が必要です。例えば、テストデータが混入している場合のように明確にノイズとなるデータに関しては除外が必要です。また、「今回のデータでは欠損値は0である」のように欠損値が明確に決まっている場合は明確な値を入れます。その他の欠損値の取り扱いに関しては、データの中央値や平均値、最頻値などを代入する場合もありますが、判断が難しい場合は、「何もしない」ケースもあります。

　データ分析の場合は欠損しているということも重要な情報の可能性が高いケースも存在します。一方で、欠損値に対応していない機械学習やAIを利用するケースでは、欠損値補完などの何かしらの処理が必要となります。

　欠損値を置き換える場合は、全体の平均や中央値などのように統計値で埋めたり、0で埋めたりする場合があります。時系列の場合は線形補間したりすることなどもあります。1つ1つの項目ごとに扱い方も異なるので機械学習を行いながら欠損値の処理方法を検討していくことが多いです。

　今回のように明らかにテストデータである場合は、除外するのが正解なので欠損値を除外していきましょう。先ほど、売上の欠損値は確認済みなので、除外だけ行います。

```
df_sales_customer.dropna(subset=['売上'], inplace=True)
df_sales_customer.head()
```

● 図38：欠損値処理

　dropnaを用いることで、欠損している行（レコード）を除外することができます。subsetに項目名を指定することで、特定の項目のみに絞って欠損値の判定を行えます。今回の場合は、「売上」項目のみで欠損値判定をしており、例えば、顧客区分が欠損していても売上が欠損していなければ除外されません。最後にinplace=Trueを指定して、df_sales_customerを上書きしています。もし、上書きしたくない場合はFalseを設定します。先頭5レコードだけでは欠損値が除外できたか分からないので、欠損値データを表示してみましょう。

```
df_sales_customer.loc[df_sales_customer['売上'].isnull()]
```

● 図39：欠損値データの表示

　欠損値の確認は、先ほどと同様にlocを用いて「売上」項目が欠損しているデータを抽出しています。その結果、項目名のみ出力され、何も抽出できないという結果になりました。先ほどまでは2件のデータが存在しま

したが0件となったので欠損値データを除外できたことが分かります。ここでは取り扱いませんが、データの件数を表示してみると75,445件から2件引いて75,443件になっていると思いますので是非確認してみてください。

では、続いて、異常値の除外を行っていきましょう。先ほど、異常に高い売上や顧客満足度を示すデータがありそうだということが、統計量の把握で確認できました。では、売上の最大値である9999999のデータはどのようなデータなのか、また念のため最小値である0のデータも確認しておきましょう。特定のデータを抽出するコードなので、locを使用します。

```
df_sales_customer.loc[(df_sales_customer['売上']==9999999)|(df_sales_customer['売上']==0)]
```

図40：異常値データの確認

```
df_sales_customer.loc[(df_sales_customer['売上']==9999999)|(df_sales_customer['売上']==0)]
```

	売上ID	顧客ID	契約ID	売上日	売上	顧客区分	顧客名	地域	都道府県	市区町村	初回契約日	社員ID	顧客満足度
38885	S-1125990	C-9999991	N-9999999	2021/12/31	9999999.0	その他	テスト会社A	関東地方	東京都	新宿区	1990/1/1	999999.0	99.0
38887	S-1125992	C-9999992	N-9999999	2021/12/31	9999999.0	テスト	テスト会社B	関東地方	東京都	世田谷区	1990/1/1	999999.0	99.0
38888	S-1125993	C-9999992	N-9999999	2021/12/31	0.0	テスト	テスト会社B	関東地方	東京都	世田谷区	1990/1/1	999999.0	99.0
38890	S-1125995	C-9999991	N-9999999	2021/12/31	9999999.0	その他	テスト会社A	関東地方	東京都	新宿区	1990/1/1	999999.0	99.0
38891	S-1125996	C-9999991	N-9999999	2021/12/31	0.0	その他	テスト会社A	関東地方	東京都	新宿区	1990/1/1	999999.0	99.0
38892	S-1125997	C-9999992	N-9999999	2021/12/31	9999999.0	テスト	テスト会社B	関東地方	東京都	世田谷区	1990/1/1	999999.0	99.0
38893	S-1125998	C-9999993	N-9999999	2021/12/31	9999999.0	NaN	NaN	NaN	NaN	NaN	NaN	NaN	NaN
38894	S-1125999	C-9999992	N-9999999	2021/12/31	9999999.0	テスト	テスト会社B	関東地方	東京都	世田谷区	1990/1/1	999999.0	99.0

locの中に、条件が2つで、売上が9999999の場合と0の場合のどちらかを満たしているデータを抽出しています。「|」は条件のOR条件です。つまり、売上が9999999の場合もしくは売上が0の場合は条件を満たして抽出されます。

抽出したデータを確認すると、顧客区分にその他や顧客名にテスト会社などのデータが入っていることが確認でき、すべてテストデータであることが分かります。基本的には、異常値も欠損値と同じで「異常値を含

むレコードや項目を消す」「異常値を別の値で置き換える」「何もしない」のいずれかになります。今回は除外する方向で問題ありませんが、別の値で置き換える場合には、四分位数などで置き換える場合もあります。これも欠損値の説明と繰り返しになりますが、どの方法を選択するかは分析の目的や分析内容に対してケースバイケースで判断が必要となります。

では今回は除外していきましょう。locを用いて除外対象以外のデータを抽出する方法でやってみます。先ほどの「売上が9999999の場合と0の場合のどちらかを満たしているデータ」という条件とは逆となり、「売上が9999999以外の場合かつ0以外の場合のデータ」を抽出すれば良いです。やってみましょう。合わせてデータの件数も確認しておきます。

```
df_sales_customer = df_sales_customer.loc[(df_sales_customer['売上
']!=9999999)&(df_sales_customer['売上']!=0)]
print(len(df_sales_customer))
df_sales_customer.head()
```

図41：異常値データの除外

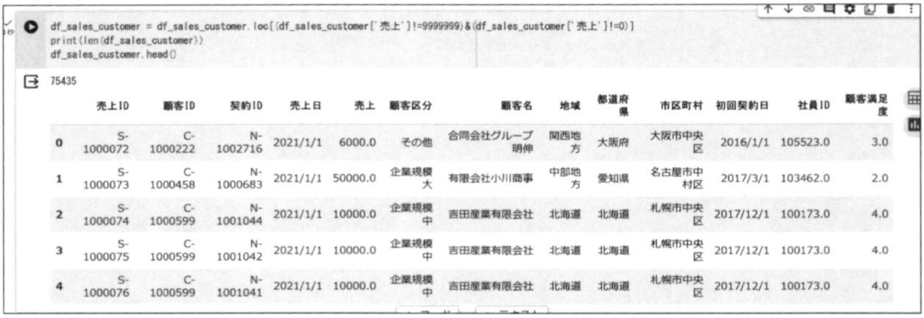

```
df_sales_customer = df_sales_customer.loc[(df_sales_customer['売上']!=9999999)&(df_sales_customer['売上']!=0)]
print(len(df_sales_customer))
df_sales_customer.head()
```

75435

	売上ID	顧客ID	契約ID	売上日	売上	顧客区分	顧客名	地域	都道府県	市区町村	初回契約日	社員ID	顧客満足度
0	S-1000072	C-1000222	N-1002716	2021/1/1	6000.0	その他	合同会社グループ明伸	関西地方	大阪府	大阪市中央区	2016/1/1	105523.0	3.0
1	S-1000073	C-1000458	N-1000683	2021/1/1	50000.0	企業規模大	有限会社小川商事	中部地方	愛知県	名古屋市中村区	2017/3/1	103462.0	2.0
2	S-1000074	C-1000599	N-1001044	2021/1/1	10000.0	企業規模中	吉田産業有限会社	北海道	北海道	札幌市中央区	2017/12/1	100173.0	4.0
3	S-1000075	C-1000599	N-1001042	2021/1/1	10000.0	企業規模中	吉田産業有限会社	北海道	北海道	札幌市中央区	2017/12/1	100173.0	4.0
4	S-1000076	C-1000599	N-1001041	2021/1/1	10000.0	企業規模中	吉田産業有限会社	北海道	北海道	札幌市中央区	2017/12/1	100173.0	4.0

locを使用するのは先ほどと同様ですが、中の条件が異なります。「!=」にすることで売上が9999999以外の場合と売上が0以外の場合にしています。また「|」ではなく、「&」にすることで、AND条件（かつ）に変更しています。これで、「売上が9999999以外の場合かつ0以外の場合のデータ」を抽出できています。先ほどの異常値データが8件でしたので、全データ75,445件から欠損値2件引いて75,443件、さらに異常値データ8件を引い

て75,435件となり正しく除外できていることが確認できました。これで、欠損値と異常値の処理は終了です。繰り返しになりますが、欠損値と異常値の処理は、分析の目的やタスクに応じてケースバイケースで判断する必要があります。今回のケースのように明らかにテストデータである場合以外は、判断に悩むケースが多々あると思います。前述のように欠損自体に意味があるケースもあるため無理に消しすぎずに、分析や機械学習のモデルを回しながら検討していくのでも良いでしょう。ただし、欠損値や異常値を把握し、適切な対応を取るという意識は持つようにしましょう。また、出来る方は欠損値や異常値を除外した後のデータの把握にも挑戦してみてください。describe()で統計量を見てみると違いが明確に分かると思います。

　では最後に、datetime型への変換を行い、簡単にdatetime型の扱いを押さえていきましょう。ここまでくると、だいぶデータが綺麗になり、扱いやすくなってきます。ここでは、「売上日」をdatetime型に変換します。これまではobject型でしたが、datetime型に変換することで、日付項目から年を取得したり曜日を作成するなど、日付を用いた処理が簡単になりますので後ほど試してみましょう。まずはdatetime型に変換しつつ、info()を用いてdatetime型に変換されたかどうかを確認しましょう。

　なお、このセルに限らずですが、コードを実行した結果、Warningメッセージが出力されることがあります。Warningメッセージは推奨されるコードなどに関する情報であり調べてみると有益ではありますが、コードに致命的なエラーが含まれる場合はコード実行時にセルの左の実行ボタンが赤くなって実行が止まりますので、それ以外の場合はまずは気にしなくて問題ありません。どうしも気になる方はインターネットで検索してみたり、本章の最後のコラムに記載したようにChatGPTなどの大規模言語モデルに聞いてみると良いでしょう。

```
df_sales_customer['売上日'] = pd.to_datetime(df_sales_customer['売上日'])
df_sales_customer.info()
```

● 図42：datetime型への変換

```
df_sales_customer['売上日'] = pd.to_datetime(df_sales_customer['売上日'])
df_sales_customer.info()

<class 'pandas.core.frame.DataFrame'>
Int64Index: 75435 entries, 0 to 75444
Data columns (total 13 columns):
 #   Column   Non-Null Count  Dtype
---  ------   --------------  -----
 0   売上ID     75435 non-null  object
 1   顧客ID     75435 non-null  object
 2   契約ID     75435 non-null  object
 3   売上日      75435 non-null  datetime64[ns]
 4   売上       75435 non-null  float64
 5   顧客区分     75435 non-null  object
 6   顧客名      75435 non-null  object
 7   地域       75435 non-null  object
 8   都道府県     75435 non-null  object
 9   市区町村     75349 non-null  object
 10  初回契約日    75435 non-null  object
 11  社員ID     75435 non-null  float64
 12  顧客満足度    75435 non-null  float64
dtypes: datetime64[ns](1), float64(3), object(9)
memory usage: 8.1+ MB
```

　Pandasを使えば、pd.to_datetime()で簡単にdatetime型に変換することができます。実際に、info()で確認したところ、売上日のデータ型がdatetime型になっているのが確認できます。

　datetime型に変換しておくと、その項目の年などを簡単に作成することができるので、特定の年のみを抽出するなどの使い方が可能になります。例えば、2022年の売上データのみに絞込んでみましょう。

```
df_sales_customer.loc[df_sales_customer['売上日'].dt.year==2022]
```

● 図43：2022年の売上データへの絞り込み

	売上ID	顧客ID	契約ID	売上日	売上	顧客区分	顧客名	地域	都道府県	市区町村	初回契約日	社員ID	顧客満足度
38895	S-1125052	C-1000892	N-1001965	2022-01-01	29000.0	企業規模中	株式会社たんぽぽ	関西地方	大阪府	大阪市住之江区	2019/8/1	102434.0	2.0
38896	S-1125053	C-1001352	N-1003792	2022-01-01	10000.0	企業規模小	株式会社T&K	関西地方	大阪府	大阪市港区	2021/5/1	100352.0	3.0
38897	S-1125054	C-1000547	N-1000944	2022-01-01	30000.0	企業規模小	三重木材合資会社	関西地方	兵庫県	西宮市	2017/10/1	101013.0	2.0
38898	S-1125055	C-1000072	N-1000075	2022-01-01	10000.0	企業規模小	有限会社フィール	四国	愛媛県	松山市	2015/4/1	100708.0	4.0
38899	S-1125056	C-1000222	N-1000275	2022-01-01	50000.0	その他	合同会社グループ明伸	関西地方	大阪府	大阪市中央区	2016/1/1	105523.0	3.0
...	...	...	...	...	...	...	...	...	...	...	...	...	...
75440	S-1177220	C-1001260	N-1004684	2022-12-30	9000.0	企業規模小	有限会社大塚商店	関東地方	千葉県	松戸市	2020/11/30	101824.0	5.0
75441	S-1177223	C-1000315	N-1004170	2022-12-30	21000.0	企業規模小	有限会社加藤工務店	関西地方	京都府	長岡京市	2016/5/30	101305.0	3.0

絞り込みなのでlocを用いますが、条件式の部分で、dt.yearを用いて売上日の「年」を取得しています。取得した年が2022年のデータのみを抽出する条件としているため、2022年の売上データのみに絞り込んで表示されていることが分かります。また、他にもdatetime型であれば曜日を作成することもできます。今のデータに曜日を追加してみましょう。

```
df_sales_customer['売上日_曜日'] = df_sales_customer['売上日'].dt.day_name()
df_sales_customer.head()
```

● 図44：曜日の作成

dt.day_name()を使えば簡単に曜日が取得可能です。実際に、2021年1月1日は金曜日です。これで、曜日別の売上集計などもできるようになります。

このように、しっかりとdatetime型に変換しておけば様々な処理が可能になります。その上でも、データ型をしっかり確認して整理しておくことは非常に重要なので覚えておきましょう。

ここまででデータが綺麗に整ってきました。いよいよ集計や可視化に入っていきたいところなのですが、その前にもう少しだけデータの取り扱いに触れておきましょう。

2▶6　データ取り扱いの注意点とよく使う処理を押さえよう

　ここではデータを取り扱う上で、よく使用するため覚えておくと良い処理や注意が必要な処理を中心に簡単に説明します。

▶ データ取り扱いの注意点を押さえよう

　まずは、インデックスについてです。データフレームの説明や売上テーブルの結合（ユニオン）の部分でも述べましたが、Pandasで読み込んだデータにはインデックスが存在します。欠損値を除外したりして、元のデータとは違うデータのみに絞ったりすると除外したデータのインデックスが抜けることになります。例えば、欠損値がインデックス「0」番に存在した場合は、欠損値除外をするとインデックス「0」が抜けて、インデックス「1」から始まります。そういったときに混乱を防ぐためにもインデックスを振り直すケースは多々あります。まずは、ここまで綺麗にしてきたデータがどうなっているか見てみましょう。

```
df_sales_customer
```

● 図45：現状のデータ確認

　データのインデックスを確認すると、先頭は0から順番になっています
が、末尾のデータはインデックスに75444が振られており、データ件数
75,435件よりも大きい値になっています。これはどこかのインデックス
が抜けていることが原因であり、間違いなく欠損値や異常値を除外した
影響です。このインデックスが抜けるという点を意識しないままデータ
を利用すると、前述のようにインデックスの最大値からデータ件数をミ
スリードしたり、特定のインデックス番号をピンポイントで処理するよ
うなコードがあった場合にインデックス初期化により処理対象のレコー
ドがずれてしまうなど、意図しないミスにつながりますので注意が必要
です。

　また、Pythonでデータを扱う際の注意事項としてcopy()もあります。
ここでは「df_sales_customer」のインデックスを振り直す処理を例に説明
していきます。

　例えば、元の変数である「df_sales_customer」のインデックスは変えず
に、インデックスを振り直した変数として新たに「df_sales_customer_2」
を作成したいとします。この場合、「df_sales_customer_2 = df_sales_
customer」として「df_sales_customer_2」を作成した上で、インデックス
の振り直しをしたくなると思いますが、そうしてしまうと「df_sales_
customer」も同時にインデックスが振り直されてしまう事象が発生して
しまいます。それを防ぐためには.copy()を利用して「df_sales_
customer_2 = df_sales_customer.copy()」とする必要があります。実際に
試してみましょう。

```
df_sales_customer_2 = df_sales_customer.copy()
df_sales_customer_2.tail()
```

● 図46：データフレームのコピー

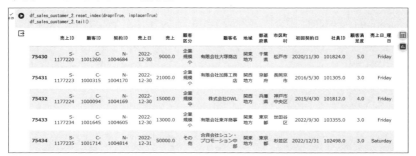

　df_sales_customer_2はcopy()を使って新たなデータフレームを作成しています。その後、末尾のデータのインデックスを確認したいので、tail()を使ってdf_sales_customer_2の末尾5レコードのデータを出力しています。この結果を見ると、先ほどと同じように末尾のインデックスは75444とデータ件数よりも大きな値を示しています。

　では、copy()を使用したdf_sales_customer_2のインデックスの初期化を行ってみましょう。インデックスの初期化はreset_index()を用います。

```
df_sales_customer_2.reset_index(drop=True, inplace=True)
df_sales_customer_2.tail()
```

● 図47：インデックスの初期化

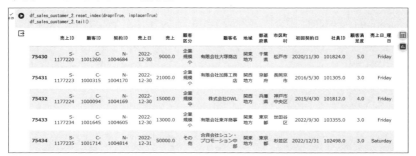

　reset_index()にdrop=Trueとinplace=Trueを指定しています。inplace=Trueは欠損値を除外する処理であるdropnaの時と同じで、df_sales_customer_2を上書きしています。drop=Trueは、元々あったインデックスを項目に追加するかどうかの選択です。特段残さない場合は

drop=Trueを、元々のインデックスを残したい場合は未指定かdrop=Falseを指定します。ここでは元々のインデックスを特段残す必要もないので削除しています。結果を見ると、末尾が75434となっており、データ件数75,435件よりも1件少ない形になっています。インデックスは0から始まるので75,435件のデータであればインデックスの最後は75434となります。つまり、インデックスが新たに振り直されたことになります。

では、copy()を使わないで変数を定義した上でインデックスの初期化をしてみましょう。

```
df_sales_customer_3 = df_sales_customer
df_sales_customer_3.tail()
```

図48：データフレームのコピー②

```
df_sales_customer_3 = df_sales_customer
df_sales_customer_3.tail()
```

	売上ID	顧客ID	契約ID	売上日	売上	顧客区分	顧客名	地域	都道府県	市区町村	初回契約日	社員ID	顧客満足度	売上日_曜日
75440	S-1177220	C-1001260	N-1004684	2022-12-30	9000.0	企業規模小	有限会社大塚商店	関東地方	千葉県	松戸市	2020/11/30	101824.0	5.0	Friday
75441	S-1177223	C-1000315	N-1004170	2022-12-30	21000.0	企業規模小	有限会社加藤工務店	関西地方	京都府	長岡京市	2016/5/30	101305.0	3.0	Friday
75442	S-1177224	C-1000094	N-1004169	2022-12-30	15000.0	企業規模中	株式会社OWL	関西地方	兵庫県	神戸市中央区	2015/4/30	101812.0	4.0	Friday
75443	S-1177234	C-1001645	N-1004605	2022-12-30	13000.0	企業規模小	有限会社東洋商事	関東地方	東京都	世田谷区	2022/9/30	103355.0	3.0	Friday
75444	S-1177235	C-1001714	N-1004814	2022-12-31	50000.0	その他	合資会社シュン・プロモーション中部	関東地方	東京都	杉並区	2022/12/31	102498.0	3.0	Saturday

今回はcopy()を使用せずに「=」だけで新しい変数df_sales_customer_3を定義しています。当然、コピー元であるdf_sales_customerを基準にしているので、インデックスも末尾が75444になっており、インデックスを振り直す前の状態です。

では、先ほどと同じようにインデックスを初期化してみましょう。

```
df_sales_customer_3.reset_index(drop=True, inplace=True)
df_sales_customer_3.tail()
```

● 図49：インデックスの初期化②

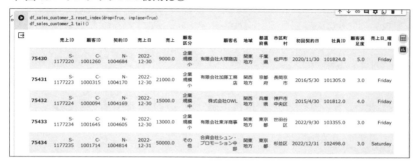

　先ほどと同じようにreset_index()を用いてインデックスを初期化して
います。結果を見ると、末尾のインデックスが75434となっており、イン
デックスが初期化できています。一見すると問題なさそうですが、問題は
コピー元であるdf_sales_customerの方にあります。df_sales_customerの
末尾のデータを確認してみましょう。

```
df_sales_customer.tail()
```

● 図50：コピー元の確認

　末尾のデータを確認すると、インデックス番号が75434となっていま
す。これはインデックスが初期化された状態の番号ですね。違和感があり
ませんでしょうか。元データであるdf_sales_customer自体に対して、イ
ンデックスの初期化をしていないにも関わらず、インデックスが初期化
されてしまっています。これは、**シャローコピー**（浅いコピー）と**ディー
プコピー**（深いコピー）というコピーの仕方に違いがあるのが関係してい
ます。ここではあまり深くは説明しませんが、copy()を用いて新しい変数

を作らないとシャローコピーとなってしまいPythonの仕組み上、先ほど試したように元の変数に影響を及ぼしてしまいます。ここでは、元のデータに影響を与えない新しい変数を定義する場合には、copy()を使用する必要があることを覚えておきましょう。

インデックス初期化以外でもinplace=Trueを用いている場面で言うと、欠損値除外（dropna）も同様です。特に、欠損値を除外する前のデータを残しておこうと思うことは多々あります。しかし、copy()を用いずに新しい変数を定義して欠損値を除外した場合、元のデータが除外していないデータだと思ったら意図せず除外されていることになり、気づかずにコーディングを続けてしまうと大きな問題となるので注意しましょう。

▶ よく利用する処理を押さえよう

では、続いてfor文やリストを使用してデータの取り扱いを効率的に行っていくことを覚えていきましょう。リストは、Pythonで複数個のデータを一括して扱えるものです。厳密に言うと、リストはデータ型の1種です。まずは、簡単なリストを作成してみましょう。

```
list_a = [1, 'Hello', 10, 'Analytics']
list_a
```

● 図51：リストの作成

```
list_a = [1, 'Hello', 10, 'Analytics']
list_a

[1, 'Hello', 10, 'Analytics']
```

リストは[]の中に、カンマ「,」で区切ることで複数のデータを格納できます。今回のlist_aには「1」「Hello」「10」「Analytics」というデータが入っています。ここではやりませんが、list_a[0]のような形で、特定の番号のデータを取り出すことが可能で、list_a[0]は0番目のデータ、つまり「1」

が抽出できます。この辺は、Pythonの基本的な文法なので不安な方は、Pythonの文法を書籍やWebで調べてみると良いでしょう。

　リストはfor文を使用すると、1件ずつ取り出すことが可能です。なお、次のコードでは「print(a)」の前にインデント（通常はスペース4つまたはタブ1つ）があることが分かると思います。for文や3章で解説する関数の定義などでは、対象とするコードのブロックをインデントで表現します。インデントがない場合はどこまでがfor文などの対象となるブロックか分からずエラーになりますので注意しましょう。それではコードを実行してみましょう。

```
for a in list_a:
  print(a)
```

● 図52：for文によるリストのデータ取り出し

　こちらもPythonの基本文法となりますが、for文は、for inで記述します。ここでは、list_aを、aという変数に格納して1件ずつ取り出します。取り出した結果はprintで出力しています。

　また、for文ではenumerateを使用することも多いので合わせて押さえておきましょう。本書では6章で使用します。

```
for i, a in enumerate(list_a):
  print(i, a)
```

● 図53：enumerateの活用

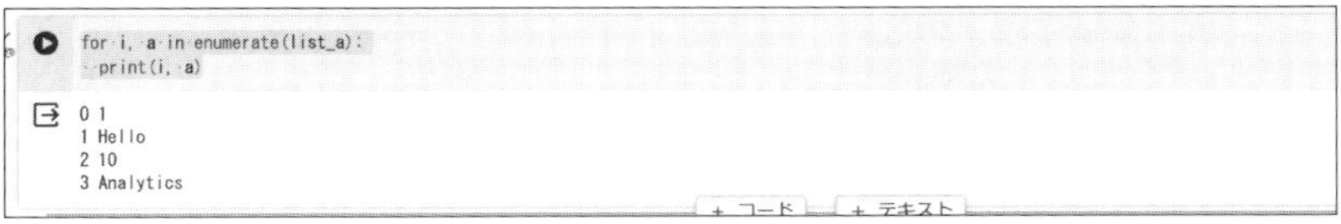

```
for i, a in enumerate(list_a):
    print(i, a)

0 1
1 Hello
2 10
3 Analytics
```

　enumerateは、for文でループさせたい変数をenumerate（変数）のように指定すれば利用できます。今回は、list_aをループさせています。先ほどまでは、forの後に「a」だけでしたが、「i，a」の2つが指定されています。このiはリストの番号として取り出すことができます。実行結果を見ると、リストの内容だけでなく、左にリストの番号が出力されていることが分かります。例えば、リスト番号は0からなので、リスト番号が1は「Hello」のはずですが、そのように表示されていることが分かります。このように、enumerateはデータ自体だけではなくリストの番号を同時に取得したい場合などに重宝するので覚えておきましょう。

　では続いて、データフレームにおいてfor文やリストをどのように活用するか見てみましょう。基本的には、for文やリストは、項目方向や行方向への共通的な処理を行う際に非常に便利です。例えば、今回の売上データにおいて、「売上」「顧客満足度」のどちらの項目に対しても2倍にしたい場合に、リストとfor文でデータ処理を行ってみましょう。最後に先頭5レコードのデータ表示も行います。

```
cols = ['売上', '顧客満足度']
for col in cols:
    df_sales_customer[f'{col}_2倍'] = df_sales_customer[col] * 2
df_sales_customer.head()
```

2

Pythonを用いたデータ分析の基礎体力作り

77

●図54：リストとfor文によるデータ処理

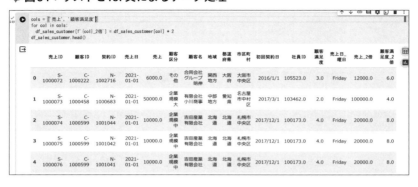

　1行目で今回対象とする項目をリストで指定します。その後、for文を用いてリストの中身を取り出しており、colという変数名で「売上」「顧客満足度」が取り出されます。変数colは、df_sales_customer[f'{col}_2倍']で2倍した値を格納する新たな項目を作成し、df_sales_customer[col] * 2でそれぞれの項目の値を2倍しています。f'{col}_2倍'は、print文などでも使用されますが、{}に変数をそのまま格納して使用することができます。今回の場合、最初は「売上_2倍」で、次に「顧客満足度_2倍」が項目名として定義されます。

　実際の結果を見ると、「売上_2倍」「顧客満足度_2倍」の項目が追加され、売上や顧客満足度も2倍になっていることが分かります。今回の場合は、2つの項目だけだったので、for文でなくても「df_sales_customer['売上_2倍'] = df_sales_customer['売上'] * 2」のような形で2回書けば良いのですが、計算したい項目が2つではなく、多数ある場合はその分だけコードを書く必要があり非効率です。そのため、複数の項目に共通的に処理したい場合などはリストとfor文を組み合わせて書くことが多いです。その他にも、売上の2倍だけではなく、3倍、4倍、10倍を計算したい場合なども、リストを使ってfor文でループ処理をすると良いでしょう。是非挑戦してみてください。

　では、行方向はどのようにすれば良いでしょうか。基本的には行方向へのfor文はなるべく行わずに、Pandasの機能を用いるのが良いです。ただ

し、データによっては行方向にfor文を実施し、レコードごとに特定の処理を行いたい場面が出てくることもあります。その場合は、iterrows()を用いることで1レコードごとに取り出すことが可能です。ここでは、東京都の売上をif文で抽出して、東京都の合計売上を計算してみましょう。

```
tokyo_sales = 0
for index, row in df_sales_customer.iterrows():
  if row['都道府県'] == '東京都':
    tokyo_sales += row['売上']
print(tokyo_sales)
```

● 図55：iterrowsによるデータ処理

```
tokyo_sales = 0
for index, row in df_sales_customer.iterrows():
    if row['都道府県'] == '東京都':
        tokyo_sales += row['売上']
print(tokyo_sales)
```
```
787521000.0
```

iterrows()を用いることで先ほど少し説明したenumerateに近い取り出し方ができます。1レコードごとのデータが取り出し可能で、ここではrowという変数に格納しています。さらにindexでインデックス番号も取得できます。for文の中では、項目「都道府県」でその行のデータが東京都だったら売上を足し算しています。あくまでもiterrows()は1レコードごとに取り出して、東京都かどうかの判定と東京都だった場合の足し算の処理をしています。

繰り返しになりますが、行方向のfor文処理は基本的には行わないのが良いでしょう。その代わりになるべくPandasの機能を使用します。例えば、今回のように東京都の売上合計を知りたければ下記で可能です。

```
df_sales_customer.loc[df_sales_customer['都道府県']=='東京都', '売上'].sum()
```

● **図56：Pandasの機能を活用したデータ処理**

```
df_sales_customer.loc[df_sales_customer['都道府県']=='東京都', '売上'].sum()
787521000.0
```

　たった1行で実現できます。都道府県が東京都の条件でデータを抽出
して、売上の合計を計算するだけです。合計はsumを用いることで簡単に
求めることができます。結果はどちらも一致していますが、実行していた
だけると分かりますが、速度が違います。行方向にループしていく処理は
Pythonでは時間がかかるのが知られています。データ量が増えてきた場
合に特に顕著になっていくので、やむを得ない状況以外ではなるべく行
方向のfor文処理は基本的には使わないように意識しましょう。

　さて、データも綺麗に整い、データを取り扱いや注意点を押さえました
ので、いよいよ集計や可視化を進めていきましょう。

2▸7 集計・可視化・データ出力をしてみよう

　それでは最後に、綺麗にクレンジングしたデータを用いて、データ集計、可視化やデータの出力を簡単に押さえておきましょう。集計も可視化も3章以降でたくさん触れていくので、まずは簡単な事例でイメージを掴んでいきましょう。

　基本的に、可視化と集計はセットになってきます。例えば、顧客区分ごとの合計売上を可視化したかったら、顧客区分ごとに売上を集計して、その集計結果をもとに可視化するコードを書きます。まずは集計してみましょう。

```
df_sales_customer.groupby('顧客区分').agg({'売上': 'sum'})
```

● 図57：顧客区分ごとの売上集計

　集計にはGroupbyを用います。GroupbyはSQLなどを触ったことがある方には馴染みやすいものではないでしょうか。Groupbyで集計したい単位（ここでは顧客区分）を指定した後に、集計方法を指定します。aggはaggregate（集計）の略で、集計したい項目と集計方法を指定するだけです。今回は、合計なのでsumを指定しましたが、平均値であればmean、中央値であればmedianを指定すれば、平均値や中央値で集計できます。

　この結果を見ると、企業規模大が最も売上が大きく、企業規模小、中、

その他の順番で小さくなってきます。ただこれだと分かりにくいのでグラフを作成しましょう。まずは可視化のための準備を行います。下記を入力して実行してください。

```
!pip install japanize-matplotlib
import matplotlib.pyplot as plt
import japanize_matplotlib
```

● 図58：可視化の準備

　可視化には、matplotlibというライブラリを使用します。Pandasがデータの取り扱いに特化したライブラリなのに対して、matplotlibは可視化に特化したライブラリです。日本語に対応させるためにjapanize-matplotlibというライブラリを追加でインストールした上で、インポートしています。Pandasやmatplotlibは、あらかじめGoogle Colaboratoryの環境にインストールはされていて、インポートするだけで使用できました。Google Colaboratoryの環境にないものに関しては、!pip installを用いて、環境にインストールした後にインポートするので覚えておきましょう。本書でも度々出てきます。

　準備が整ったら可視化を行います。

```
viz = df_sales_customer.groupby('顧客区分').agg({'売上': 'sum'})
plt.bar(viz.index, viz['売上'])
```

● 図59：棒グラフの可視化

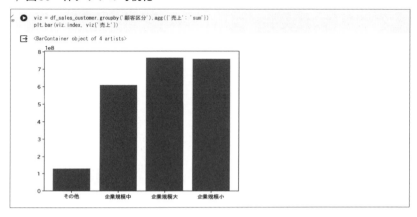

```
viz = df_sales_customer.groupby('顧客区分').agg({'売上': 'sum'})
plt.bar(viz.index, viz['売上'])
```

`<BarContainer object of 4 artists>`

　先ほどと繰り返しになりますが、可視化は基本的に集計してグラフ化の流れです。先ほどのGroupbyを用いて顧客区分ごとの売上を集計したデータを可視化しています。plt.barは棒グラフの描画で、viz.indexはX軸として顧客区分を、Y軸は集計した合計売上を記載しています。棒グラフ以外にもplt.plotとすると折れ線グラフになります。その他にも左右に軸が存在する2重軸のグラフなども可能です。ただし、グラフが複雑化してもここで取り扱ったようにplt.bar(X軸,Y軸)やplt.plot(X軸,Y軸)を指定することでグラフを作成するのが基本です。これで、Pythonで集計・可視化するイメージが湧いたのではないのでしょうか。続いて、集計の1種であるpivot_tableを使用して集計・可視化は終わりにしましょう。Groupbyが集計の基本ではあるものの、Excelのピボットテーブルのように、縦と横に顧客区分や年などを配置して、売上集計をするようなクロス集計表を作成したい場面では、pivot_tableの方が便利です。ここでは、縦に顧客区分、横に年を配置したクロス集計表を作成してみましょう。

```
df_sales_customer['年'] = df_sales_customer['売上日'].dt.year
df_sales_customer.pivot_table(index=['顧客区分'], columns=['年'], valu
es='売上', aggfunc='sum')
```

● **図60：pivot_tableによる集計**

```
df_sales_customer['年'] = df_sales_customer['売上日'].dt.year
df_sales_customer.pivot_table(index=['顧客区分'], columns=['年'], values='売上', aggfunc='sum')
```

年	2021	2022
顧客区分		
その他	68550000.0	58653000.0
企業規模中	313154000.0	296460000.0
企業規模大	389456000.0	375976000.0
企業規模小	397400000.0	361694000.0

　最初に、dt.yearを用いて項目「年」を作成しています。その後、pivot_tableを用いて、index（縦方向）に顧客区分、columns（横方向）に年を配置し、値として売上をsumで指定することで売上の合計を集計しています。その結果、顧客区分が縦で年が横にある配置の集計表が確認できます。これで例えば顧客区分ごとの年の売上推移が一目瞭然で分かります。このように、ちょっと集計してみたい時などに便利なので、pivot_tableは押さえておきましょう。

　それでは、最後にデータの出力を学びます。読み込みと同じように、Pandasの機能を用いることで簡単に出力が可能です。やってみましょう。

```
df_sales_customer.to_csv('売上顧客データ_加工済み.csv', index=False)
```

● **図61：CSV出力**

```
df_sales_customer.to_csv('売上顧客データ_加工済み.csv', index=False)
```

　読み込みがread_csvだったのに対して、出力はto_csvです。読み込みと同様に、Excelで出力したい場合はto_excelが存在します。index=Falseはインデックスを出力するかどうかの設定です。ここまでに説明したようにPandasのデータフレームはインデックスを持っています。特段指定していない場合は、読み込み時のデータの順番に連番となっていますが、そのインデックスを出力させたい場合はTrue（もしくは指定なし）、出力させたくない場合はFalseを指定します。今回は必要ないので出力しない形

で設定しています。その他にも、読み込み時と同様にencodingの指定なども可能です。

実行してエラーにならなければ、出力されているはずです。データの出力先は、Google Driveのマイドライブ/DA_WB/2章/dataの直下です。「売上顧客データ_加工済み.csv」を見つけたらダブルクリックしてデータの中身も確認してみましょう。

図62：売上顧客データ_加工済みの出力結果

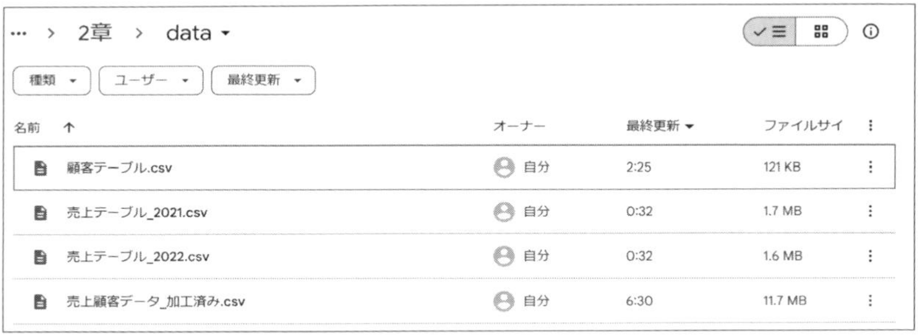

図63：売上顧客データ_加工済みの中身

	A	B	C	D	E	F	G	H	I	J	K	L
1	売上ID	顧客ID	契約ID	売上日	売上	顧客区分	顧客名	地域	都道府県	市区町村	初回契約日	社員ID
2	S-1000072	C-1000222	N-1002716	2021-01-01	6000	その他	合同会社グループ明伸	関西地方	大阪府	大阪市中央区	2016/1/1	105523
3	S-1000073	C-1000458	N-1000683	2021-01-01	50000	企業規模大	有限会社小川商事	中部地方	愛知県	名古屋市中村区	2017/3/1	103462
4	S-1000074	C-1000599	N-1001044	2021-01-01	10000	企業規模中	吉田産業有限会社	北海道	北海道	札幌市中央区	2017/12/1	100173
5	S-1000075	C-1000599	N-1001042	2021-01-01	10000	企業規模中	吉田産業有限会社	北海道	北海道	札幌市中央区	2017/12/1	100173
6	S-1000076	C-1000599	N-1001041	2021-01-01	10000	企業規模中	吉田産業有限会社	北海道	北海道	札幌市中央区	2017/12/1	100173
7	S-1000077	C-1000532	N-1001040	2021-01-01	15000	企業規模大	合名会社横山製綿所	九州	福岡県	福岡市南区	2017/8/28	101056
8	S-1000078	C-1000792	N-1002626	2021-01-01	9000	企業規模中	有限会社フォーチュン	北海道	北海道	札幌市東区	2019/1/1	102127
9	S-1000079	C-1000458	N-1000684	2021-01-01	50000	企業規模大	有限会社小川商事	中部地方	愛知県	名古屋市中村区	2017/3/1	103462
10	S-1000080	C-1001095	N-1002625	2021-01-01	30000	企業規模小	株式会社松栄	関東地方	神奈川県	横浜市磯子区	2020/4/1	101927
11	1000081	C-1001093	N-1002623	2021-01-01	30000	企業規模小	合同会社RISE	関東地方	東京都	港区	2020/4/1	107115
12	S-1000082	C-1000656	N-1001449	2021-01-01	15000	企業規模大	有限会社ジャスティス	関東地方	東京都	文京区	2018/3/23	107115
13	S-1000083	C-1001095	N-1002622	2021-01-01	30000	企業規模小	株式会社松栄	関東地方	神奈川県	横浜市磯子区	2020/4/1	101927
14	S-1000084	C-1000656	N-1001450	2021-01-01	15000	企業規模大	有限会社ジャスティス	関東地方	東京都	文京区	2018/3/23	107115
15	S-1000085	C-1001093	N-1002621	2021-01-01	30000	企業規模小	合同会社RISE	関東地方	東京都	港区	2020/4/1	107115
16	S-1000086	C-1001198	N-1003055	2021-01-01	50000	企業規模小	株式会社あおぞら	北海道	北海道	札幌市中央区	2020/9/1	101292
17	S-1000087	C-1001093	N-1002624	2021-01-01	30000	企業規模小	合同会社RISE	関東地方	東京都	港区	2020/4/1	107115
18	S-1000088	C-1000481	N-1000903	2021-01-01	80000	企業規模大	株式会社オリーブ	関東地方	東京都	世田谷区	2017/3/31	102125
19	S-1000089	C-1000905	N-1002042	2021-01-01	10000	企業規模中	株式会社井上	関西地方	三重県	四日市市	2019/9/1	101809
20	S-1000090	C-1000734	N-1001687	2021-01-01	29000	企業規模中	株式会社いろは	関東地方	埼玉県	鴻巣市	2018/9/10	103203
21	S-1000091	C-1000251	N-1000324	2021-01-01	9000	企業規模大	株式会社ユニティー	関西地方	滋賀県	大津市	2016/3/1	101809
22	S-1000092	C-1000501	N-1001683	2021-01-01	80000	企業規模大	株式会社キクチ	関東地方	東京都	台東区	2017/5/8	101782

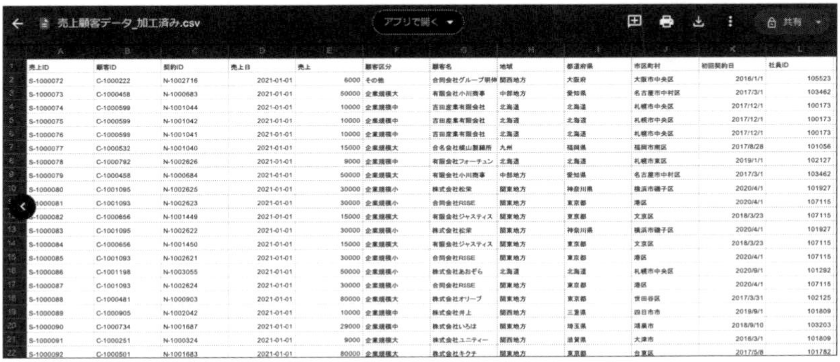

無事に結果が出力されているのを確認できました。データ分析プロジェクトに限らずデータを扱うようになると、データを出力する機会は非常に多くありますので、しっかりと押さえておきましょう。

　これで2章のPythonを用いたデータ分析の基礎体力作りは終了です。お疲れ様でした。また、同時にPart 1のデータ分析による課題解決に向けた準備も終わり、いよいよ実践的なPart 2に移っていきます。

　2章ではデータ分析を進める上で基礎となる技術や概念についてお伝えしました。データ分析では、データの読み込み、データの特性の把握や欠損値・異常値の除外など、泥臭い部分を超える必要があるのを実感してもらえたのではないでしょうか。

　もちろんデータ分析で必要となる技術は幅広いため、2章だけで全てをカバーすることはできませんが、後述のコラムに記載の通り、現在は大規模言語モデルの登場によりコーディングを学ぶハードルは下がってきています。慣れないと難しいと感じることも多々あるかもしれませんが、1つずつコードに向き合いながら「どの対象に対してどのような操作を実行しようとしているのか」を確認していくことで、Pythonを用いたコーディングへの理解が深まり、またご自身の技術引き出しを広げることができると思います。ぜひ本書にとどまらず色々と調べながら進んでみてください。

　3章からは、いよいよ仮想のデータ分析プロジェクトの一員としてデータサイエンティストの業務を体験しながら技術と思考の両面に関する分析スキルを学んでいきます。ぜひ楽しみながら読み進めて頂ければと思います。

　2章では今後のデータ分析で必要となる Python の基礎的な操作や知識を解説しました。これまでコーディングになじみがなかった方は少し大変だったかもしれませんが、データ分析で利用する Python のメソッドはそれほど多くありません。英語を習った時のように使いながら慣れていくものですので、あまり心配せず進めていきましょう。

　なお、ChatGPT をはじめとした大規模言語モデル（LLM）の登場により、Python の学習は従来よりも大きくハードルが下がっています。英語の学習に例えると、以前は英語で書かれた文章を理解するためには自分で英語を学習するか翻訳者に頼る必要がありましたが、昨今は Google 翻訳や DeepL のような翻訳ソフトの精度が高くなり、自分の翻訳内容や作成した英文が妥当なのかを簡単に確認することができるようになりました。

　Python も同様に、以前はコードを書いたり理解するためには、自身が Python を勉強するか先輩社員などの有識者に頼る必要がありました。しかし、大規模言語モデルの登場により、分からないソースコードがあれば、「次のソースコードの内容を詳しく解説して」と記入して続けてソースコードを張り付ければ、内容を丁寧に解説してくれます。また「Python で Excel データを読み込むサンプルコードを教えて」など依頼すれば、ソースコード例を教えてくれます。しかも、人に同じ質問を何度もすると嫌がられると思いますが、大規模言語モデルは嫌がりもせず 24 時間 365 日丁寧に回答してくれるのです。英語で困ったら Google 翻訳などに頼れるように、Python のコーディングでも ChatGPT などの大規模言語モデルに頼れると考えれば、少し気持ちが楽になるのではないでしょうか。

　もちろん、Google 翻訳なども完璧ではないように、大規模言語モデルも間違ったコードを出力することがあります。そのため、2章のような自分で Python を読み書きできる最低限の知識は必要です。しかし、すべての英単語や熟語を知らないと英語の文章が読み解けないかというとそうではなく、英語の基本的な文法を理解していれば、単語の意味を調べることである程度理解できます。同様に Python も非常に多くのメソッドがありますが、基本的な使い方は似ているので理解しやすいのではないかと思います。ぜひ2章で Python の基本操作や知識を身に付けるとともに、新しいメソッドに出会っ

たときは大規模言語モデルなどに確認しながら技術の幅だしを進めて頂ければと思います。なお、大規模言語モデルは学習データが古かったりすることがある関係で、最新の技術情報などについてはうまく回答してくれないことがあります。そのような場合は、該当のメソッドに関する公式サイトや解説したブログなどに細かい事象への対処方法などが記載されていますので、インターネットを検索して確認してみるとよいでしょう。

　また、1章の最後で記載しました通り、大規模言語モデルは便利な一方で、セキュリティ面など注意が必要なポイントがあります。特に業務で利用する際は会社のルールを確認の上、注意しながら活用していきましょう。

第**3**章

「課題の絞り込み」を
進めよう（可視化）

3▶0 | 準備

Part 1では、Pythonを使ったデータ分析の準備を進めました。具体的には、1章ではデータ分析による課題解決のポイントとして、課題解決プロセスと分析プロセスの関係性や、データ分析の貢献ポイントについて解説しました。また、2章ではPythonを使ったデータ分析の基礎体力作りとして、実際にコードを実行しながらデータ読み込みから結合、基礎集計、可視化、出力などの基本的な操作を学習しました。

Part2では、いよいよ仮想の分析プロジェクトでの分析体験を進めていきます。あなたは、家電量販店を営む架空の企業に所属する見習いデータサイエンティストとして、「2023年の売上が前年より減少している」というビジネス課題の解決に向けてデータ分析を進めていきます。データ分析の業務では「ここ最近、売上が下がっているからなんとかしてよ」などのような粗いオーダーから仕事が始まるケースも多くあります。そのような粗い課題であってもデータ分析を活用しながら「課題の深掘り」を進めることで対処すべき要因を明確にし、しっかり成果に繋げるところがデータサイエンティストの腕の見せ所と言えるでしょう。3章と4章では「課題の絞り込み」、5章では「原因の特定」に向けた分析をすることで段階的に「課題の深掘り」を進めていきます。仮想の分析プロジェクトではありますが、ビジネス課題をデータ分析で解決するまでの流れを疑似体験いただき、実際のデータ分析プロジェクトを進める上でのポイントを肌で感じていただければと思います。

また各分析フェーズでの検討観点が分かりやすいように分析ワークシートを用意しました。Part2の分析プロジェクトではこちらを埋めながら順に分析を進めていきたいと思います。

●図1：今回対象とする課題解決フェーズ

▶ あなたが置かれている状況

　あなたは関東に店舗を展開する家電量販店A社の見習いデータサイエンティストです。座学でデータ分析による課題解決のポイントや、Pythonを用いたデータ分析の基本的な操作を学びましたが、実務でデータ分析を担当した経験はない状況です。あなたが所属するA社は、家電量販事業を営んでおり関東の各都市の中心部への大規模な店舗や、郊外への中規模・小規模の店舗を展開しています。ある日、あなたの所属する会社の経営企画部のBさんから、以下の相談を受けました。

　「実店舗の2023年の売上は2022年と比べて減少してしまった。競合他社は売上が横ばいあるいは増加している中、当社の売上だけが減少している。データを分析して売上回復に向けた提案をしてもらえないか。」

　市場規模の縮小など外的な要因も考えられますが、競合他社の売上は落ちていない状況から、まずは自社固有の原因について確認したい意向でした。チーム内で検討した結果、今回はあなたが先輩とともにこの依頼に取り組むことになりました。それでは課題解決に向けて分析に取り組んでいきましょう。

3

「課題の絞り込み」を進めよう（可視化）

▶ 先輩からのアドバイス

　実際の分析プロジェクトでは今回取り組む課題のように「売上が減少しているので何とかできないか」といったような、粗い粒度の課題として分析依頼が来るケースが多くあります。ただ、この粗い粒度の課題のままでは、どこにどのような対策を打つべきかという具体的な方法を考えていくのは困難です。課題が粗い場合には、まずは特にどこが影響を与えているのかといった「課題の絞り込み（Where, Who）」を確認した上で、それがなぜ発生しているのかといった「原因の特定（Why）」を順に確認していくことで「課題の深掘り」を進めていくことが大事です。データ分析で「課題の深掘り」を進める場合のアプローチとしては次の2つが考えられます。

◆ 仮説検証型アプローチ

　有識者の知見等から考えられる仮説を整理し、その仮説の妥当性をデータ分析で検証するアプローチ

＜メリット＞

　有識者の経験等を踏まえた確度の高い仮説から効率的に検証を進めることができる

＜デメリット＞

　有識者の経験や主観に依存するため、認識できていない仮説などを見落とす可能性がある

◆ 仮説探索型アプローチ

　データを起点として様々な切り口でデータ分析を進めインサイトを発見するアプローチ

＜メリット＞

データという客観的な観点から新しい仮説が見つかる可能性がある

＜デメリット＞

探索的に分析や考察するため時間がかかる傾向がある

　実際の分析プロジェクトでは「とりあえずデータを可視化してみる」というアプローチでは非効率的で時間がかかることが多いため、まずは有識者の知見等を踏まえて「このあたりが怪しいのでは」といった仮説を整理した上でデータ分析を通じて検証を進める「仮説検証型アプローチ」から始めて、その観点の周辺や、仮説と異なる結果など「違和感がある」観点がみつかれば、「仮説探索型アプローチ」でデータから探索的に詳しく分析するなど、2つのアプローチをうまく組み合わせながら、課題の深掘りを進めていくとよいでしょう。

　なお、仮説探索型アプローチでデータを起点に分析を進める場合は、様々な切り口を自動で可視化してくれるEDA※ライブラリ（SweetVizなど）の活用や、統計モデル・機械学習モデルを作成して事象の特徴を捉えていくアプローチも効果的です。そちらは後ほど5章の「原因の特定」の中で試していきましょう。

※ EDA：Explanatory Data Analysis（探索的データ分析）の略。使用するデータを様々な角度から可視化することで、データに対する理解を深め、ビジネス課題解決のためのインサイトを得る。

　また、課題の深掘りに向けたデータ分析を進める中で、分析作業に夢中になってしまい「この分析から何を得たいのか」を見失って迷子になってしまうことがあります。1章で確認したように、データ分析の目的はビジネスの課題解決の意思決定に貢献することですが、意思決定を行う担当者などが興味深いと感じる分析とするためには、次のようなポイントを意識しながら分析を進めると効果的です。

◆「比較」を意識的に行うこと

　データを可視化することで定量的に状況を把握することができますが、ただ漠然と可視化された数値を眺めるだけではアクションにつながるインサイトを得ることはできません。例えば売上を単体で可視化するだけでなく売上目標値と比較することで、目標との差を定量的に確認することができ、アクションが必要かの判断につなげることができます。また、仮説を事実（データ）と比較して検証した結果、仮説とは異なる結果が出た場合、なぜかを深掘り分析することで有識者も把握していないような未知のインサイトが得られる可能性があります。

◆ 報告結果として得たい分析観点を意識すること

　依頼人が最終的に報告結果として分析から得たい主な観点として、次の3つの観点があります。こちらを意識しながら分析を進めると効果的です。

①大小関係がないか

　売上減少について内訳を確認するとある部署が大きく売上減少している、等

②変化がないか

　あるソリューションの顧客数は2021年まで横ばいだが、2022年から急激に増加している、等

③パターンがないか

　A商品とB商品は一緒に購入されているケースが多い、等

　以上の点をまとめると次の図のようになります。

● 図2：仮説検証型と仮説探索型

**仮説
検証型**

有識者等と仮説を立てる

仮説

有識者等

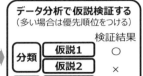

データ分析で仮説検証する
（多い場合は優先順位をつける）

検証結果

分類	仮説1	○
分類	仮説2	×
分類	仮説3	○

精査した仮説に対して対策を検討する

メリット
・有識者の経験等を踏まえた
　確度の高い仮説から効率的に
　検証を進めることができる

デメリット
・有識者の経験や主観が強く反映され
　仮説を見落とす可能性がある

**仮説
探索型**

探索的にデータ分析を行う

データ

分析のポイント
・比較する
・下記の分析観点を意識する
　①大小関係がないか
　②変化がないか
　③パターンがないか

有識者等と仮説を立てる

仮説

分析結果　　　有識者等

精査した仮説に対して対策を検討する

メリット
・データという客観的な観点から
　新しい仮説が見つかる可能性がある

デメリット
・探索的に分析するため時間がかかる

　これらのポイントを頭の片隅に入れて適宜思い出しながら分析を進めていくのが良いでしょう。

　分析を進めた結果として、分析前の仮説と異なる（経験や勘と異なる）分析結果が出る場合と、仮説通りの（感覚的に把握していた）分析結果が出る場合に分かれますが、特に価値を感じてもらいやすい分析結果は前者です。意図的にそのような分析結果を得ることは難しいですが、有識者の仮説を踏まえつつ少し幅広に分析をしてみることや、分析しながら「何か違和感があるな」と思うような分析結果を詳しく分析してみることで、未知のインサイトを見つけることができる場合があります。なお、実際には多くの分析結果は「恐らくここが原因だろう」といった有識者の経験と勘を裏付ける分析結果になりますが、そちらも重要なインサイトです。感

3

「課題の絞り込み」を進めよう（可視化）

95

覚的に感じていた課題感をデータ分析で裏付けることで、その課題の解決に自信を持って取り組むことができますし、どの程度の課題なのかを定量的に示すことで課題の優先度をつけることができ、重要性を説明する際にも説得力を持って伝えることができます。

　また、課題を整理するにあたっては、コンサルタントなどがよく利用する課題整理のためのフレームワークを利用することが効果的です。フレームワークにより観点の抜け漏れを防止することができ、また構造的に課題を整理することができます。代表的なフレームワークとしては下記のようなものがあります。

・ロジックツリー（要素分解ツリーなど）
・マトリクス（3C、SWOTなど）
・ファネル（AIDMA、AISASなど）

　その中から今回はロジックツリーを利用して要素分解を進めていきます。ロジックツリーを利用することで課題の要素を分解して全体像をつかみながら特に影響が大きい要素はどこなのかを確認することができます。

●図3：ロジックツリーの例

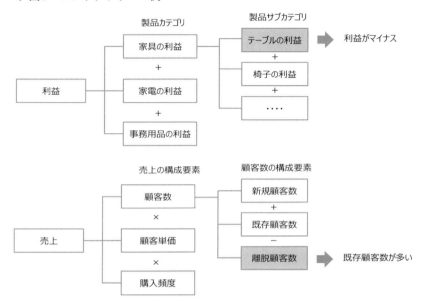

　このあとロジックツリーで分析観点を可視化しながら、抜け漏れに気をつけつつ分析を進めていきましょう。

3▶1 | 分析の目的や課題を整理しよう（分析フェーズ１）

　それでは実際に分析プロジェクトを進めていきましょう。

　今回は初めての分析プロジェクトということもあり、先輩社員が分析フェーズ毎の検討観点が分かりやすくなるよう、分析ワークシートを用意してくれました。分析に慣れてくると頭の中で完結できるようになっていきますが、今回のプロジェクトでは検討観点を意識して進められるよう分析ワークシートを埋めながら順に分析を進めていきたいと思います。なお、各章の分析ワークシートの記入例を記載したExcelファイルも用意しました。本書でも分析ワークシートから該当する表などを抜粋しながら解説していきますが、実際のExcelファイルを確認したい方は、2章で解説しました本書サポートページに掲載されているファイルに格納されています。ファイルを解凍して各章のフォルダを開いて参照いただければと思います。

　それでは分析の目的や課題の整理を進めていきます。どの課題解決フェーズをターゲットに、どのような意思決定への貢献を目指していくのか整理するため、課題解決フェーズの状況を整理してみましょう。

　まずは、現状とあるべき姿の整理です。課題とは、現状と理想とする状態（あるべき姿）との間に存在するギャップを埋めるために解決すべき事柄のことと言えます。

●図4：現状、あるべき姿、課題の関係性

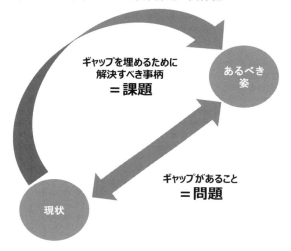

ギャップを埋めるために
解決すべき事柄
＝課題

あるべき
姿

ギャップがあること
＝問題

現状

　解決すべき事柄（課題）を明確にするために「現状」と「あるべき姿」を整理するとともに、分析で改善に向けて取り組む「改善したい指標」を整理してみましょう。

　今回は経営企画部門の依頼内容から、実店舗の2023年の売上が2022年と比べて減少していること、競合他社の売上が横ばいあるいは増加している中で自社の売上だけが減少しており自社固有の原因が考えられることが分かっています。あるべき姿は最初に依頼を受領した時点では明確に聞けていませんでしたが、改めてヒアリングしたところ「当面は2022年の水準に売上を回復させることを目指している」ということが分かりました。また、これまでのヒアリング結果等から改善したい指標としては売上と整理できます。分析ワークシートに記載すると次の通りです。

● 表：課題解決フェーズの状況と貢献ポイント（分析ワークシート「1.分析目的・課題の整理」）

課題の発見			課題の深掘り	
現状とあるべき姿の整理			課題の 絞り込み	原因の特定
現状	改善したい 指標	あるべき姿	どこで 課題が発生 しているか	なぜ 課題が発生 しているか
・2023年の売上は 2022年に比べて 減少。 ・競合他社は微増ま たは横ばい。自社 固有の原因による 売上減少が考えら れ、対策が必要。	売上	2022年の水 準に売上が 回復	不明確 →分析で明らか にする	

　課題解決のためには、表「課題解決フェーズの状況と貢献ポイント」に
記載した、「現状」と「あるべき姿」のギャップを埋める対策を打つ必要が
あります。しかし今は「どこで課題が発生しているか」「なぜ課題が発生
しているか」といった課題の深掘りが進んでいないため、このままでは真
の課題とは全く別の箇所に対策を検討・実行してしまうなど、的外れな
対策となってしまう可能性があります。

　今回の分析プロジェクトでは、経営企画部門など関係する部署に追加
でヒアリングしてみましたが、どこで特に売上減少が発生しているのか
明確には分かっていない状況でした。そこで本章では売上減少に影響を
与えている要因を確認すべく、「課題の絞り込み」に関するデータ分析を
進めることで、課題の深掘りを進めていきたいと思います。

3▸2 分析のデザインをしよう（分析フェーズ2）

それでは分析のデザインを進めていきます。分析ワークシートを利用しながら、分析方針や分析スコープなどを整理していきましょう。

▶ 分析方針の整理

まずは分析方針を整理していきましょう。分析目的は先ほどの3-1で整理した結果を踏まえ「売上状況を確認し、2022年から2023年にかけてどこで売上減少が発生しているのかを明確にする」としました。

続いて分析概要ですが、売上減少の状況を体系的に整理するためにロジックツリーや基礎集計を活用しながら分析を進めることにしたいと思います。

分析手法は、統計モデル・機械学習モデルを作成して事象の特徴を捉えていくアプローチも考えられますが、今回は初めての分析であるため、まずは可視化によってどんな要素が売上減少に影響していそうかを調べることとします。

分析スコープは、2021年以前の状況も気になるところですが、まずは直近の状況を把握するために2022年1月1日～2023年12月31日までの期間を対象として分析を行い、必要に応じて期間を延ばすなど検討したいと思います。また、将来的に対策を実施することを考えたときに、新設店舗は既存店とは対応が異なることが多く、閉店店舗は施策を実施できないため、今回の分析では対象外とすることにしました。

今回の分析方針をまとめると次の表のようになります。

● 表：分析方針の整理（分析ワークシート「2.分析デザイン」）

検討項目		備考
分析目的	売上状況を確認し、2022年から2023年にかけてどこで売上減少が発生しているのかを明確にする	
分析概要	ロジックツリーや基礎集計を活用しながら、売上減少の状況を体系的に整理する	
分析手法	可視化	
分析スコープ・条件	・2022年1月1日～2023年12月31日までのデータを対象とする ・2022～2023年の新設店舗や閉店店舗は除外する	

▶ 仮説の整理

　続いて仮説の整理です。前述しましたように「とりあえずデータを可視化してみる」というアプローチでは非効率的で時間がかかることが多いため、まずは有識者の知見等を踏まえて「このあたりが怪しいのでは」といった仮説を整理した上で検証を進めることがお勧めです。仮説を整理する際には、現場の有識者を巻き込んで議論すると効果的です。また、実際に現場に行ってお客さまを観察したり、自分がお客さまになりきって仮説を出してみることも有効です。なお、分析依頼主の方で過去に同じテーマで分析を実施したことがある場合は、類似の分析を実施してしまう可能性があります。必ず分析依頼主に確認するとともに分析内容が被らないようにしましょう。

　今回は、経営企画部門や営業部門などのいくつかの関連部署にヒアリングしながら仮説を整理した結果、次の表のようになりました。

● 表：仮説の整理（分析ワークシート「2.分析デザイン」）

No	仮説	必要なデータ	検証優先度	備考
1	新規顧客の売上が減少しているのでは	日別売上データ顧客売上データ	高	
2	1顧客当たりの売上が落ちているのでは	日別売上データ顧客売上データ	高	
3	特定の店舗で売上が減少しているのでは	店舗別売上データ	中	具体的にどのような店舗で減少しているかの仮説は出なかった

▶ データの整理

　仮説の整理の中で洗い出したデータの入手に向け、必要なデータの概要や項目、抽出条件等の整理を進めます。データの入手に時間がかかるケースも想定して優先度も整理しておくとよいでしょう。必要なデータの具体化が進んだら、データを管理している組織等と、データ利用可否や入手見込み時期等の調整を進めます。分析プロジェクトで遅延が発生する典型的なケースの一つとして「想定したデータがない」、「データはあるが利用許可がなかなか得られない」など、データ入手に時間がかかってしまうケースがあります。特にセンシティブな情報になるほど、データの取得に時間がかかる傾向がありますので早めに調整を進めるよう心がけましょう。今回は次表のように整理しました。

● 表：データの整理（分析ワークシート「2.分析デザイン」）

No	必要な データ	データ 概要	抽出項目	抽出条件	データの 期間・断面	優先度	備考 （入手先、状 況など）
1	日別売上 データ	日ごとの 売上合計 データ	年月日、 売上	・2022年、2023 年に開店や閉 店した店舗デ ータは除外 ・日単位	2022年1月 から2023 年12月	高	マーケティ ング部門。 X月X日頃 に入手予 定。
2	顧客売上 データ	顧客ごと の2022 年および 2023年 の売上状 況	顧客ID、 マイ店舗 ID、 性 別、生年 月日など	・2022年、2023 年に開店や閉 店した店舗デ ータは除外 ・顧客単位	2022年末 時点および 2023年末 時点	高	システム管 理部門。 X月X日頃 に入手予 定。
3	店舗売上 データ	店舗ごと の年間売 上データ	店舗ID、 年、売上 合計、店 舗区分、 立地など	・2022年、2023 年に開店や閉 店した店舗デ ータは除外 ・店舗単位、年 単位	2022年1月 から2023 年12月	中	システム管 理部門。 X月X日頃 に入手予 定。

▶ 成果物の整理

　データ分析を通じて作成する成果物を整理して、ステークホルダと合意します。成果物の整理では、どのような成果物を作るのかという点と合わせて、その成果物が、いつ、どのような意思決定に貢献するのか、誰がどのように利用するのかなど、5W1Hを意識しながら可能な限り具体的に整理することをお勧めします。例えば、頑張って精緻に分析を進めて売上減少の要因を綺麗なレポートにまとめて報告したとしても、利用する部署が前向きでなかったり、分析してほしいポイントが異なっていたような場合、せっかく作成した成果物（報告資料など）は活用されずにお蔵入りになってしまう可能性もあります。そのようなお互いにとって不幸な認識齟齬を減らすためにも、できる限りデータ分析を開始する前に成果物の活用方法も含めてステークホルダと合意しておきましょう。

　今回は、基礎集計結果や有識者と整理した仮説の検証結果を、分析報告書にまとめて報告することとしました。また、その報告を踏まえて経営企

画部門にてどこにフォーカスして対応を進めるべきかの方針を整理することしました。

● 表：成果物の整理（分析ワークシート「2.分析デザイン」）

No	成果物	概要	成果物の活用方法
1	分析報告書	・使用データの基礎集計結果 ・売上減少に関する分析仮説について可視化で検証した結果 ・分析結果を踏まえた考察と次のアクションに向けた提案	報告を踏まえて経営企画部門にてどの課題にフォーカスして検討を進めるかの方針を整理（X月まで）

▶ その他

　分析プロジェクトでは前述のような、分析方針やデータ、成果物の整理とあわせて、スケジュールやコスト、体制などを整理してステークホルダと合意しておくことが大事です。プロジェクトマネジメントに近い領域のため本書では簡単な説明にとどめます。

◆ スケジュール/コスト

　データ分析は実施しようと思えばデータや手法を変えながらいくらでも分析することができてしまいますが、現実的には「いつまでに分析結果が欲しい」という分析依頼主からの納期が存在します。その納期に間に合わせるために、データ分析のスコープ調整や各タスク（データ準備、データ分析、レビュー日程（中間、最終等）など）のスケジュールを整理するとともに、必要なコストがある場合は、ステークホルダと調整・合意をしておくことが必要です。なお、特に課題の深掘りに関する分析では「分析→有識者レビュー」といった試行錯誤を繰り返すことが大半ですが、データ分析は新しい観点からいくらでも深掘り分析ができてしまうため、ステークホルダからの追加の分析依頼が止まらずに分析が長引いてしまう可能性があります。そのため、分析デザインの段階で試行錯誤のプロセスをどのようなスケジュールや体制で何回程度繰り返すのかといった点を

あらかじめ整理して合意しておくと、ステークホルダとの認識齟齬を未然に防止することができます。

◆ 体制

　データ分析はあくまで課題解決の手段のため、データ分析だけでビジネス課題を解決することはできません。ビジネス課題の解決のためには該当のビジネス課題を主管するビジネス部門の協力が必要不可欠です。例えば、どれだけ優れたデータ分析結果や予測モデルの構築ができたとしても、相対するビジネス部門が乗り気でなければ課題解決は進みません。また、意味のあるデータ分析を進めるには、データの理解や、分析結果についてビジネス観点でレビューを受けることがとても重要です。データ分析を進める中でのレビュー等の協力体制や、分析結果を踏まえたアクションを推進する主管など、データ分析部門とビジネス部門の役割をあらかじめ整理して合意しておくとスムーズに分析を進めることができます。

3▶3 データの収集・加工を進めよう（分析フェーズ3）

それでは分析デザインの整理結果を踏まえてデータの収集や加工を進めていきましょう。

▶ 分析データの仕様を整理しよう

データが入手できたら、いち早く分析をスタートしたいと考えるかもしれませんが、分析を始める前に確認すべき点があります。それは、分析しようとしているデータはどの程度信用できるのか、どのような特徴があるのかを把握することです。なぜなら、当然のことながら、分析のインプットとなるデータに誤りなど不正確な点がある場合は、分析結果は誤った内容で出力されてしまいます。また、データにバイアスと呼ばれる偏りがある場合は、データ分析結果は偏った分析結果になります。ガベージイン・ガベージアウト（ゴミからはゴミしか生まれない）という言葉があるように、データ分析で利用するデータを確認し、特徴を理解した上で分析を進めることはとても重要です。

意識すべきポイントとしては大きく次の点があります。

◆ データの生成過程

そのデータがどのように生成されたのかを知ることは、データの信頼性や利用可否を判断する上で重要です。データ生成過程によっては、特定のバイアスや誤りが含まれている可能性があります。例えば、会員登録をWeb登録のみに限定している場合、自社顧客のうち年齢層の高くない層の会員登録率が高くなります。その場合、会員情報を用いて分析をすると、高齢の顧客層が考慮できていない分析結果となる可能性があります。これを事前に理解しておくことは、分析結果の解釈などで役に立ちます。

また、これらの点は分析結果に前提として明記することで、誤解やミスリードを防ぐことができます。

◆ データの構造

　入手したデータに含まれる項目やプライマリキー（データにおいてレコードを一意に識別するための項目）、データ型などを確認します。例えば、更新履歴を持つ顧客データなど一人の顧客で複数のレコードを持つような場合、重複を考慮せずに単純にレコード数を顧客数としてカウントすると、誤った人数が集計されてしまいます。また、データの抽出や結合の過程で意図せずレコードが複製されてしまうこともあります。入手したデータを一意に特定するプライマリキーの確認や、実際にカウントして想定する件数（例えば顧客数）と一致するかなどを確認する必要があります。

◆ データの分布

　データの分布を理解することで、異常値や外れ値を識別し、それらが分析結果に与える影響を評価できます。また統計モデルや機械学習モデルの一部は、データが特定の分布に従っていることを前提としているため、データ分布を確認することが必要となります。

◆ データの品質（欠損値・外れ値・異常値など）

　データに欠損値や外れ値、異常値がある場合は、データの補完や除外を検討する必要があります。例えば売上にマイナス値がある場合は、それが何を意味するのか、データ取得時のミスではないかなどを確認して、異常値であれば除外するなどの対処を進める必要があります。

　以上のように、データ分析を進めるためには入手したデータに対する正しい理解が欠かせません。これらの点を意識せずに分析を進めてしまうと、適切ではない分析結果を報告してしまい、誤った意思決定につながってしまう可能性がありますので注意が必要です。データの仕様を記

載したデータ定義書などがあれば、データと併せて入手しておくととも
に、分析を進める中で不明な点が出てきたら、適宜データ管理者に問い合
わせて分析データの仕様の理解を深めるようにしましょう。

　今回は分析デザインで整理したデータについてマーケティングチーム
やシステム管理部門から入手することができました。予定通り「顧客売上
データ」など目的別のデータを入手できましたので、データ結合や集計は
不要そうです。今回はこちらのデータを利用して基礎集計を進めていき
たいと思います。

● 表：分析データ仕様の整理（分析ワークシート「3. データ収集・加工」）

No	分析データ名	分析データ概要	利用データ	データ結合・集計条件
1	時系列トレンド把握データ	分析デザインで整理した条件をもとに、時系列トレンド把握用に抽出したデータ	・日別売上データ	・結合処理は不要
2	ロジックツリー用データ	分析デザインで整理した条件をもとに、ロジックツリー用に抽出したデータ	・顧客売上データ ・店舗売上データ	・結合処理は不要

▶ 分析データの確認や前処理を進めよう

　それでは、分析データの確認や前処理を進めていきましょう。

◆ 分析データの確認を進めよう

　まずはGoogle Driveにアクセスして3章のフォルダに入っているサン
プルコードを開きましょう。
　サンプルコードのファイルは2つあります。自分でコーディングしてみ
たい人は「3_可視化.ipynb」を、既にコードが入力されたファイルを実行
しながら読み進めたい方は「3_可視化_answer.ipynb」をダブルクリック
して起動しましょう。自分でコーディングすると理解が進みますが、無理

をしてPythonに苦手意識を持ってしまうのも本末転倒です。無理せずご自身にあった方を選択いただければと思います。

　また、各コードでどのようなことを実施しているかが分かるようにソースコードの中で多めに注釈を記載していますが、それでも戸惑うこともあると思います。基本となるPythonの知識は2章で解説しましたので再度そちらを確認したり、2章の最後のコラムで解説しましたようにChatGPTなどの大規模言語モデルをPythonの翻訳ツールとして活用してみるのもいいでしょう。

　ファイルのパスについては2章の2-1で解説しましたように、本書サポートページからダウンロードしたファイルを解凍した上で、Google Driveのマイドライブ直下にアップロードした前提で記載しています。もし別のフォルダにアップロードした場合は接続先のgoogle driveのパスを変更してください。

　なお、こちらも2章で解説しましたように、Google Colaboratoryは一定期間操作しない時間が続くとセッションが切れてしまい、それまでの実行情報がクリアされてしまいます。時間をおいてソースコードを実行したり、実行した結果エラーが発生した場合は、先頭から順に再度実行してみるようにしましょう。

　それではまず、利用するデータを読み込んでいきましょう。今回は、日ごとの売上を確認するためのデータである「日別売上.csv」を読み込んで、データの構造の確認などを行います。先頭のセルを実行するとGoogle Driveへの接続の許可を求める画面が表示されますので、許可をしましょう。すると、データが読み込まれデータの先頭5行が表示されます。

```
import pandas as pd

# Google Driveと接続を行います。これを行うことで、Driveにあるデータにアクセスできるようになります。
```

```
# 下記セルを実行すると、Googleアカウントのログインを求められますのでログインしてくだ
さい。
from google.colab import drive
drive.mount('/content/drive')

import os
# 作業フォルダへの移動を行います。
# もしアップロードした場所が異なる場合は作業場所を変更してください。
os.chdir('/content/drive/MyDrive/DA_WB/3章/data') #ここを変更

# 日別売上データの読込
df_daily_sales = pd.read_csv('日別売上データ.csv',encoding='SJIS')

# データの確認
df_daily_sales.head()
```

● **図5：日別売上データの確認結果**

	年月日	売上
0	2022-01-01	1295751085
1	2022-01-02	1271380234
2	2022-01-03	1464512824
3	2022-01-04	503129567
4	2022-01-05	495258908

　「日別売上データ.csv」は1日1レコードのデータであり、「年月日」「売上」の2つの項目からなることが確認できます。

　次に、基本統計量や欠損値の確認を行い、データの特徴を確認します。

```
# 基本統計量の確認
df_daily_sales.describe()
```

🗨 図6：要約統計量の確認結果

	売上
count	7.300000e+02
mean	7.508554e+08
std	3.620411e+08
min	3.105031e+08
25%	4.952885e+08
50%	5.711679e+08
75%	9.828450e+08
max	2.198418e+09

　今回のデータで着目すべき点は「平均値」と「中央値」が乖離している点です。データの平均値（図のmean）は「7.508554e+08」、中央値（図の50%）は「5.711679e+08」であるため、平均値の方がだいぶ大きな値となっています。なぜこのように乖離が起きるかを視覚的に理解するため、ヒストグラムを描いてみましょう。

```
# ヒストグラムの描画
df_daily_sales['売上'].plot(kind='hist', bins=100, edgecolor='black')
```

🗨 図7：ヒストグラムの描画結果

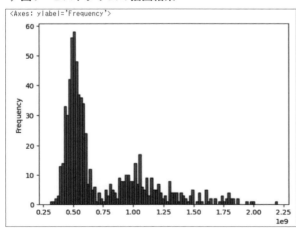

図の縦軸は度数、横軸は売上をビン化したものです。ヒストグラムやビン化については2章で解説していますので、分からない方はそちらを確認いただければと思います。

　今回のデータでは5億円（0.5e+09）付近に大きな山があり、10億円（1.0e+09）付近に小さな山があることが確認できます。また、形状として右に長い分布であることも確認できます。先ほど確認した平均値は「7.508554e+08」ですので、分布の谷になっているところ、中央値は「5.711679e+08」ですので1つ目の山の頂点よりもやや右の位置であることがわかります。このように、平均値と中央値が大きくずれるようなデータにおいては、きれいな山形の分布をしていないことが多いため、ヒストグラム等で分布を確認しておく習慣をつけておくとよいでしょう。

　続いて、欠損値（データの入力状況）について確認します。

```
# 欠損値の確認
df_daily_sales.isnull().sum()
```

● 図8：欠損値の確認結果

```
年月日      0
売上       0
dtype: int64
```

　欠損値の確認には「.isnull().sum()」を用います。前半の「.isnull()」の部分は各レコードが欠損かどうかを判定しており、後半の「.sum()」でその数を合計しています。また、欠損値の確認は、下記のように「.info()」でも行うことができます。

```
# infoを使った確認
df_daily_sales.info()
```

● 図9：infoを使った確認結果

```
<class 'pandas.core.frame.DataFrame'>
RangeIndex: 730 entries, 0 to 729
Data columns (total 2 columns):
 #   Column    Non-Null Count   Dtype
---  ------    --------------   -----
 0   年月日        730 non-null     object
 1   売上         730 non-null     int64
dtypes: int64(1), object(1)
memory usage: 11.5+ KB
```

　2章で習った通り、「.info()」はデータフレームの情報を得るためのメソッドであり、データフレームに含まれる行数、列数、各列のデータ型、欠損値の数、メモリ使用量などを取得できます。今回は730行のデータであり、各項目が「730 non-null」となっていることから、欠損値がないことが確認できます。もし「non-null」の列が表示されない場合は「.info(null_counts=True)」と()内に引数として明示することで表示することが可能です。本章では欠損のないデータを扱いますが、欠損がある場合の対応については5章で取り上げます。

◆ 分析データの前処理を進めよう

　これまでの確認でデータの構造や欠損値の状況など、データの特徴を確認することができました。続いて基礎集計で必要となる項目の作成やデータ型の変換などの前処理を進めましょう。まず変数変換を行います。今回使用するデータには「日付」が含まれておりますが、このままでは日付が文字として扱われてしまうため、datetime型に変換する必要があります。また、この後で年ごとの集計を行うことを考え、日付から年を抽出した新たな変数を作成します。

```
# '年月日'列を日付型に変換
df_daily_sales['年月日'] = pd.to_datetime(df_daily_sales['年月日'])
```

```
# 変数確認
df_daily_sales.info()
```

● 図10：日付型に変換できたことの確認

```
<class 'pandas.core.frame.DataFrame'>
RangeIndex: 730 entries, 0 to 729
Data columns (total 2 columns):
 #   Column  Non-Null Count  Dtype
---  ------  --------------  -----
 0   年月日       730 non-null    datetime64[ns]
 1   売上        730 non-null    int64
dtypes: datetime64[ns](1), int64(1)
memory usage: 11.5 KB
```

　年月日が「datetime64[ns]」と日付型に変換されていることがわかります。日付から年・月・日などの情報を抽出したり、曜日を判定するためには、このように日付型に変換をする必要があります。

　次に、「年月日」から「年」と「曜日」の項目を作成します。

```
# 年の抽出
df_daily_sales['年'] = df_daily_sales['年月日'].dt.year
```

```
# 曜日を取得
df_daily_sales['曜日'] = df_daily_sales['年月日'].dt.day_name()
```

```
# データの確認
df_daily_sales.head()
```

● 図11：年、曜日の作成結果確認

	年月日	売上	年	曜日
0	2022-01-01	1295751085	2022	Saturday
1	2022-01-02	1271380234	2022	Sunday
2	2022-01-03	1464512824	2022	Monday
3	2022-01-04	503129567	2022	Tuesday
4	2022-01-05	495258908	2022	Wednesday

　「.dt.year」は日付型の変数から「年」を、「.dt.day_name」は「曜日」を抽出します。

こちらで基礎集計の準備が整いましたので、実際に集計していきましょう。

◆ 基礎集計として売上の変化（推移）を確認しよう

今回は2023年に売上が減少したという課題に取り組んでいるため、いつ頃から売上が減少していたかを把握すべく、日別の売上状況をグラフにしてみましょう。準備のため、以下のコマンドを実行してください。

```
!pip install japanize-matplotlib
```

「japanize_matplotlib」はグラフの日本語化対応をするためのライブラリです。今回のようにグラフを作成する場合には、導入しておくと便利です。

実行が終わったら、以下のコマンドで日別の売上を可視化（グラフ化）します。

```
import matplotlib.pyplot as plt
import japanize_matplotlib

# 日ごとの売上を集計
daily_sales = df_daily_sales.groupby('年月日')['売上'].sum()

# グラフの描画
plt.figure(figsize=(10, 6))
daily_sales.plot(kind='line', marker='o', linestyle='-', color='b',
label='売上')

# グラフの装飾
plt.title('日ごとの売上集計')
plt.xlabel('年月日')
plt.ylabel('売上')
plt.legend()
plt.grid(True)
plt.show()
```

●図12：日ごとの売上集計結果

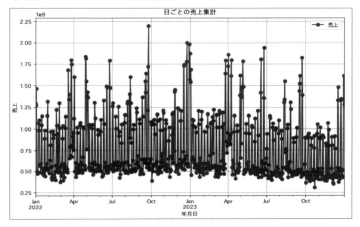

　図は日ごとの売上をプロットしたものです。先ほどヒストグラムで確認した通り、5億（0.5e+09）付近に多くの点が集まっており、10億（1.0e+09）にも一定数点が集まっています。10億以上の売上の日に特徴があるかを、以下のコマンドで確認してみます。

```
# 売上が10億（1.0e+09）以上のレコードを抽出
df_daily_sales.loc[df_daily_sales['売上'] >= 1.0e9].head(10)
```

●図13：1日売上が10億円以上のレコード確認

	年月日	売上	年	曜日
0	2022-01-01	1295751085	2022	Saturday
1	2022-01-02	1271380234	2022	Sunday
2	2022-01-03	1464512824	2022	Monday
7	2022-01-08	1068835263	2022	Saturday
9	2022-01-10	1105339931	2022	Monday
14	2022-01-15	1044400389	2022	Saturday
15	2022-01-16	1149132983	2022	Sunday
28	2022-01-29	1153520583	2022	Saturday
29	2022-01-30	1317770182	2022	Sunday
49	2022-02-19	1219814325	2022	Saturday

　実行結果を見ると、どうやら土日祝日の売上が多くなるようです。

　次に、著しく売上が大きい日（15億以上）を確認します。

```
# 売上が15億（1.5e+09）以上のレコードを抽出
df_daily_sales.loc[df_daily_sales['売上'] >= 1.5e9].head(10)
```

💬**図14：1日売上が15億円以上のレコード確認**

	年月日	売上	年	曜日
77	2022-03-19	1681166949	2022	Saturday
84	2022-03-26	1798826861	2022	Saturday
85	2022-03-27	1746011603	2022	Sunday
92	2022-04-03	1600327940	2022	Sunday
118	2022-04-29	1837902713	2022	Friday
119	2022-04-30	1814005859	2022	Saturday
120	2022-05-01	1551218846	2022	Sunday
175	2022-06-25	1792592682	2022	Saturday
224	2022-08-13	1597357754	2022	Saturday
259	2022-09-17	1550419302	2022	Saturday

　図14の日付について心当たりがあるかを有識者に確認をしたところ、土日祝かつクーポン配信期間ではないかという仮説が立てられました。

　次に、売上げトレンドを確認するため、後方移動平均（90日）を確認します。今回のような曜日ごとに売上水準が異なるようなデータについて売上のトレンドを知りたい場合は、移動平均をとると日ごとのばらつきが小さくなり、確認しやすくなります。

　日次データを扱う場合、日付をインデックスに設定すると便利です。日付がインデックスになっていると、Pandasが提供する時系列データに対する機能を簡単に利用できるためです。下記プログラムでは「rolling」メソッドを使って移動平均を計算しています。「window=90」では、移動平均の計算に使用する過去の日数（90日）を設定しています。['売上'] で移動平均を計算する対象を指定しており、今回の場合、売上の後方90日移動平均が新しい列としてデータフレームに追加されます。

```
#  日付をインデックスに設定
df_daily_sales.set_index('年月日', inplace=True)

#  移動平均を計算
df_daily_sales['移動平均'] = df_daily_sales['売上'].rolling(window=90).
mean()

#  89〜94行目を確認
df_daily_sales[88:93]
```

● 図15：90日移動平均の計算結果を確認

年月日	売上	年	曜日	移動平均
2022-03-30	783160309	2022	Wednesday	NaN
2022-03-31	961813213	2022	Thursday	7.536341e+08
2022-04-01	754385521	2022	Friday	7.476189e+08
2022-04-02	1122190076	2022	Saturday	7.459612e+08
2022-04-03	1600327940	2022	Sunday	7.474703e+08

　後方90日移動平均をとっているため、先頭行を取った場合には移動平均は計算できず、NaNとなります。図を見ると、移動平均が計算可能な90行目から、値が計算されていることがわかります。

　作成した移動平均をグラフで可視化し、2022年〜2023年のトレンドを確認します。

```
# グラフで可視化
# グラフサイズの指定
plt.figure(figsize=(10, 6))

# グラフの描画
plt.plot(df_daily_sales['移動平均'],
        label='90日間移動平均',  # 凡例に表示させる名前を指定
        linestyle='--',  # 点線で表示させる
        color='orange'  # 線の色をorangeに指定
        )

# タイトル、ラベルの設定
plt.title('日次売上データと移動平均')
plt.xlabel('日付')  # 横軸
plt.ylabel('売上')  # 縦軸

#凡例を表示する
plt.legend()
```

● 図16：90日移動平均のグラフ

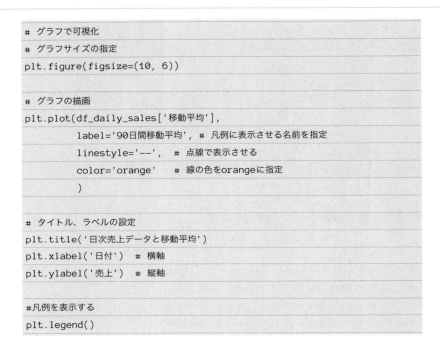

　グラフを確認すると2022年は横ばいだった売上が、2023年に入ってから減少傾向があり、特に6月頃から売上が減少トレンドであることが分か

ります。同様の手順のため顧客売上データなどロジックツリー用データの説明は割愛しますが、分析を進める前には今回のようなデータ構造や傾向などを確認してデータの特徴をつかんだ上で進めるようにしましょう。

　最後に基礎集計結果やデータ前処理の内容について、シートに記入しておくと、他の人に説明する際や、後日に自分で思い出すためにも役に立ちますのでポイントを記入しておきましょう。今回は説明を割愛したロジックツリー用データも含めて記載すると次のような内容になりました。

● 表: 基礎集計結果やデータ前処理内容（分析ワークシート「3.データ収集・加工」）

No	分析データ名	基礎集計結果	データ前処理内容
1	日別売上データ	・Nullは存在しない ・平均値と中央値が乖離している。ヒストグラムでは、5億円付近と10億円付近の2つの山がある構造 ・大きな外れ値など、違和感のある項目はなし ・2022年は横ばいだった売上が、2023年に入ってから減少傾向があり、特に2023年6月頃から売上の減少が続いている傾向あり	・年月日はdatetime型に変換 ・年月日から年を作成 ・売上の90日移動平均を計算
2	ロジックツリー用データ	・各データともNullは存在しない ・大きな外れ値など、違和感のある項目はなし	・日付はdatetime型に変換

3

「課題の絞り込み」を進めよう（可視化）

3▶4 データ分析を進めよう （分析フェーズ4）

　分析の準備が整いましたので、どこで売上が減少しているのかをデータの可視化をしながら確認していきましょう。なお、分析は同じデータを利用しても人によって新たな分析観点や気づきが発見されたりするもので、唯一絶対の正解はありません。そのため、今からお伝えする分析は一つの分析例として「やっぱりこんな切り口で分析するよね」とか「確かにこんな観点の分析もあったな」など感じていただきながら、一緒に分析を進めていただければと思います。

▶ 仮説で売上の大小関係を検証してみよう

　それでは、分析デザインで整理した次の仮説を確認していきます。

- ・仮説1：　新規顧客の売上が減少しているのでは
- ・仮説2：　1顧客当たりの売上が落ちているのでは
- ・仮説3：　特定の店舗で売上が減少しているのでは

▶ 仮説1を検証してみよう

　まず、1つ目の「新規顧客の売上が減少しているのでは」という仮説を確認していきます。分析を進めるためには、新規顧客と既存顧客の定義をする必要があります。データ管理者に確認したところ、顧客データが存在する会員については「入会日」が該当会員の初回購入日に該当すると回答がありました。今回は、入会日の年と購入年が一致する場合はその年の新規顧客、それ以外の場合は既存顧客と定義して分析を進めていきたいと思います。

今回は顧客ごとに2022年、2023年の売上を集計したデータ「顧客売上データ.csv」を用いて分析を行っていきます。まずはデータの確認をしてみましょう。

```
# 新規顧客と既存顧客の売上を算出する

# 顧客売上データの読込
df_customer = pd.read_csv('顧客売上データ.csv',encoding='SJIS')

df_customer.head()
```

● 図17：顧客売上データの確認

	顧客ID	マイ店舗ID	性別	生年月日	入会年月日	更新日	2022年_最終購買日	2022年_購買回数	2022年_購買金額合計	2023年_最終購買日	2023年_購買回数	2023年_購買金額合計
0	C-000000001	S-0126	女性	1988-04-18	2010-01-01	2010-01-01	2022-08-04	69	955171	2023-05-09	63	898015
1	C-000000003	S-0116	女性	1972-01-07	2010-01-01	2010-01-01	2022-06-04	9	128561	2023-10-18	11	178562
2	C-000000006	S-0068	男性	1979-09-28	2010-01-01	2010-01-01	2022-05-15	72	1089930	2023-02-23	59	920233
3	C-000000008	S-0111	男性	1990-12-03	2010-01-01	2010-01-01	2022-05-27	7	103671	2023-11-17	2	29439
4	C-000000009	S-0090	男性	1967-10-01	2010-01-01	2010-01-01	2022-04-24	26	356117	2023-12-01	22	334636

データに収録されている項目は次の通りです。なお、**PK**とは**プライマリキー**の略で、データを一意に識別する項目のことを指します。

● 表：顧客売上データに存在する項目

項目	概要	備考
顧客ID	顧客ごとにユニークに採番されるID	PK
マイ店舗ID	顧客が最も来店する店舗として選択した店舗のID	
性別	顧客の性別	
生年月日	顧客の生年月日	
入会年月日	会員入会日（＝初回購入日）	
更新日	顧客情報が最後に更新された日	

2022年_最終購買日	顧客の2022年の最終購買日	
2022年_購買回数	顧客の2022年の購買回数	
2022年_購買金額合計	顧客の2022年の購買金額合計	円単位
2023年_最終購買日	顧客の2023年の最終購買日	
2023年_購買回数	顧客の2023年の購買回数	
2023年_購買金額合計	顧客の2023年の購買金額合計	円単位

　まずは「入会年月日」を日付に直し、「入会年」という項目を作成します。

```
# 入会年月日を日付に変換
df_customer['入会年月日'] = pd.to_datetime(df_customer['入会年月日'])

# 入会年を取得
df_customer['入会年'] = df_customer['入会年月日'].dt.year
```

　次に新規顧客、既存顧客を判定します。
　まず、df_customerのうち「2022年の新規顧客（入会年が2022年）」「2023年の新規顧客（入会年が2023年）」のデータを作成します。

```
# 新規顧客の抽出
df_new_members_2022 = df_customer.loc[df_customer['入会年'] == 2022]
# 2022年の新規顧客（入会年が2022年）
df_new_members_2023 = df_customer.loc[df_customer['入会年'] == 2023]
# 2023年の新規顧客（入会年が2023年）

print('確認用：2022年の新規入会顧客の入会年')
print(df_new_members_2022['入会年'].value_counts())
print('\n')  # 改行
print('確認用：2023年の新規入会顧客の入会年')
print(df_new_members_2023['入会年'].value_counts())
```

● 図18：新規顧客の入会年確認

```
確認用：2022年の新規入会顧客の入会年
2022    94534
Name: 入会年, dtype: int64

確認用：2023年の新規入会顧客の入会年
2023    94382
Name: 入会年, dtype: int64
```

前半で2022年、2023年の新規入会顧客のみのデータフレームを作成し、後半は「value_counts」メソッドを使って、作成したデータが正しいかどうかを確認しています。Pythonでのデータ分析に慣れるまでは、作成したデータが意図通りになっているかを確認するため、こまめに集計することをおすすめします。同様に、既存顧客のデータについても作成します。

```
# 既存顧客の抽出
df_existing_members_2022 = df_customer.loc[df_customer['入会年'] <=
2021]  # 2022年の既存顧客（入会年が2022年より前）
df_existing_members_2023 = df_customer.loc[df_customer['入会年'] <=
2022]  # 2023年の既存顧客（入会年が2023年より前）
```

これで、元々のデータを新規顧客のデータと既存顧客のデータに分けることができました。次に、分けたデータをそれぞれ年ごとに集計していきましょう。集計結果はデータフレームに格納したうえで、displayを用いると見やすい形で出力されます。

```
# 2022年の購買金額合計
total_sales_2022_new_members = df_new_members_2022['2022年_購買金額合計
'].sum()
total_sales_2022_existing_members = df_existing_members_2022['2022年_
購買金額合計'].sum()

# 2023年の購買金額合計
total_sales_2023_new_members = df_new_members_2023['2023年_購買金額合計
```

```
'].sum()
total_sales_2023_existing_members = df_existing_members_2023['2023年_
購買金額合計'].sum()

# 集計結果をデータフレームに格納
df_total_sale = pd.DataFrame(
    [
        [total_sales_2022_existing_members, total_sales_2023_existin
g_members],
        [total_sales_2022_new_members, total_sales_2023_new_members]
    ],
    columns=['2022年', '2023年'],
    index=['既存顧客', '新規顧客']
)

# 結果を表示
print('売上内訳:')
display(df_total_sale)

# 縦構成比を計算
df_total_sale_percentage = df_total_sale.div(df_total_sale.sum(axi
s=0), axis=1) * 100

# 結果を表示
print('売上構成比:')
display(df_total_sale_percentage)
```

●図19：新規顧客と既存客の売上と売上構成比

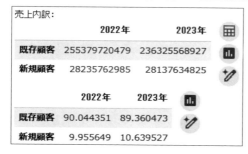

売上内訳:

	2022年	2023年
既存顧客	255379720479	236325568927
新規顧客	28235762985	28137634825

	2022年	2023年
既存顧客	90.044351	89.360473
新規顧客	9.955649	10.639527

div() は引数として与えられたデータによって除算を行うメソッドです。ここではdf_total_sale.sum(axis=0) で各列の合計値を計算し、その結果を df_total_sale の各要素で除算しています。axis=1の指定により、df_total_sale の各要素をその列の合計値で除算することで、その列の合計値に対してどれだけの割合を占めるか（縦構成比）を計算します。また先ほどsumで合計した結果はデータフレームではなく値になっている点に注意してください。

集計結果を確認すると、2022年から2023年にかけて、新規顧客からの売上は横ばいである一方、既存顧客の売上は2554億程度から2363億程度に減少していることがわかります。そのため、売上減少の要因は新規顧客ではなく、既存顧客の売上にありそうです。また売上構成比としても既存が約9割を占めており、こちらを改善したほうがよさそうです。

先ほどの分析をロジックツリーで可視化すると次の通りです。1つ目の仮説は想定と異なる結果でしたが、既存顧客の売上に課題がありそうですので、この後の分析は既存顧客に絞って深掘り分析を進めます。

● **図20：ロジックツリーによる整理**

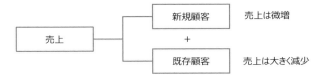

▶ 仮説 2 を検証してみよう

それでは既存顧客の売上について、次の仮説である「1顧客当たりの売上が落ちているのでは」という点を確認していきます。ただ、分析を進める前に他に分析すべき観点がないかを考えてみましょう。今回はロジックツリーで要素分解しながら考えてみることにします。

既存顧客の売上は、1顧客あたり売上（顧客単価）と顧客数に分解できます。顧客単価は1顧客あたり来店数と1回あたり売上に分解できます。

例えば、顧客数が減少している場合は、新規顧客獲得施策や顧客離脱防止施策が重要になりますし、1 顧客あたり来店数が減少している場合は、来店機会を増やす施策が必要になります。まとめると、次のロジックツリーのように要因分解すると MECE に抜け漏れなく分解できそうです。仮説である「1 顧客当たりの売上が落ちているのでは」だけでなく、周辺の観点についてもあわせて確認しておきましょう。

● **図21：ロジックツリーによる要因分解**

　それでは実際にロジックツリーで整理した観点で売上の大小関係がどうなっているかを分析で確認していきましょう。まずは2022年の既存顧客について集計を行います。なお、今回の分析では休眠顧客（購買がなかった顧客）は除外して分析を進めたいと思います。

```
# 2022年の既存顧客の集計をする

# 1円以上購入のあった顧客データに絞る（休眠顧客の除外）
df_active_existing_members_2022 = df_existing_members_2022.loc[df_ex
isting_members_2022['2022年_購買金額合計'] > 0]

# 購入金額合計、顧客数、合計来店数を集計
sales_total = df_active_existing_members_2022['2022年_購買金額合計'].su
m()
customer_count = df_active_existing_members_2022['顧客ID'].nunique()
visit_count_total = df_active_existing_members_2022['2022年_購買回数
'].sum()

# データフレームを作成
df_tree_existing_members_2022 = pd.DataFrame([[sales_total, custome
```

```
r_count, visit_count_total]], columns=['購入金額合計', '顧客数', '合計来店
数'], index=['2022年'])
```

```
# 変数を削除
del sales_total, customer_count, visit_count_total
```

sumなどの集約関数を用いることにより、2022年の購買金額合計・顧客数・購買回数を算出するとともに、df_tree_existing_members_2022というデータフレームに格納しています。また、sales_totalなどの変数は2023年の集計でも利用するため、念のため削除しています。続いて同様の内容で2023年についても算出していきましょう。

```
# 2023年の既存顧客の集計をする
```

```
# 1円以上購入のあった顧客データに絞る（休眠顧客の除外）
df_active_existing_members_2023 = df_existing_members_2023.loc[df_ex
isting_members_2023['2023年_購買金額合計'] > 0]
```

```
# 購入金額合計、顧客数、合計来店数を集計
sales_total = df_active_existing_members_2023['2023年_購買金額合計'].su
m()
customer_count = df_active_existing_members_2023['顧客ID'].nunique()
visit_count_total = df_active_existing_members_2023['2023年_購買回数
'].sum()
```

```
# データフレームを作成
df_tree_existing_members_2023 = pd.DataFrame([[sales_total, custome
r_count, visit_count_total]], columns=['購入金額合計', '顧客数', '合計来店
数'], index=['2023年'])
```

```
# 変数を削除
del sales_total, customer_count, visit_count_total
```

こちらで、2023年の購買金額合計・顧客数・購買回数を格納したdf_tree_existing_members_2023を作成することができました。こちらと先ほ

ど作成した df_tree_existing_members_2022 を結合して 1 つのデータフ
レームにした上で、1 顧客あたり売上・1 顧客あたり来店数・1 回あた
り売上を集計して項目を追加し、結果を出力してみましょう。

```
# データを結合（2022年と2023年の結果を統合）
tree_combined = pd.concat([df_tree_existing_members_2022, df_tree_ex
isting_members_2023], axis=0)

# 1顧客あたり売上、1顧客あたり来店数、1回あたり売上を計算
tree_combined['1顧客あたり売上'] = tree_combined['購入金額合計'] / tree_c
ombined['顧客数']
tree_combined['1顧客あたり来店数'] = tree_combined['合計来店数'] / tree_c
ombined['顧客数']
tree_combined['1回あたり売上'] = tree_combined['購入金額合計'] / tree_com
bined['合計来店数']

# 結果を確認
display(tree_combined)
```

🗨 図22：集計結果の確認

	購入金額合計	顧客数	合計来店数	1顧客あたり売上	1顧客あたり来店数	1回あたり売上
2022年	255379720479	851343	16602218	299972.772994	19.501209	15382.265218
2023年	236325568927	864213	15506399	273457.549154	17.942798	15240.519022

　作成したデータフレームを縦結合する場合は、2章で学習した pandas
の concat を使用します。縦結合する際は axis=0 を忘れないようにしま
しょう。
　出力された結果をもとにロジックツリーでまとめると次のような形に
なります。

●図23：ロジックツリー（1顧客あたり売上確認後）

　ロジックツリーを確認すると「1顧客あたり来店数」が大きく減少しており、仮説2は正しいことがわかりました。

▶ 仮説3を検証してみよう

　既存顧客の売上減少要因について、1顧客当たりの来店数が影響していそうなことが分かりましたが、その他の要因も考えられそうです。そこで既存顧客について3つ目の仮説を確認していきましょう。先ほどと同様に、仮説「特定の店舗で売上が減少しているのでは」の周辺で追加分析すべき観点がないか検討した結果、マーケティングでよく利用されるWho、What、Howの観点から、顧客や商品、店舗の観点でも分析をすることにしました。なお、同様の分析操作になるため本章では顧客（Who）の観点に絞って解説をします。

Who：　どのような顧客に（顧客の売上状況）
What：　どのような商品を（商品の売上状況）
How：　どのように提供（店舗の売上状況）

3

「課題の絞り込み」を進めよう（可視化）

131

💬**図24：Who、What、How による整理**

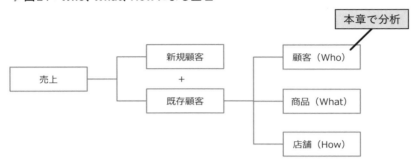

　今回の顧客売上データのように人に関する分析を進める際には、次のような変数について分析を進めることがよくあります。

◆ 人口動態変数（デモグラフィック変数）

　年齢や性別などの人口統計学的な属性を**デモグラフィック変数**と呼びます。これらの情報は、マーケティングでターゲットを決める際によく使用されます。

◆ 行動変数

　購入回数や購入金額など、顧客の行動に関する変数を**行動変数**と呼びます。デモグラフィック変数と同様、ターゲットを決める際の変数として使用されることがあります。

　上記の2つ以外に、地理的変数（店舗と会員住所の距離など）や心理的変数（顧客アンケートから取得したライフスタイルや価値観など）が、顧客分析の変数として用いられることがありますが、今回はデモグラフィック変数と行動変数の観点で分析を進めていきましょう。

　それでは「Who：どのような顧客に（顧客の売上状況）」の観点で分析を進めます。
　データは先ほど同様、「顧客売上データ.csv」を使用します。仮説3でも

同じデータソース（顧客売上データ.csv）を使用しましたので念のため、データフレームを削除した上で再度読み込みをしていきます。「顧客売上データ.csv」には、5つの日付変数があるため、それぞれ日付型に変換する必要があります。

```
# 仮説3を検証する前にデータフレームを削除
del df_customer

# 顧客売上データの読込
df_customer = pd.read_csv('顧客売上データ.csv',encoding='SJIS')

# 日付に関する項目はdatetimeに変換する
df_customer['生年月日'] = pd.to_datetime(df_customer['生年月日'])
df_customer['入会年月日'] = pd.to_datetime(df_customer['入会年月日'])
df_customer['更新日'] = pd.to_datetime(df_customer['更新日'])
df_customer['2022年_最終購買日'] = pd.to_datetime(df_customer['2022年_最終購買日'])
df_customer['2023年_最終購買日'] = pd.to_datetime(df_customer['2023年_最終購買日'])
```

次に、集計用の変数を用意します。顧客の属性（年代など）で分析できるように、以下の3つを作成します。年代の計算は少し複雑ですが、生年月日から年齢を計算した上で、cut()を利用してビン化することで年代を作成しています。

・**年齢：2023年12月31日時点の年齢**
・**年代：年齢を10歳区切りにしたもの**
・**入会年：会員となった年**

```
# 変数の作成（年齢は2023年12月31日時点で計算）
df_customer['入会年'] = df_customer['入会年月日'].dt.year
# 基準日で誕生日を迎えていない人を判定
condition = df_customer['生年月日'].dt.month * 100 + df_customer['生年月日'].dt.day > 1231
```

```
# 年齢は計算時点と生年の差をとる
df_customer['年齢'] = 2023 - df_customer['生年月日'].dt.year
# 基準日で誕生日を迎えていない人はマイナス1歳する
df_customer.loc[condition, '年齢'] -= 1
# 年齢をビン(区間)に分割する
df_customer['年代'] = pd.cut(df_customer['年齢'], bins=[0, 19, 29, 39,
49, 59, 69, 79, 120],
                    labels=['19歳以下', '20代', '30代', '40代', '50代',
'60代', '70代', '80歳以上'])
```

　変数作成が終わったら、2022年・2023年の既存顧客の購買金額を集計
する方法を確認しましょう。

　先ほど確認した結果、2022年の既存顧客の購買金額は
「255,379,720,479」、2023年の既存顧客の購買金額は「236,325,568,927」で
した。また、既存顧客とは、入会年がその年よりも前の顧客のことを指し
ていました。そのため、2022年と2023年の既存顧客の購買金額は、次の
ように計算できます。

```
# 購買金額増減の平均と2022年_購買金額合計の合計を集計(既存顧客のみ)
print('2022年_購買金額合計:', df_customer.loc[df_customer['入会年'] <=
2021, '2022年_購買金額合計'].sum())
print('2023年_購買金額合計:', df_customer.loc[df_customer['入会年'] <=
2022, '2023年_購買金額合計'].sum())
```

● 図25：既存顧客の購買金額確認

```
2022年_購買金額合計: 255379720479
2023年_購買金額合計: 236325568927
```

　図のように、集計結果が一致することが確認できましたので、分析を進
めていきましょう。まずは、デモグラフィック変数である性別から可視化
（グラフ化）していきます。可視化は各変数について、購買金額増減額と
購買金額増減率の確認を行うことで、ボリュームと比率の両面から購買

金額の変化を捉えるグラフを作成します。

グラフ作成にあたり、元となる数値を集計します。

```
# 既存顧客の購買金額合計を集計
aggregated_data_2022 = df_customer.loc[df_customer['入会年'] <=
2021].groupby('性別').agg({'2022年_購買金額合計': 'sum'}).reset_index()
aggregated_data_2023 = df_customer.loc[df_customer['入会年'] <=
2022].groupby('性別').agg({'2023年_購買金額合計': 'sum'}).reset_index()

# 集計したデータをマージ
aggregated_data = pd.merge(aggregated_data_2022,aggregated_data_2023
,on='性別',how='left')

# 購買金額増減額、購買金額増減率を計算
aggregated_data['購買金額増減額'] = aggregated_data['2023年_購買金額合計']
- aggregated_data['2022年_購買金額合計']
aggregated_data['購買金額増減率'] = aggregated_data['購買金額増減額'] / ag
gregated_data['2022年_購買金額合計']

# 作成データの確認
display(aggregated_data)
```

● 図26：性別の購買金額増減額・購買金額増減率

	性別	2022年_購買金額合計	2023年_購買金額合計	購買金額増減額	購買金額増減率
0	女性	129384462498	118273642901	-11110819597	-0.085874
1	男性	125995257981	118051926026	-7943331955	-0.063045

既存顧客のみを集計するため、df_customerを'入会年'でフィルタリングしてから集計を行う点に注意しましょう。

作成した数値をグラフで可視化をしていきます。今回は第1軸に「購買金額増減額」を棒グラフで、第2軸に「購買金額増減率」を折れ線グラフとして表示します。

```
from matplotlib.ticker import PercentFormatter # %表記するためのライブラ
リを導入

# グラフ作成
fig, ax1 = plt.subplots()

# 第1軸: 棒グラフの購買金額増減額（水色）
color = 'skyblue'
ax1.bar(aggregated_data['性別'], aggregated_data['購買金額増減額'], colo
r=color)
ax1.set_xlabel('性別')
ax1.set_ylabel('購買金額増減額')
ax1.tick_params(axis='y')

# 第2軸: 点グラフの購買金額増減率（赤色）
ax2 = ax1.twinx()
color = 'red'
ax2.plot(aggregated_data['性別'], aggregated_data['購買金額増減率'], 'o-
', color=color)
ax2.set_ylabel('購買金額増減率')
ax2.tick_params(axis='y')

# 第2軸を別軸のスケールとして表示
ax2.yaxis.tick_right()
ax2.yaxis.set_label_position('right')

# y軸をパーセント表記にする
ax2.yaxis.set_major_formatter(PercentFormatter(1))

# 第2軸のy軸の下限を0に設定
ax2.set_ylim(top=0)

# グラフ表示
plt.title('購買金額増減額と増減率の比較')
plt.show()
```

● 図27：性別の購買金額増減額・購買金額増減率の可視化

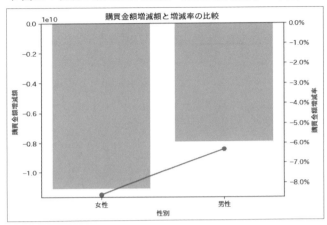

性別にみると、購入金額増減額・増減率ともに、女性の方が減少してお
り、課題がありそうです。

以降、様々な項目でグラフを作成していくのですが、毎回上記のプログ
ラムを繰り返し書くと、コードも長くなるうえ、ミスも起こりやすくなり
ます。そこで、一連のプログラムを次のように関数化することで効率化を
図ります。関数は「def 関数名():」のような形式から始まり、":"の後にイ
ンデントされたブロックとして記述します。()内には関数が受け取る引
数を指定します。引数は任意の数指定でき、","で区切ります。関数を作る
際には、上記のように関数を使わないときのプログラムを書いてから、変
更したい部分を引数に置き換えると、スムーズに書けるようになります。

今回は、df、groupby_key、figsize の3つを引数として設定しています。
df は集計のもととなるデータセットとしています。groupby_key は集計
の横軸をしています。先ほどは性別としましたが、以降で年代などに変化
させていくため、引数にしています。figsize はグラフの大きさを示してい
ます。性別の場合は特に指定をしませんでしたが、文字数が多いカテゴリ
などがあると、グラフの文字がかぶって見えづらくなることがあります。
そこで、何もしないときの figsize は(8, 6)としておき、都合に応じて変更
できるようにしておきます。また、関数内で作成したデータフレームは、

特別な指定をしたり関数の返り値として指定しない限り、関数の外では引き継がれませんが、関数外で作成したデータフレームは関数内でも有効です。意図せぬ挙動をさけるため、関数内で使用するデータフレーム名はこれまでのものと違う名前を使用することをおすすめします。今回は、先ほどのコードでデータフレーム名が「aggregated」とつくものを「shukei」という表記に変換しています。

```python
# 集計、グラフ作成の関数化
def create_purchase_analysis_chart(df, groupby_key, figsize=(8, 6)):

  # 既存顧客の購買金額合計を集計
  shukei_data_2022 = df.loc[df['入会年'] <= 2021].groupby(groupby_key).agg({'2022年_購買金額合計': 'sum'}).reset_index()
  shukei_data_2023 = df.loc[df['入会年'] <= 2022].groupby(groupby_key).agg({'2023年_購買金額合計': 'sum'}).reset_index()

  # 集計したデータをマージ
  shukei_data = pd.merge(shukei_data_2022,shukei_data_2023,on=groupby_key,how='outer')

  # 購買金額増減額、購買金額増減率を計算
  shukei_data['購買金額増減額'] = shukei_data['2023年_購買金額合計'] - shukei_data['2022年_購買金額合計']
  shukei_data['購買金額増減率'] = shukei_data['購買金額増減額'] / shukei_data['2022年_購買金額合計']

  # グラフ作成
  fig, ax1 = plt.subplots(figsize=figsize)

  # 第1軸: 棒グラフの購買金額増減額 (水色)
  color = 'skyblue'
  ax1.bar(shukei_data[groupby_key], shukei_data['購買金額増減額'], color=color)
  ax1.set_xlabel(groupby_key)
  ax1.set_ylabel('購買金額増減額')
  ax1.tick_params(axis='y')
```

```python
# 第2軸: 点グラフの購買金額増減率（赤色）
ax2 = ax1.twinx()
color = 'red'
ax2.plot(shukei_data[groupby_key], shukei_data['購買金額増減率'], 'o-
', color=color)
ax2.set_ylabel('購買金額増減率')
ax2.tick_params(axis='y')

# 第2軸を別軸のスケールとして表示
ax2.yaxis.tick_right()
ax2.yaxis.set_label_position('right')

# y軸をパーセント表記にする
ax2.yaxis.set_major_formatter(PercentFormatter(1))

# 第2軸のy軸の下限を0に設定
ax2.set_ylim(top=0)

# グラフ表示
plt.title('購買金額増減額と増減率の比較')
plt.show()
```

作成した関数「create_purchase_analysis_chart」を使用することで、先ほどと同じフォーマットのグラフをたった1行で作成することができます。それでは実際に、年代について可視化をしてみましょう。

```
# 年代でグラフ作成
create_purchase_analysis_chart(df_customer, '年代')
```

● 図28：年代別の購買金額増減額・購買金額増減率の可視化

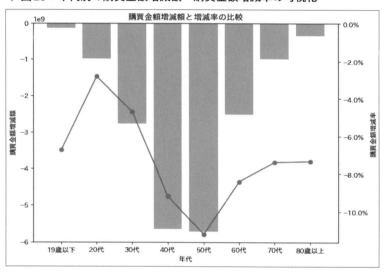

年代では、40代・50代が購入金額増減額・増減率ともに減少が大きく、課題がありそうです。

次に、行動変数の可視化を行っていきます。

```
# 入会年でグラフ作成
create_purchase_analysis_chart(df_customer, '入会年')
```

●図29：入会年別の購買金額増減額・購買金額増減率の可視化

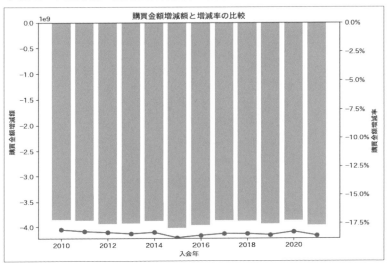

　右軸で増減率を確認すると、入会年による差は1%ポイント以内である
ことがわかります。そのため、入会年による差異は大きくない（他の要素
と比べると影響が小さい）といえます。なお、入会年が2022年の顧客につ
いては、2022年は新規顧客として扱われるため、上記グラフからは除外
されています。

　以上のように「顧客（Who）」の観点で分析を進めました。その他にも顧
客の直近の購買からの日数や購入回数、購入金額など様々な分析が可能
ですので、余力がありましたらぜひ取り組んでみましょう。

　また、同様な分析操作となることもあり本書では割愛しますが、別の観
点として「What：どのような商品を（商品の売上状況）」「How：どのよう
に提供（店舗の売上状況）」についても分析を進めました。以上の分析結
果をまとめると次の表のようになりました。

●表：顧客・商品・店舗観点での分析結果まとめ

どんな顧客が 売上減少したか	どんな商品が 売上減少したか	どんな店舗が 売上減少したか
性別：女性 年齢：40代・50代 入会年は大きな傾向なし 直近の購買からの日数：長い 2022年購入回数：少ない 2022年購入金額：少ない	顧客や店舗ほど大きな傾向はない（大カテゴリが「ホビー・アウトドア」「家電製品」で若干の減少傾向）	店舗区分：小型、中型 立地：郊外

●図30：ロジックツリーでの整理（Who、What、How）

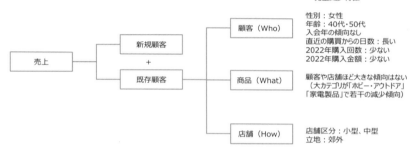

売上減少特徴

性別：女性
年齢：40代・50代
入会年の傾向なし
直近の購買からの日数：長い
2022年購入回数：少ない
2022年購入金額：少ない

顧客や店舗ほど大きな傾向はない
（大カテゴリが「ホビー・アウトドア」「家電製品」で若干の減少傾向）

店舗区分：小型、中型
立地：郊外

　また、これまでの分析内容や結果を整理して、次の表のようにまとめました。

●表：これまでの分析内容および結果の整理（分析ワークシート「4.データ分析」）

No	分析 テーマ	分析条件	分析内容	分析結果 （精度など）	ネクストアクション
1	新規顧客と既存顧客の分析	・2022年1月1日〜2023年12月31日までのデータを対象とする	2022年と2023年で新規顧客の売上と既存顧客の売上を比較	2023年の対前年売上増減について 新規顧客：売上が微増 既存顧客：売上が大きく減少	既存顧客に絞って、売上減少の要因分析
2	1顧客当たりの売上等の分析	・2022年1月1日〜2023年12月31日までのデータを対象とする ・既存顧客のみを対象とする	既存顧客の売上が2023年に減少した要因について、顧客数、1顧客あたり来店数、1回あたり売上に分解して検証	1顧客あたり来店数が大きく減少している	他の要因についても調べるため、Who、What、Howの切り口で深堀分析

| 3 | Who、What、Howによる分析 | ・2022年1月1日 ～2023年12月31日までのデータを対象とする
・既存顧客のみを対象とする | 以下の3つの観点から売上減少状況を検証
Who：どのような顧客に（顧客の売上状況）
What：どのような商品を（商品の売上状況）
How：どのように提供（店舗の売上状況） | ・どんな顧客が売上減少
－性別：女性
－年齢：40代・50代
－入会年の傾向なし
－直近の購買からの日数：長い
－2022年購入回数：少ない
－2022年購入金額：少ない

・どんな商品が売上減少
－顧客や店舗ほど大きな傾向なし

・どんな店舗が売上減少
－店舗区分：小型、中型
－立地：郊外 | 社内有識者と議論した結果「特定の条件の店舗で売上が減少しており、顧客層の違いが売上に影響している可能性がある」との仮説が生まれ、追加で分析を行い検証を進める |

　分析結果が一定そろったら中間レビューのような場を設けて関係者に報告し、気になる点がないかなどコメントをもらうことをお勧めします。

　今回は、これまでの分析で得られた結果から、特に次のような傾向を中心に社内有識者と議論しました。

・ロジックツリーによる整理の結果、既存顧客の1顧客あたり来店数が売上減少の主因
・売上減少が大きい顧客の特徴は女性や40・50代
・売上減少の大きい店舗は、郊外の小型・中型店舗・特定の条件の店舗で売上が減少している。
・商品は、顧客や店舗ほど大きな売上減少の傾向はない（大カテゴリが「ホビー・アウトドア」「家電製品」で若干の減少傾向）

　議論の結果「特定の条件の店舗で売上が減少しており、顧客層の違いが売上に影響している可能性がある」という仮説が整理され、店舗の観点で追加の分析を行うことになりました。

　このように実際のデータ分析は一直線で終わるのではなく、分析で分

3

「課題の絞り込み」を進めよう（可視化）

かった点を踏まえて追加の観点や仮説を検討して分析を進めるというような、試行錯誤を繰り返すことが大半です。ただ、データ分析は新しい観点からいくらでも深掘り分析ができてしまうため、ステークホルダからの追加の分析依頼が止まらずに分析が長引いてしまう可能性があります。そのため、「3-2.分析デザイン」の中でも少し触れましたが、分析デザインの段階で試行錯誤のプロセスをどのようなスケジュールや体制で何回程度繰り返すのかといった点をあらかじめ整理して合意しておくと、ステークホルダとの認識齟齬を未然に防止することができますので頭の片隅に入れておきましょう。

　ここまでで「可視化」を利用した課題の絞り込みに関する分析は完了です。お疲れさまでした。コーディングで少し疲れた方は飲み物などを飲みながら一息ついていただければと思います。
　可視化はBIツールなどでも実施できるため、少し単調な作業になりがちですが、4章から先は、いよいよ統計モデリングや機械学習を利用しながらPythonでデータ分析を進めていきます。まず、4章では「クラスタリング」を用いて課題の絞り込みに関する追加分析を進めていきます。クラスタリングはデータからパターンの発見するためにとてもよく使う機械学習手法ですので、ぜひ4章を通じて学習していきましょう。

## 第4章

「課題の絞り込み」に向けて 追加分析を進めよう （クラスタリング）

4▶0 準備

　3章では、家電量販店を営む架空の企業に所属する見習いデータサイエンティストとして、「売上が減少している」というビジネス課題の解決に向けてデータ分析を進めました。分析を開始した時点ではステークホルダがどこで特に売上減少が発生しているのか明確には把握できていない状況だったこともあり、まずは「課題の絞り込み」を進めるべく、ロジックツリーや可視化を活用しながらどんな要素が売上減少に影響しているか確認を進めるとともに、分析結果から得られた傾向を踏まえて社内有識者と議論しました。結果として「特定の条件の店舗で売上が減少しており、顧客層の違いが売上に影響している可能性がある」という新しい仮説が整理され、追加で分析を進めることになりました。このように実際の分析プロジェクトでは一度のデータ分析や報告で終わるのではなく、試行錯誤を繰り返しながら課題の深掘りを進めていくケースがほとんどです。今回も「課題の絞り込み」を進めるべく、店舗の観点で追加分析を進めていきましょう。

　4章ではいよいよ機械学習の1つである「**クラスタリング**」を用いた分析を進めていきます。クラスタリングはデータからパターンの発見するためにとてもよく使う機械学習手法ですので、ぜひ4章を通じて学習していきましょう。

●図1：今回対象とする課題解決フェーズ

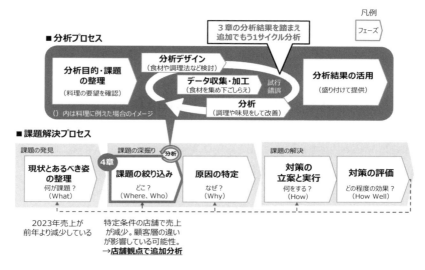

あなたが置かれている状況

　経営企画部から受けた「実店舗の2023年の売上は2022年と比べて減少しており、データ分析で売上回復に向けた提案をしてもらえないか。」という分析依頼を踏まえ、まずは「課題の絞り込み」に向けて、先輩社員のアドバイスを受けながらロジックツリーや可視化を活用しながら分析を進めました。最初は慣れないPythonを利用したデータ分析でしたが徐々に慣れることができ、最終的には関数を利用しながら様々な観点で可視化を行い、幾つかの傾向を発見することができました。その後、分析結果について社内有識者と議論した結果、店舗の観点で追加の分析依頼があり、引き続きあなたが先輩とともにこの依頼に取り組むことになりました。それでは追加のデータ分析を進めていきましょう。

先輩からのアドバイス

　3章では可視化を中心とした分析を進めましたが、可視化以外のアプローチとして、統計モデリングや機械学習を活用して機械的に事象の特

徴を捉えていくアプローチも考えられます。そこで、4章ではクラスタリングを利用しながら店舗のパターンを確認していきたいと思いますが、分析を進める前に統計モデリングや機械学習の種類や概要を押さえておきましょう。

統計モデリングや機械学習の種類としては、モデルに正解を与えないで学習を行う「教師なし学習」と、正解を与えて学習を行う「教師あり学習」の2つに分かれます。更に「教師あり学習」はクラスの分類を行う「分類」と、数値の予測を行う「回帰」に大きく分類されます。なお、他にも強化学習などもありますが、本書では割愛します。

🔴 **表：統計モデリングや機械学習の概要と本書で説明する章**

種類		概要	本書で説明する章と手法
教師なし		与えられたデータについて、正解を与えないで学習させる方法。使用データの構造や法則を自動的に抽出する方法で、例えば顧客データから顧客分類を行う際などに使用される	・4章でクラスタリングを学習
教師あり	分類	（教師あり学習の説明） 教師あり学習は、与えられたデータに対して正解を与えて学習させる手法。正解は解決したい課題に応じて設定（例：売上減少有無）し、正解と正解をあてるための要素（説明変数）の関連性を学習する （分類モデルの説明） 教師あり学習のうち、カテゴリカルな変数を正解に設定するモデルのことを分類モデルという	・5章で決定木（分類）を学習 ・6章でLightGBM（分類）を学習
	回帰	教師あり学習のうち、数値変数（売上など）を正解に設定するモデルのことを回帰モデルという	・7章で重回帰を学習

前述の表のような統計モデリングや機械学習の種類や概要を押さえた上で、自分が担当する分析案件でどのようなアルゴリズムを利用するのかを検討していきます。検討では、適用する分析案件の分析目的や、モデルの解釈性、利用するデータ量などの観点から検討していきますが、慣れるまではアルゴリズム選定のための**チートシート**を参考にすることもお勧めです。代表的なものはscikit-learnが提供しているチートシートです。文字が小さいこともあり詳しくは下記URLにアクセスして確認いただければと思いますが、例えば本章のケースであれば、「>50 samples（レコー

ド数が50以上か？）」→「predicting a Category（対象を分類したいのか？）」→「do you have a labeled data（教師データがあるか（教師あり学習か））」といった流れでアルゴリズムを選択していくことで、今回はクラスタリングを利用するとよさそうだ、ということが分かったりします。

・scikit-learn algorithm cheat-sheet
　https://scikit-learn.org/stable/tutorial/machine_learning_map/

💬 図2：scikit-learn algorithm cheat-sheet

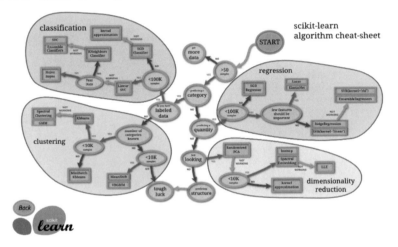

なお、scikit-learn algorithm cheat-sheetは2013年に公開されたものであるため、記載されているアルゴリズムが少し古い傾向があります。アルゴリズム選定のためのチートシートは他にもMicrosoft社などが公開しているものなどがありますので、適宜インターネットで検索しながら選定の際の参考にしましょう。

・Azure Machine Learning デザイナーの機械学習アルゴリズム チートシート
　https://learn.microsoft.com/ja-jp/azure/machine-learning/
　algorithm-cheat-sheet?view=azureml-api-1

4▶1 分析の目的や課題を整理しよう（分析フェーズ1）

　それでは3章の続きとして、追加の分析を進めていきましょう。

　まず、分析の目的や課題の整理ですが、今回は追加分析のため3章から変更せず、売上減少に影響を与えている要因を確認するために「課題の絞り込み」に関するデータ分析を進めていきましょう。

💬 表:（3章から再掲）課題解決フェーズの状況と貢献ポイント（分析ワークシート「1.分析目的・課題の整理」）

課題の発見			課題の深掘り	
現状とあるべき姿の整理			課題の絞り込み	原因の特定
現状	改善したい指標	あるべき姿	どこで課題が発生しているか	なぜ課題が発生しているか
・2023年の売上は2022年に比べて減少。 ・競合他社は微増または横ばい。自社固有の原因による売上減少が考えられ、対策が必要。	売上	2022年の水準に売上が回復	3章で一定分析が進んだが、まだ不明確 →追加で分析を行う	

4▶2 分析のデザインをしよう（分析フェーズ2）

　それでは分析のデザインを進めていきます。3章と同様に分析ワークシートを利用しながら、分析方針や分析スコープなどを整理していきましょう。

▶ 分析方針の整理

　まずは分析方針を整理していきましょう。分析目的としては先ほど4-1で確認しましたように、今回は追加分析のため3章から変更せず「売上状況を確認し、2022年から2023年にかけてどこで売上減少が発生しているのかを明確にする」としました。

　分析概要としては、3章の議論から特定の条件の店舗で売上が減少しており、顧客層の違いが売上に影響している可能性がある、という仮説が生まれました。そこで店舗を顧客層で分類するとともに、特定の店舗グループで売上が減少していないかなどの特徴を確認したいと思います。もし特定の店舗グループで売上減少が見られる場合は、顧客層などの条件面が近い店舗グループ内であれば好調な店舗の特徴を低調な店舗に横展開しやすく対策の検討に役立てられそうですので、今回分析していきましょう。

　分析手法としては、顧客層による店舗の分類は人の知見をもとにグループ分けをすることもできますが、ここでは教師なしの一つであるクラスタリングという手法を用いてグループ分けを試みることにしました。会員登録時に顧客が最も来店する店舗として選択した「マイ店舗」という情報があるため、こちらを利用して店舗の顧客層を整理していきたいと思います。

　分析スコープとしては、今回は2022年末時点の情報から2023年の売上

減少要因を検証していることから、2023年終了時点の店舗や顧客の情報を使用します。ただし、閉店店舗は施策が実施できないため、対象外とします。また、新設店舗は、既存店とは対応が異なることが多いため、対象外とします。

● 表：分析方針の整理（分析ワークシート「2.分析デザイン」）

検討項目		備考
分析目的	売上状況を確認し、2022年から2023年にかけてどこで売上減少が発生しているのかを明確にする	
分析概要	店舗を顧客層で分類し、何かしら売上減少店舗のパターンがないかを確認する	
分析手法	クラスタリング	
分析スコープ・条件	2022年1月1日〜2023年12月31日までのデータを対象とする 2022〜2023年の新設店舗や閉店店舗は除外する	

▶ モデル方針の整理

続いてモデル方針の整理です。クラスタリングの手法が幾つかありますが、今回は特にベーシックなk-meansクラスタリングを利用します。k-meansはクラスタリングアルゴリズムの一つで、データをk個のクラスタ（グループ）に分割します。

k-meansでは、クラスタ内のデータポイント同士の距離を最小化するようなグループ分けを行います。この距離の計算は、クラスタリングに使用する変数（項目）の値を用いるため、変数間の尺度に差があると値の大きい変数に結果が引っ張られることに注意が必要です。そのため、正規化などの処理を実施して変数間の尺度を揃えてからクラスタリングを実行する必要があります。

また、クラスタ数kは分析者が指定する必要があります。このクラスタ

数を決めるための役に立つ方法としてエルボー法がありますので後ほど
確認していきます。

● 表：モデル方針整理（分析ワークシート「2.分析デザイン」）

検討項目		備考
分析モデル	k-means	
目的変数	なし	教師なし学習のため
評価指標	エルボー法、Silhouette Score	

▶ 仮説の整理

モデル作成においては、特徴量が重要になりますが、特徴量の整理にあ
たって重要となるのが仮説の整理です。有識者へのヒアリングや、自身が
その場面になったと仮定して、アイディアを出すといいでしょう。

今回は先ほどの可視化による分析結果の報告の中で次のような仮説が
導出されましたので、年齢や性別などの顧客情報を用いて店舗を分類す
る方針としました。

● 表：仮説の整理（分析ワークシート「2.分析デザイン」）

No	仮説	必要なデータ	検証優先度	備考
1	店舗の顧客層の違いが売上に影響している可能性がある	顧客売上データ、店舗売上データ	高	

▶ データの整理

クラスタリングに必要なデータを整理した結果は下記のとおりです。
検討した結果、先ほど可視化の分析で使用したデータと同様で実施でき
るため、追加のデータ取得は不要と整理しました。

● 表：データの整理（分析ワークシート「2.分析デザイン」）

No	必要な データ	データ 概要	抽出項目	抽出条件	データの 期間・断面	優先 度	備考 （入手先、 状況など）
1	顧客売上 データ	顧客ごとの 2022年・ 2023年の 売上状況	顧客ID、 マイ店舗 ID、性 別、生年 月日など	・2022年、2023 年に開店・閉 店した店舗の データは除外 する ・顧客単位	2022年末時 点および 2023年末時 点	高	3章で取得 済み
2	店舗売上 データ	店舗ごとの 年間売上デ ータ	店舗ID、 年、売上 合計、店 舗区分、 立地など	・2022年、2023 年に開店・閉 店した店舗の データは除外 する ・店舗単位、年 単位	2022年1月 から2023 年12月	高	3章で取得 済み

▶ 成果物の整理

　分析した結果の成果物を整理して、ステークホルダと合意します。今回は作成した店舗をクラスタリングした結果と、各クラスタを解釈した資料を成果物とすることとなりました。

● 表：成果物の整理（分析ワークシート「2.分析デザイン」）

No	成果物	概要	成果物の活用方法
1	分析報告書	・使用データの基礎集計結果 ・売上減少に関する分析仮説について可視化で検証した結果（3章の結果） ・マイ店舗登録状況から、顧客層が似ている店舗をグループ分けした結果および各クラスタの特徴の解釈結果 ・分析結果を踏まえた考察と次のアクションに向けた提案	報告を踏まえて経営企画部門にてどの課題にフォーカスして検討を進めるかの方針を整理（X月まで）

4▶3 データの収集・加工を進めよう（分析フェーズ3）

クラスタリングをするにあたり、まずは分析データを整える必要がありますので、準備を進めていきましょう。

▶ 分析データの仕様を整理しよう

クラスタリングを行う際には、どのような対象をどのような情報で分類したいのかに応じて、使用データの粒度や情報を決めていきます。今回は、店舗を対象にクラスタリングするため、クラスタリング用データは店舗単位のデータとする必要があります。そのため、ベースとなるデータは「店舗売上データ」とします。また、この分析では店舗ごとの顧客層を知りたい意図でしたので、「顧客売上データ」にある年齢・性別を、先ほどの「店舗売上データ」に結合してクラスタリングをしていきましょう。

先ほどのデータ整理によると、顧客売上データは顧客単位のデータであるため、クラスタリングを行うためには店舗単位のデータに集約する必要があります。会員登録時に顧客が最も来店する店舗として選択した「マイ店舗」を示す「マイ店舗ID」という項目があるため、そちらで性別割合や年代割合を算出し、そのデータを店舗売上データに左結合する方針としました。

4 「課題の絞り込み」に向けて追加分析を進めよう（クラスタリング）

● 表：分析データ仕様の整理（分析ワークシート「3.データ収集・加工」）

No	分析データ名	分析データ概要	利用データ	データ結合・集計条件
1	クラスタリング用データ	店舗売上データに、顧客売上データをマイ店舗ごとに集計したものを追加	・顧客売上データ ・店舗売上データ	・店舗売上データに、マイ店舗ID単位で集約した顧客売上データを左結合。 顧客売上データを（マイ）店舗ごとに情報集約し、店舗売上データと左結合 店舗売上データ ―― 顧客売上データ

▶ 分析データの前処理を進めよう

　まずはGoogle Driveにアクセスして4章のフォルダに入っているサンプルコードを開きましょう。サンプルコードのファイルは2つあります。自分でコーディングしてみたい人は「4_クラスタリング.ipynb」を、既にコードが入力されたファイルを実行しながら読み進めたい方は「4_クラスタリング_answer.ipynb」をダブルクリックして起動しましょう。前の章で触れましたように、自分でコーディングすると理解が進みますが、無理をしてPythonに苦手意識を持ってしまうのも本末転倒です。無理せずご自身にあった方を選択いただければと思います。

　ファイルのパスについては2章で解説しましたように、本書サポートページからダウンロードしたファイルを解凍した上で、Google Driveのマイドライブ直下にアップロードした前提で記載しています。もし別のフォルダにアップロードした場合は接続先のGoogle Driveのパスを変更してください。

　なお、こちらも2章で解説しましたように、Google Colaboratoryは一定期間操作しない時間が続くとセッションが切れてしまい、それまでの実行情報がクリアされてしまいます。時間をおいてソースコードを実行したり、実行した結果エラーが発生した場合は、先頭から順に再度実行してみるようにしましょう。

それではクラスタリングで必要な分析データの準備を進めていきましょう。まずは準備として必要なライブラリをインストールします。

```
!pip install japanize-matplotlib
```

続いて、データを格納したGoogle Driveに接続します。先ほどと同様にソースコードを実行するとGoogle Driveへの接続の許可を求める画面が表示されますので、許可をしましょう。

```
import pandas as pd
from datetime import datetime
import matplotlib.pyplot as plt
import japanize_matplotlib
from sklearn.preprocessing import StandardScaler
from sklearn.cluster import KMeans
from sklearn.decomposition import PCA

# Google Driveと接続を行います。これを行うことで、Driveにあるデータにアクセスできるようになります。
# 下記セルを実行すると、Googleアカウントのログインを求められますのでログインしてください。
from google.colab import drive
drive.mount('/content/drive')

import os
# 作業フォルダへの移動を行います。
# もしアップロードした場所が異なる場合は作業場所を変更してください。
os.chdir('/content/drive/MyDrive/DA_WB/4章/data') #ここを変更
```

クラスタリング用の機能として、StandardScaler（クラスタリングの前処理として正規化を行うため）、Kmeans（クラスタリングのため）、PCA（クラスタリング結果を可視化する際に使う主成分分析のため）の3つを「from〜import〜」で追加しています。正規化や主成分分析の概要などに

ついては、後ほど説明します。

　今回は店舗の情報に、顧客データのマイ店舗登録状況を紐づけてクラスタリングするため、以下のデータを読み込みます。データ読込プログラムの記載場所については、今後ファイルの入れ替え等があった際に変更箇所がすぐわかるよう、一番最初に記載することをおすすめします。

```
# 顧客売上データの読込
df_customer = pd.read_csv('顧客売上データ.csv',encoding='SJIS')

# 店舗データの読込
df_shop = pd.read_csv('店舗売上データ.csv',encoding='SJIS')
```

　今回は3章と同様のデータのため欠損値の確認などは割愛して、まずはdf_customer（顧客売上データ）の加工をしていきましょう。日付型への変換、使用項目の選択、年齢や年代の計算の順に行っています。年代の計算は少し複雑ですが、3章と同様に生年月日から年齢を計算した上で、cut()を利用してビン化することで年代を作成しています。なお、本書でも適宜集計結果を表示しながら進めるようにしますが、自分でコードを入力する際に集計結果が正しいか不安になった場合は追加で「.head()」などを実行して、集計結果を確認しながら進めるとよいでしょう。また、分からなくなった場合はanswerファイルを確認するようにしましょう。

```
# 日付に関する項目はdatetimeに変換する
for colname in ['生年月日','入会年月日']:
  df_customer[colname] = pd.to_datetime(df_customer[colname])

# 使用する項目に選択する
df_customer_select = df_customer[['顧客ID','マイ店舗ID','性別','生年月日']]

# 年齢、年代を計算（2023年12月31日時点）
condition = df_customer_select['生年月日'].dt.month * 100 + df_custome
```

```
r_select['生年月日'].dt.day > 1231
df_customer_select['年齢'] = 2023 - df_customer_select['生年月日'].dt.y
ear
df_customer_select.loc[condition, '年齢'] -= 1
```

```
df_customer_select['年代'] = pd.cut(df_customer_select['年齢'], bin
s=[0, 19, 29, 39, 49, 59, 69, 79, 120],
                   labels=['19歳以下', '20代', '30代', '40代', '50代',
'60代', '70代', '80歳以上'])
```

df_customer_select は 1 顧客 1 レコードのデータのため、マイ店舗IDを
ベースに集計を行うことで、1 店舗 1 レコードのデータに変換していき
ます。まずは「マイ店舗ID」「年代」をキーとして、「顧客ID」をユニーク
カウント（顧客IDが異なるレコード数を数える）することで、店舗ごと
の顧客数を算出します。

```
# マイ店舗ID・年代ごとにユニークな顧客数を数える
df_customer_count_by_age1 = df_customer_select.groupby(['マイ店舗ID','
年代'])['顧客ID'].nunique().reset_index()
```

```
df_customer_count_by_age1.head(10)
```

● 図3：マイ店舗ごとの集計結果

	マイ店舗ID	年代	顧客ID
0	S-0002	19歳以下	110
1	S-0002	20代	621
2	S-0002	30代	2016
3	S-0002	40代	3363
4	S-0002	50代	3207
5	S-0002	60代	1428
6	S-0002	70代	611
7	S-0002	80歳以上	230
8	S-0003	19歳以下	70
9	S-0003	20代	1479

実行結果を確認すると、マイ店舗IDごとに19歳以下の顧客数、20代の顧客数、といった形式で顧客数が集計されていることがわかります。この段階では、店舗IDごとに年代は縦に並んでいますが、年代を横（項目）に移動すべく、以下を実行しましょう。

```
# 年代を横持ちに変換
df_shop_customer_age1 = df_customer_count_by_age1.pivot_table(inde
x='マイ店舗ID', columns=['年代'], values='顧客ID', fill_value=0)

# 列の名前を削除
df_shop_customer_age1.columns.name = None

# indexを振り直す
df_shop_customer_age1 = df_shop_customer_age1.reset_index()
```

前述しました通り、k-meansでは、クラスタ内のデータポイント同士の距離を最小化するようなグループ分けを行います。この距離の計算は、クラスタリングに使用する変数（項目）の値を用いるため、変数間の尺度に差があると値の大きい変数に結果が引っ張られてしまいます。そのため、この後のクラスタリングを見据えて、変数間の尺度を揃えるために各店舗の年代ごとの顧客数を割合に変換していきましょう。割合を算出するにあたり、まずは各店舗のマイ店舗登録顧客数（その店舗をマイ店舗登録している顧客の合計人数）を算出し、各年代の顧客数をマイ店舗登録顧客数で割ることで、年代別の割合を計算します。なお、本書は全体的に分かりやすさ優先で冗長なコードとしていますが、for文などを活用することでよりシンプルなコードとすることも可能です。もし余力があれば検討してみるとPythonへの理解が深まりますのでお勧めです。

```
# 各店舗ごとのマイ店舗登録顧客数を出す
df_shop_customer_age1['マイ店舗登録顧客数'] = df_shop_customer_age1.sum(
```

```
axis=1)
```

```
# 各カテゴリの割合を計算
```

```
df_shop_customer_age1['19歳以下_割合'] = df_shop_customer_age1['19歳以下
'] / df_shop_customer_age1['マイ店舗登録顧客数']
df_shop_customer_age1['20代_割合'] = df_shop_customer_age1['20代'] /
df_shop_customer_age1['マイ店舗登録顧客数']
df_shop_customer_age1['30代_割合'] = df_shop_customer_age1['30代'] /
df_shop_customer_age1['マイ店舗登録顧客数']
df_shop_customer_age1['40代_割合'] = df_shop_customer_age1['40代'] /
df_shop_customer_age1['マイ店舗登録顧客数']
df_shop_customer_age1['50代_割合'] = df_shop_customer_age1['50代'] /
df_shop_customer_age1['マイ店舗登録顧客数']
df_shop_customer_age1['60代_割合'] = df_shop_customer_age1['60代'] /
df_shop_customer_age1['マイ店舗登録顧客数']
df_shop_customer_age1['70代_割合'] = df_shop_customer_age1['70代'] /
df_shop_customer_age1['マイ店舗登録顧客数']
df_shop_customer_age1['80歳以上_割合'] = df_shop_customer_age1['80歳以上
'] / df_shop_customer_age1['マイ店舗登録顧客数']
```

```
df_shop_customer_age1.head()
```

●図4：マイ店舗ごとの各年代の割合計算（一部抜粋）

マイ店舗登録顧客数	19歳以下_割合	20代_割合	30代_割合	40代_割合	50代_割合	60代_割合	70代_割合	80歳以上_割合
11586	0.009494	0.053599	0.174003	0.290264	0.276800	0.123252	0.052736	0.019852
6903	0.010141	0.214255	0.289874	0.186875	0.105461	0.108938	0.063306	0.021150
11266	0.010652	0.063732	0.144683	0.230960	0.320966	0.158796	0.051394	0.018818
10861	0.006998	0.045116	0.179541	0.281374	0.286254	0.131756	0.052297	0.016665
5312	0.006024	0.246235	0.279932	0.171122	0.112011	0.112011	0.055723	0.016943

　図4は、実行結果として表示された表から「マイ店舗登録顧客数」より
右側を抜粋したものですが、図のように、各年代の割合が算出された列が
「●●_割合」という項目名で追加されています。
　性別についても同様の処理を行います。

```
# マイ店舗ID・年代ごとにユニークな顧客数を数える
df_customer_count_by_age2 = df_customer_select.groupby(['マイ店舗ID','
性別'])['顧客ID'].nunique().reset_index()
```

```
# 性別を横持ちに変換
df_shop_customer_age2 = df_customer_count_by_age2.pivot_table(inde
x='マイ店舗ID', columns=['性別'], values='顧客ID', fill_value=0)
```

```
# 列の名前を削除
df_shop_customer_age2.columns.name = None
```

```
# indexを振り直す
df_shop_customer_age2 = df_shop_customer_age2.reset_index()
```

```
# 各店舗ごとのマイ店舗登録顧客数を出す
df_shop_customer_age2['マイ店舗登録顧客数'] = df_shop_customer_age2.sum(
axis=1)
```

```
df_shop_customer_age2['女性_割合'] = df_shop_customer_age2['女性'] /
df_shop_customer_age2['マイ店舗登録顧客数']
df_shop_customer_age2['男性_割合'] = df_shop_customer_age2['男性'] /
df_shop_customer_age2['マイ店舗登録顧客数']
```

```
df_shop_customer_age2.head()
```

● 図5：マイ店舗ごとの性別の割合計算

	マイ店舗ID	女性	男性	マイ店舗登録顧客数	女性_割合	男性_割合
0	S-0002	7720	3866	11586	0.666321	0.333679
1	S-0003	2505	4398	6903	0.362886	0.637114
2	S-0004	6881	4385	11266	0.610776	0.389224
3	S-0005	6698	4163	10861	0.616702	0.383298
4	S-0006	2027	3285	5312	0.381589	0.618411

　作成した年代別の割合を計算したデータフレームと、性別の割合を計算したデータフレームをマージ（左結合）することで、1つのデータフ

レームにします。また、マイ店舗ID、マイ店舗登録顧客数、割合に関する項目のみをこの後使用するため、使用しない項目を除外します。

```
# データをマージ
df_shop_customer_age = pd.merge(df_shop_customer_age1,
    df_shop_customer_age2.drop('マイ店舗登録顧客数',axis=1),
    on='マイ店舗ID', how='left')

# マイ店舗ID、マイ店舗登録顧客数、割合に関する項目だけを残す
df_shop_customer_age = df_shop_customer_age[['マイ店舗ID','マイ店舗登録顧
客数',
    '19歳以下_割合','20代_割合','30代_割合','40代_割合','50代_割合',
    '60代_割合', '70代_割合', '80歳以上_割合',
    '女性_割合','男性_割合']]
```

次に、「店舗売上データ.csv」の加工を行います。このデータは1店舗1年で1レコードのデータとなっています。そのため、店舗IDごとに各年の売上を計算し、1店舗1レコードのデータに変換します。その後、2023年の対前年売上増減を算出します。

```
# 店舗売上データの加工

# 店舗IDごとに2022年、2023年の売上を計算 ※1店舗1レコード化
df_pivot_result_shop = df_shop.pivot_table(index=['店舗ID','都道府県','
市区町村','立地','店舗区分'],
    columns=['年'], values='売上合計', aggfunc='sum').reset_index()

# 列名の変更
df_pivot_result_shop = df_pivot_result_shop.rename(columns={2022: '売
上合計_2022年', 2023: '売上合計_2023年'})

# 2023年の対前年売上増減を算出
df_pivot_result_shop['対前年売上増減_2023'] = df_pivot_result_shop['売上
合計_2023年'] - df_pivot_result_shop['売上合計_2022年']
```

　これで店舗売上データも1店舗1レコードのデータに変換できました。続いて、先ほど作成した顧客売上データから作成したデータ（shop_customer_age）とマージ（左結合）します。

```
# 顧客売上データから作成したデータと店舗売上データから作成したデータをマージ
df_tenpo_shuyaku = pd.merge(df_pivot_result_shop, df_shop_customer_age,
    left_on='店舗ID', right_on='マイ店舗ID', how='left')
```

　なお、今回は顧客層で分類するため使用しませんが、もしクラスタリングでカテゴリカル変数（立地や店舗区分）を使用する場合、そのままでは使用できず、数値化をしてやる必要があります。数値化の代表的な方法として、One-Hot Encodingがあります。試しにOne-Hot Encodingを実行して、結果を見てみましょう。

```
# カテゴリカル変数をOne-Hot Encodingで変換
df_tenpo_shuyaku_gd = pd.get_dummies(df_tenpo_shuyaku, columns=['店舗区分','立地'])

df_tenpo_shuyaku_gd.head()
```

● 図6：One-Hot Encodingの結果（一部抜粋）

店舗区分_中型	店舗区分_大型	店舗区分_小型	立地_中心部	立地_郊外
0	0	1	0	1
1	0	0	0	1
1	0	0	0	1
1	0	0	0	1
1	0	0	0	1

図6は、実行結果として表示された表の右側（「店舗区分＿中型」より右側）を抜粋したものですが、先ほどのコードを実行すると、店舗区分・立地が図のような形式に変換されます。例えば、「店舗区分＿小型」は店舗区分＝小型のときに1，そうでないときに0を取ります。そのため、1行目のデータは、店舗区分が小型、立地が郊外のデータが変換されたものとなります。One-Hot Encodingを行い、変換した結果の平均値をとることで各カテゴリの割合が計算できるため、集計上便利なこともありますので覚えておきましょう。

　これでクラスタリングの前処理は終わりです。データ加工部分が非常に長くて大変だったと思いますが、実際のデータ分析においても、データ加工の部分が分析作業の半分近くを占めることもあります。データの前処理パートを怠ると、モデル構築フェーズでどんな手法を使ってもよいモデルが出来ないため、この部分がデータ分析の質を決めるといっても過言ではありません。本書に出てくるデータ加工方法はよく使うものが多いため、是非とも習得いただければと思います。

　これでデータの準備が整いました。最後に基礎集計結果やデータ前処理の内容について、シートに記入しておくと、他の人に説明する際や、後日に自分で思い出すためにも役に立ちますのでポイントを記入しておきましょう。

● 表: 基礎集計結果やデータ前処理内容（分析ワークシート「3.データ収集・加工」）

No	分析データ名	基礎集計結果	データ前処理内容
1	クラスタリング用データ	3章と同じデータを利用のため省略	・顧客売上データからマイ店舗IDごとの年代分布、性別分布を算出 ・クラスタリング使用項目は正規化

4▶4 データ分析を進めよう（分析フェーズ4）

　それではデータの準備が整いましたので分析を進めていきましょう。なお、前章でもお伝えしました通り分析は同じデータを利用しても様々なアプローチが考えることができるため、唯一絶対の正解はありません。以降の章も同様ですが、今からお伝えする分析は一つの分析例として「やっぱりこんなアプローチで分析するよね」とか「確かにこんな観点もあったな」など感じていただきながら、一緒に分析を進めていただければと思います。

　それでは顧客のマイ店舗登録状況から店舗の「クラスタリング」を行い、顧客層が似ている店舗をグループ分けし、各グループで売上増減に差がないかを確認してみましょう。クラスタリングは、データを似ているもの同士でグループ分けする手法です。例えば、店舗ごとの年齢や性別の構成比でクラスタリングを行った場合、年齢・性別の構成比が似ている店舗が同じグループに分類されます。

　k-meansを用いたクラスタリングでは、クラスタ数を分析者が決めておく必要がありますが、このクラスタ数を決めるための役に立つのがエルボー法です。

　エルボー法では、クラスタの数（k）を変化させながら、それぞれのkにおけるクラスタ内の変動（クラスタ内誤差平方和と言います）を計算します。この値が小さいほど、データがクラスタ内でより密に配置されていると言えます。通常、クラスタ数が増えるにつれてクラスタ内誤差平方和は減少しますが、減少の速度が急激に鈍化する点（エルボー）を探します。エルボー法については、習うより慣れろということで、後ほど実際にやってみましょう。

　また今回の分析は次のステップで進めていこうと思います。

・k-means最適クラスタ数の探索

　どのくらいのクラスタ数を利用すると適切に分類できそうかについて
エルボー法を利用しながら確認します。

・k-meansモデルの作成と評価

　探索したクラスタ数でモデルを作成するとともに、グラフやシルエットスコアという指標を用いながら分類の状況を評価します。

・クラスタリング結果の解釈

　各クラスタの顧客層の特徴について、集計を行いながら確認および解釈します。

● 表:分析条件・内容整理（分析ワークシート「4.データ分析」）

No	分析テーマ	分析条件	分析内容
1	k-means 最適クラスタ数の探索	■データ：クラスタリング用データ ■スコープ ・2022年、2023年の開店・閉店店舗は除外 ・顧客年齢などの情報は2023年12月31日時点 ■アルゴリズム：k-means	・クラスタ数は1〜9で探索 ・その他のパラメータはデフォルト値を使用 ・エルボー法でクラスタリング結果を評価
2	k-means モデル作成と評価	■データ：クラスタリング用データ ■スコープ ・2022年、2023年の開店・閉店店舗は除外 ・顧客年齢などの情報は2023年12月31日時点 ■アルゴリズム：k-means	・クラスタ数は「k-means最適クラスタ数の探索」の分析結果を利用 ・その他のパラメータはデフォルト値を使用 ・グラフやシルエットスコアで評価
3	クラスタリング結果の解釈	■データ：クラスタリング用データ ■スコープ ・2022年、2023年の開店・閉店店舗は除外 ・顧客年齢などの情報は2023年12月31日時点	・作成したクラスタで集計を行い、各クラスタの特徴を解釈

▶ k-means最適クラスタ数の探索

　それではk-meansで利用する最適なクラスタ数を探索していきましょ
う。まずは、クラスタリングに使用する項目をuse_listとしてリストで整
理し、それを利用して必要な項目だけを抽出したデータフレームを作成
します。また、店舗IDはクラスタリングする際の情報としては使用しま
せんが、クラスタリングの結果を解釈する際、どの店舗IDがどのクラス
タだったかを識別しやすくするため、indexに指定しています。

```python
from sklearn.preprocessing import MinMaxScaler  # 正規化用のライブラリ

# クラスタリングに使う列に限定
use_list = ['店舗ID', '19歳以下_割合', '20代_割合', '30代_割合', '40代_割
合', '50代_割合', '60代_割合', '70代_割合', '80歳以上_割合', '女性_割合', '男
性_割合']

# クラスタリングに必要な列に限定したデータフレームを作成
df_clustering = df_tenpo_shuyaku_gd[use_list]

# 店舗IDはindexにする
df_clustering = df_clustering.set_index('店舗ID')
```

　次に、先ほど述べたように、k-meansではクラスタ内のデータポイント
同士の距離を最小化するようなグループ分けを行います。この距離の計
算は、クラスタリングに使用する変数（項目）の値を用いるため、変数間
の尺度に差があると値の大きい変数に結果が引っ張られることなります。
そのため、クラスタリングに使用する変数について、尺度を揃える必要が
あります。

　尺度を合わせるためには正規化という変換処理を行うことが一般的で
す。今回利用するデータは割合のみの変数のため正規化するか迷うとこ
ろですが、ある変数の割合が極端に高いなど偏りがあることも考えられ
るため、今回は正規化をすることにします。判断に迷う場合は基本動作と

して正規化をすることをおすすめします。

　今回はMinMaxScalerという機能を用いて、各列が0から1の範囲に収まるように正規化の変換処理を行っていきます。

```
# 正規化
scaler = MinMaxScaler()
df_clustering[df_clustering.columns] = scaler.fit_transform(df_clust
ering[df_clustering.columns])
```

　正規化が完了したら、クラスタ数を探索するため、クラスタ数を1から9までの9パターンについてクラスタリングを行っていきます。9つのクラスタリングパターンを実行するためには、第2章で学んだforループとrange関数を組み合わせます。range関数は、指定した範囲内の整数の連続したシーケンス（整数の連続した一連の値）を生成します。以下のように記述することで、クラスタ数が1から9までの範囲でクラスタリングを連続して実行できます。

```
# クラスタリングの評価指標（Inertia）の値を格納するリスト
inertia_values = []

# クラスタ数(k)の範囲を指定
k_range = range(1, 10)

for k in k_range:
    kmeans = KMeans(n_clusters=k, random_state=42) # クラスタ数などを指
定
    kmeans.fit(df_clustering)  # データに対してK-meansクラスタリングを実行
    inertia_values.append(kmeans.inertia_)  # Inertia（クラスタ内の平方
誤差）をリストに追加
```

　前述のソースコードでは、クラスタ数kが1から9までの9パターンについてクラスタリングを行い、それぞれのクラスタ内誤差平方和（inertia_values）を保存しています。

　最初にkmeans ＝ KMeans(n_clusters=k, random_state=42)で、どんな設計でクラスタリングを行うかを指定しています。n_clustersはクラスタの数、random_stateは乱数シードです。乱数シードとは、機械学習などでランダム性が絡む処理において、再現性を確保するためのパラメータです。詳細な説明はここでは割愛しますが、k-meansを含む多くの機械学習は乱数シードを指定しない場合、実行の度に出力結果が変わることがあります。一方で、ビジネスにおけるデータ分析では結果の再現性（いつ誰が実行しても同じ結果が出ること）が求められることが多いため、特別な理由がない限り乱数シードは固定しておくとよいでしょう。

　kmeans.fitでは、設計した値でクラスタリングを実行（モデルの学習）しています。モデルを学習すると、kmeans.inertia_の中に作成したモデルのクラスタ内誤差平方和が格納され、それをinertia_valuesというlistに追加（append）しています。

　それでは得られた9パターンのクラスタ内誤差平方和を利用してエルボープロットを作成してみましょう。

```
# エルボープロットを作成
plt.plot(k_range, inertia_values, marker='o')
plt.xlabel('Number of Clusters (k)')
plt.ylabel('Inertia')
plt.title('Elbow Method for Optimal k')
plt.show()
```

●図7：エルボー法の結果

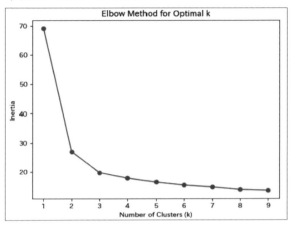

　図は、クラスタ数が1から9までのクラスタ内誤差平方和（inertia_values）の結果をグラフ化したものになります。縦軸はクラスタ内誤差平方和、横軸はクラスタ数kを示しています。グラフの形が肘（エルボー）の形に似ていることから、エルボー法という名前がついています。クラスタ内誤差平方和の減少速度が鈍化するラインがクラスタ数kの目安でしたので、今回の場合はk=3（クラスタが3つ）がよさそうです。

▶ k-meansモデルの作成と評価

　適切なクラスタ数が3と分かりましたので、次に、クラスタ数を3として、クラスタリングを実施し、結果の可視化を行います。

```
# K-meansクラスタリング
kmeans = KMeans(n_clusters=3, random_state=42)

# df_clusteringにクラスタリング結果をつけたデータを作成
df_result_clustering = df_clustering.copy()
df_result_clustering['店舗クラスタ'] = kmeans.fit_predict(df_clustering)
```

```
# クラスタを1から始まる数値にする
df_result_clustering['店舗クラスタ'] = df_result_clustering['店舗クラス
タ'] + 1
```

　前出のコードでは、k=3でクラスタリングを行い、その結果を元のデータに追加したデータフレーム（df_result_clustering）を作成しています。KMeans(n_clusters=3, random_state=42)でクラスタリングの設計をし、kmeans.fit_predictで各レコードに対するクラスタ番号を求めています。作成されたクラスタ番号（グループ）は0から順に番号が振られるため、1を足すことでクラスタの番号が1から始まるように変更しています。

　続いて、クラスタリングがうまくいっているかを視覚的に確認するため、主成分分析を使って可視化を行っていきたいと思います。主成分分析とは、多次元（3つ以上の変数）について、元のデータの情報をできるだけ損なわずに次元を減らす手法です。縦軸と横軸はなるべく相関がないようにつくられるため、可視化した平面上の距離が遠いほど、性質が異なると解釈できます。今回のように多次元の特徴を2次元で可視化したい場合などにとても便利です。PCA(n_components=2)で、データセットを2次元に削減するためのPCAクラスのインスタンスを作成しています。また、pca.fit_transform(df_clustering)で、データセット「df_clustering」に主成分分析を実施しています。

　それでは主成分分析を実行し、その結果を可視化していきましょう。

```
# 主成分分析　　※可視化の軸として使用
pca = PCA(n_components=2)
pca_result = pca.fit_transform(df_clustering)

# 可視化
plt.figure(figsize=(10, 6))
colors = ['red', 'green', 'blue'] # 色を指定
markers = ['^', 's', 'x']  # マークの形状を指定
```

```
for i in range(3):
    cluster_data = pca_result[df_result_clustering['店舗クラスタ'] ==
i+1]
    plt.scatter(cluster_data[:, 0], cluster_data[:, 1], label=f'Clus
ter {i+1}', color=colors[i], marker=markers[i])

plt.title('クラスタリング結果の可視化')
plt.xlabel('主成分1')
plt.ylabel('主成分2')
plt.legend()
plt.show()
```

●図8：クラスタリング結果の可視化

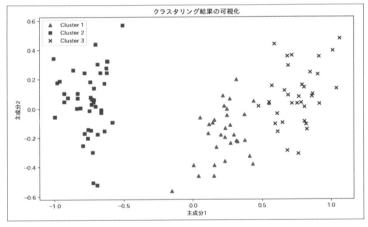

　クラスタリング結果としては、同じクラスタ同士（同じ色の点）が近く
に固まっているほど、うまくグループ分けができていると解釈できます。
　図を確認すると、3つのマークがそれぞれ近くに固まっているため、今
回のクラスタリング結果は良好と考えられます。それぞれのクラスタが
どんな特徴をもっているかは、この後確認していきます。
　また、クラスタリングを評価する他の指標として、シルエットスコアが
あります。シルエットスコアは、−1から1の間の値をとる指標で、1に近

いほどクラスタリングの性能が良いといえます。絶対的な基準値はあり
ません が、経験上0.2を超えると標準的、0.5を超えるとよいクラスタリン
グであることが多いです。ただし、理論の裏付けがある基準値ではないの
で、あくまで参考値としてご参照ください。silhouette_score()で、引数で
設定したデータフレームやクラスタのラベル情報（今回は「店舗クラス
タ」）を用いてシルエットスコアを算出しています。

　それではソースコードを実行して結果を見てみましょう。

```
# クラスタリングの評価
from sklearn.metrics import silhouette_score

# シルエットスコアの計算
silhouette_avg = silhouette_score(df_clustering, df_result_clusterin
g['店舗クラスタ'])
print(f'Silhouette Score: {silhouette_avg}')
```

●図9：シルエットスコア

```
Silhouette Score: 0.39774304376106906
```

　実行結果を確認すると、今回のシルエットスコアは0.4程度なので、ま
ずまずのクラスタリングといえます。

▶ クラスタリング結果の解釈

　先ほどの評価のように適切なクラスタリングが実施できたようですが、
クラスタリング結果をうまく業務で活用するためには、各クラスタがど
のようなグループになっているか、解釈をする必要があります。クラスタ
リング前のデータに対して、クラスタリングの結果をマージし、結果を確
認していきましょう。

　その後、各店舗クラスタで売上減少に関する傾向がないかを確認する

ため、対前年売上増減の平均と、店舗IDをカウントすることで店舗数を算出して確認します。

```
# 元データとのマージのため、店舗IDはindexから列に戻す
df_result_clustering = df_result_clustering.reset_index()

# クラスタリング前のデータにクラスタリング結果をマージ
df_add_cluster = pd.merge(df_tenpo_shuyaku_gd,
                          df_result_clustering[['店舗ID','店舗クラスタ
']], # 店舗ID、店舗クラスタのみ抽出
                          on='店舗ID', how='left')

# クラスタごとに対前年売上増減平均、店舗数を算出
df_add_cluster.groupby('店舗クラスタ').agg({'対前年売上増減_2023': 'mea
n','店舗ID': 'count'}).rename(columns={'対前年売上増減_2023': '対前年売上増
減（平均）', '店舗ID': '店舗数'})
```

● 図10：クラスタ別 店舗数・対前年売上増減

店舗クラスタ	対前年売上増減（平均）	店舗数
1	5.771075e+07	32
2	-4.568052e+08	44
3	-3.109476e+07	34

　図から、クラスタ1は売上増加、クラスタ2は売上が大きく減少、クラスタ3は売上がやや減少であることがわかります。今回のクラスタリングでは、各店舗の顧客層に関するデータのみを使用したため、売上減少の要因が特定の顧客層をもつ店舗であることが示唆されます。クラスタ2は売上減少が大きく、対象となる店舗数も多いため、こちらを着目して分析を進めるとよさそうです。以降では、特に売上減少が大きかったクラスタ2が、どのような店舗なのかについて、集計を通じて確認していきましょう。

まずは、各クラスタの年代・性別の構成比を確認します。

```
# クラスタごとに年代、性別の構成比を確認
pd.pivot_table(df_add_cluster, values=use_list,
                index='店舗クラスタ', aggfunc='mean', margins=True, marg
ins_name='全体')
```

● 図11：クラスタ別 年代・性別

店舗クラスタ	19歳以下_割合	20代_割合	30代_割合	40代_割合	50代_割合	60代_割合	70代_割合	80歳以上_割合	女性_割合	男性_割合
1	0.007584	0.173166	0.266826	0.216620	0.160648	0.106756	0.050991	0.017409	0.543846	0.456154
2	0.007332	0.050837	0.153446	0.290337	0.290762	0.138698	0.051119	0.017470	0.596474	0.403526
3	0.007094	0.213191	0.290069	0.200608	0.117141	0.100025	0.053351	0.018521	0.347626	0.652374
全体	0.007332	0.136606	0.228658	0.241158	0.199246	0.117452	0.051772	0.017777	0.504247	0.495753

valuesに設定したuse_listは先ほどクラスタリングに使用した項目であり、年代と性別の項目が含まれています。出力結果である図を確認してみると、以下の特徴が確認できます。

> クラスタ1：年代・性別ともに全体の構成比に近い
> クラスタ2：女性割合が高く、40代・50代の割合が高い
> クラスタ3：男性割合が高く、20代・30代の割合が高い

次に、立地や店舗区分を確認します。

```
# クラスタごとに立地・店舗区分の構成比を確認
pd.pivot_table(df_add_cluster,
    values=['店舗区分_大型','店舗区分_中型','店舗区分_小型','立地_中心部','立地
_郊外'],
    index='店舗クラスタ', aggfunc='mean', margins=True, margins_name='
全体')
```

● 図12：クラスタ別 立地・店舗区分

	店舗区分_中型	店舗区分_大型	店舗区分_小型	立地_中心部	立地_郊外
Shop_Cluster					
1	0.187500	0.718750	0.093750	1.000000	0.000000
2	0.522727	0.000000	0.477273	0.000000	1.000000
3	0.705882	0.117647	0.176471	0.029412	0.970588
全体	0.481818	0.245455	0.272727	0.300000	0.700000

　店舗区分や立地はクラスタリングの変数に入れていませんが、分布に差がみられます。これは立地や店舗区分によって顧客層が異なることを示唆しています。各クラスタの特徴は以下の通りです。

> クラスタ1：中心部の店舗のみで、大型店舗の割合が高い
> クラスタ2：郊外の小型・中型の店舗で、他クラスタと比較して小型店舗の割合が高い
> クラスタ3：郊外の店舗中心で、中型店舗の割合が高い

　それでは今後の報告などに備えてこれまでの分析結果について分析ワークシートに記入しておきましょう。

● 表：分析内容および結果の整理（分析ワークシート「4.データ分析」）

No	分析テーマ	分析条件	分析内容	分析結果（精度など）	ネクストアクション
1	k-means最適クラスタ数の探索	■データ：クラスタリング用データ ■スコープ ・2022年、2023年の開店・閉店店舗は除外 ・顧客年齢などの情報は2023年12月31日時点 ■アルゴリズム：k-means	・クラスタ数は1〜9で探索 ・その他のパラメータはデフォルト値を使用 ・エルボー法でクラスタリング結果を評価	・k＝3を超えると、クラスタ内誤差平方和の減少速度が鈍化する	k＝3に固定してクラスタリングを実行
2	k-meansモデル作成と評価	■データ：クラスタリング用データ ■スコープ ・2022年、2023年の開店・閉店店舗は除外 ・顧客年齢などの情報は2023年12月31日時点 ■アルゴリズム：k-means	・クラスタ数は「k-means最適クラスタ数の探索」の分析結果を利用 ・その他のパラメータはデフォルト値を使用 ・グラフやシルエットスコアで評価	・シルエットスコアは0.4程度と一定の精度	各クラスタの特徴を調べる
3	クラスタリング結果の解釈	■データ：クラスタリング用データ ■スコープ ・2022年、2023年の開店・閉店店舗は除外 ・顧客年齢などの情報は2023年12月31日時点	・作成したクラスタで集計を行い、各クラスタの特徴を解釈	・クラスタ2の対前年売上の減少額が大きい ・各クラスタの特徴は以下の通り クラスタ1：中心部の大型店舗が多く、顧客層は全体の構成比に近い クラスタ2：郊外の小型・中型の店舗で他クラスタと比較して小型店舗が多く、女性、40・50代の割合が高い クラスタ3：郊外の中型店舗が多く、男性、20・30代の割合が高い	各クラスタの特徴を整理し、報告書を整理

4▶5 分析結果を整理・活用しよう（分析フェーズ5）

　ここまでクラスタリングを用いて顧客層で店舗のグループ分けをするとともに、特定のクラスタで売上の減少状況などの傾向がないかを確認してきました。結果として次のことが分かりました。

・クラスタによって対前年売上増減の平均値は大きく異なる。特にクラスタ2の対前年売上の減少額が大きく、対象店舗数も多い。

・クラスタリングは店舗の顧客層をベースに実施したが、クラスタ結果の特徴を見ると店舗区分や立地に差が生じた。そのため、店舗区分や立地により、顧客層が異なる可能性が高い。

・各クラスタの特徴は以下の通り
　　クラスタ1：中心部の大型店舗が多く、顧客層は全体の構成比に近い
　　クラスタ2：郊外の小型・中型の店舗で他クラスタと比較して小型店舗が多く、女性、40・50代の割合が高い。対前年の売上減少が大きい。
　　クラスタ3：郊外の中型店舗が多く、男性、20・30代の割合が高い

　分析結果からクラスタ2に所属する店舗に着目して、なぜ売上減少店舗が多いのか原因の特定に向けた深掘り分析を進めていくことを提案することにしました。また、同じクラスタに所属する店舗は、顧客層などの条件面が近い店舗と言えますので、クラスタ2に所属する店舗を対象に好調な店舗と低調な店舗を比較することで、好調な店舗の特徴を横展開するなどの対策の検討にも役立てられそうです。

　3章で実施した内容も含めて分析結果を次の表のとおり整理しました。

● 表：分析結果や考察、提案の整理（分析ワークシート「5.分析結果の活用」）

No	分析結果（事実）	考察	提案	採否	優先度	備考
1	■可視化（3章）による分析結果 ・ロジックツリーによる整理の結果、既存顧客の1顧客あたり来店数が売上減少の主因 ・売上減少が大きい顧客の特徴は女性や40・50代 ・商品カテゴリは顧客や店舗ほど大きな傾向はない（「ホビー・アウトドア」「家電製品」で若干の減少傾向） ・売上減少の大きい店舗は、郊外の小型・中型店舗	特定の条件の店舗で売上が減少しており、顧客層の違いが売上に影響している可能性がある	店舗を顧客層で分類し、何かしら売上減少店舗のパターンがないかを確認する	○	-	4章で追加分析を実施済
2	■クラスタリング（4章）による分析結果 ・店舗の顧客層をベースにクラスタリングしたところ、3つのクラスタが作成された ・クラスタごとに対前年売上増減が大きく異なり、特にクラスタ2の売上減少が大きい ・クラスタ2は郊外の小型・中型の店舗で他クラスタと比較して小型店舗が多く、女性、40・50代の割合が高い	クラスタ2の店舗（郊外の小型・中型店舗、メイン顧客が女性、40代・50代）に売上減少の原因がある可能性が高い	クラスタ2の店舗について、なぜ売上減少が多いのか深掘り分析することで売上減少の原因の特定を進める	○	-	

　整理した結果を踏まえて経営企画部門に報告したところ、こちらからの提案の通り「クラスタ2の店舗で、なぜ売上減少が多いのか」について、深掘り分析することで売上減少の原因の特定を進めることを依頼されました。

　これで3章から進めた「課題の絞り込み」に関する分析は終了です。お疲れさまでした。次の章では課題の深堀りの仕上げとして、機械学習を活用した「原因の特定」を進めていきましょう。

## 第5章

「原因の特定」を進めよう（決定木）

5▶0　準備

　3章および4章では、売上減少というビジネス課題を抱えている家電量販店A社を題材に、どこで特に売上減少しているのかという「課題の絞り込み」を目的としたデータ分析に取り組みました。具体的には、まずは3章で可視化を用いて売上減少の傾向をつかむとともに、4章ではクラスタリングという手法を使いながら分析を進めた結果、クラスタ2の店舗において特に売上減少が大きいことを突き止めました。しかし、なぜクラスタ2の店舗は売上減少が大きいかについては分かっていない状況です。

　そこで5章では、クラスタ2の店舗にフォーカスして「なぜ該当の店舗で売上減少が減少しているのか」を明らかにすべく「原因の特定」を進めていきます。A社のように幅広いエリアに多くの店舗を出店しているようなビジネスのデータ分析をした場合、全データ（全店舗）を対象にして分析をすると、売上減少の要因が見えづらいことがあります。
　例えば、郊外の店舗では女性の売上が減少しているが、中心部の店舗では男性の売上が減少しており、それぞれ要因が異なるといったことがある場合、全店舗で基礎集計をしてしまうと、それぞれが傾向を打ち消しあって差が見えづらくなることがあるためです。そのため、本章では顧客層が似ていると考えられるクラスタ2の店舗にデータを限定して分析を行っていきます。

　3章および4章までは、各要素（年齢、性別など）と売上減少の関係性を1対1で可視化して検証しましたが、この章では複数の要素を組み合わせた分析を行います。具体的には、売上減少額が閾値よりも大きいかどうかを目的変数とした分類モデルを構築し、その説明変数を見ることで売上減少の要因の当てをつけます。分類モデルはいくつか方法があります

が、今回は解釈性が大事かつ説明変数間の組み合わせも考慮したいことから、決定木という手法を用いることとします。目的に応じた手法の使い分けについては、この章を含めて、本書で具体事例とともにいくつかを取り扱いますので、取り組む中で感触をつかんでいただければと思います。

●図1：今回対象とする課題解決フェーズ

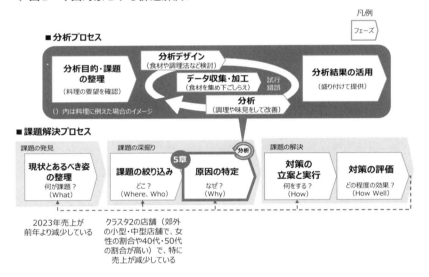

あなたが置かれている状況

前章では、クラスタリングを用いて顧客層で店舗のグループ分けをするとともに、特に売上が減少しているクラスタがないかなどを確認してきました。結果として次のことが分かりました。

・クラスタによって対前年売上増減の平均値は大きく異なる。特にクラスタ2の対前年売上の減少額が大きく、対象店舗数も多い。

・クラスタリングは店舗の顧客層をベースに実施したが、クラスタリング結果の特徴を見ると店舗区分や立地に差が生じた。そのため、店舗区

分や立地により、顧客層が異なる可能性が高い。

・各クラスタの特徴は以下の通り
　クラスタ1：中心部の大型店舗が多く、顧客層は全体の構成比に近い
　クラスタ2：郊外の小型・中型の店舗で他クラスタと比較して小型店
　　　　　　　舗が多く、女性、40・50代の割合が高い。対前年の売上減
　　　　　　　少が大きい。
　クラスタ3：郊外の中型店舗が多く、男性、20・30代の割合が高い

　分析結果からクラスタ2に所属する店舗に着目して、なぜ売上減少店舗
が多いのか原因の特定に向けた深掘り分析を進めることを経営企画部門
に提案したところ、提案が承認され、引き続きあなたが先輩とともにこの
依頼に取り組むことになりました。それでは原因の特定に向けて分析を
進めていきましょう。

▶ 先輩からのアドバイス

　3章や4章では課題の絞り込みに向けて「どこで、特に課題が発生して
いるのか(Who、Where)」といった観点で分析を進めました。課題の絞り
込みが十分に進みましたら、次は「なぜ、該当のポイントで課題が発生し
ているのか(Why)」といった観点で原因の特定に向けた分析を進めてい
きます。

　課題の深掘りに向けた分析では試行錯誤が多いため、分析に夢中に
なってしまい何を目的とした分析をしているのか見失いがちですが、こ
のように「どこ」から「なぜ」へと段階的に課題を深掘りしていく意識を
持つことは大事ですので覚えておきましょう。

　なお、3章から5章では分かりやすいように「課題の絞り込み」と「原因
の特定」を別の分析プロセスとして実施していますが、必ず分割しなけれ
ばいけないというルールはありません。慣れてきたら課題の絞り込みと
原因の特定を一つの分析プロセスとして試行錯誤しながら進めるなど、

応用的に取り組んでいくと良いでしょう。

　原因の特定に向けた分析としては、3章で実施したように原因の仮説を有識者と整理した上で可視化などを用いて検証を進めるアプローチも有効ですが、4章のように統計モデリングや機械学習を活用して機械的に事象の特徴を捉えていくアプローチも考えられます。そこで5章では機械学習を活用して原因の特定を進めていきたいと思います。

　モデルの構築で利用する手法選択における一つの判断ポイントとして、**モデルの解釈性**があります。統計モデルや機械学習モデルは、モデルの特徴を人間が直感的に理解しやすい解釈性の高いものと、そうでないものがあります。さらに、複数のモデルを組み合わせて1つのモデルにするアンサンブル学習という手法（勾配ブースティング木など）も存在しますが、このような手法は解釈性が低くなる傾向があります。

　一方で、解釈性の低い手法の方がモデルが複雑になる分、より予測したい事象を捉えた予測精度が高いモデルとなることが多く、使用目的に応じて適切な手法を選択する必要があります。今回は原因の特定に役立てるということもあり、解釈性の高い手法の1つである**決定木**を利用したいと思います。

　決定木を利用することで、目的変数（原因）の特徴を表すような説明変数のパターンをデータから自動で抽出するとともに、ツリー構造で可視化することで「AがXXで、かつ、BがXXの場合に売上が減少している」など、直感的に分かりやすい形式で状況を確認することができますので、後ほど確認していきましょう。

　なお、勾配ブースティング木などモデルの構造自体を理解するのが難しい、解釈性の低い手法であってもSHAPなどの手法を利用することで一定のモデルの解釈は可能です。そちらは6章で解説します。

　なお、機械学習などを利用して機械的に特徴を捉える手法はとても便利ですが、モデルから得られた傾向をそのまま因果関係と捉えることは

危険です。例えばモデルから「店員数が多いほど、売上が増加する」という結果が得られた場合、店員数を増やしたら売上が増加するというとそうとは限りません。例えば、第三の因子として店舗規模があり、大型店舗ほど品揃えがよいので売上が増加しているということかもしれません。また、3章で触れましたように、入力したデータにバイアスがある場合は偏った結果となっている可能性もあります。出力された傾向を鵜呑みにするのではなく、有識者等と議論をして人の目で妥当な結果なのかを判断する姿勢が重要になりますので留意しましょう。

5▶1 分析の目的や課題を整理しよう（分析フェーズ1）

　3章および4章では「課題の絞り込み」に向けた分析を進めることで「クラスタ2の店舗（郊外の小型・中型店舗で、女性の割合や40代・50代の割合が高い）で、特に売上が減少している」ことを突き止めました。そこで、5章ではクラスタ2に所属する店舗に着目して、なぜ売上減少店舗が多いのか原因の特定に向けた深掘り分析を進めていきましょう。

● 表：課題解決フェーズの状況と貢献ポイント（分析ワークシート「1.分析目的・課題の整理」）

課題の発見			課題の深掘り	
現状とあるべき姿の整理			課題の絞り込み	原因の特定
現状	改善したい指標	あるべき姿	どこで課題が発生しているか	なぜ課題が発生しているか
・2023年の売上は2022年に比べて減少。 ・競合他社は微増または横ばい。自社固有の原因による売上減少が考えられ、対策が必要。	売上	2022年の水準に売上が回復	クラスタ2の店舗（郊外の小型・中型店舗で、女性の割合や40代・50代の割合が高い）で、特に売上が減少している	不明確 →分析で明らかにする

5▶2 分析のデザインをしよう（分析フェーズ2）

　それでは分析のデザインを進めていきます。分析ワークシートを利用しながら、分析概要や分析スコープなどを整理していきましょう。

▶ 分析方針の整理

　まずは分析方針を整理していきましょう。分析目的としては5-1の整理結果から「クラスタ2の店舗について、なぜ売上減少が大きいのかの原因を特定する」としました。

　続いて分析概要ですが、原因の特定の方法としては、有識者の仮説をベースに、可視化や統計的仮説検定などで仮説の検証を行う方法もありますが、機械学習を利用して機械的に事象の特徴を捉えていくアプローチを利用してみたいと思います。具体的には、クラスタ2に所属する店舗をマイ店舗として登録した（最もよく使う店舗として登録した）顧客を対象に、対前年で売上が特に減少している顧客を予測するモデルをつくり、モデルに使用されている説明変数を解釈することで、売上減少の仮説を立てるのに役立てていこうと思います。

　分析手法としては、先輩のアドバイスを踏まえ解釈性の高い機械学習手法の1つである決定木を利用したいと思います。

　分析スコープは前章と同様、2022年1月1日〜2023年12月31日までの期間を対象として分析を行います。ただし、データはクラスタ2の店舗ならびに、クラスタ2の属する店舗をマイ店舗登録している顧客に限定するものとします。

●表：分析方針の整理（分析ワークシート「2.分析デザイン」）

検討項目		備考
分析目的	クラスタ2の店舗について、なぜ売上減少が大きいのかの原因を特定する	
分析概要	クラスタ2に所属する店舗をよく利用する店舗としてマイ店舗した顧客を対象に、対前年で購買金額が大きく減少しているかどうかを予測するモデルを構築し、売上減少の要因を明らかにする	
分析手法	モデル化（2値分類）	
分析スコープ・条件	2022年1月1日〜2023年12月31日までのデータを対象とする クラスタ2の店舗およびクラスタ2の属する店舗をマイ店舗登録している顧客	

▶ モデル方針の整理

　続いてモデル方針の整理です。決定木は分類問題に使用できるモデルの1つです。目的変数を一番うまく分類できる説明変数や閾値を探索した上で、その条件で分類を繰り返していくことで、ツリー構造のような形で目的変数をうまく分類するパターンを見つけることができます。

　決定木は回帰モデルとしても使用することができ、目的変数がカテゴリの場合は分類木、数値の場合は回帰木といいます。今回は**特に売上減少が大きい顧客**」と「**その他の顧客**」という2カテゴリを予測するため、分類木となります。決定木は条件分岐をたどっていくと、どんな条件が重なると目的変数（今回は売上減少が大きい顧客）が変化するかがわかるため、要因分析に使用されることがありますので今回利用していきましょう。なお今回のように2つに分類するものを「2クラス分類」、3つ以上に分類するものを「多クラス分類」と言いますので覚えておきましょう。

　また、目的変数は「特に売上減少が大きい顧客」かどうかを設定した項目「target_flg」とします。なお「特に売上減少が大きい顧客」かどうかの判定は、今回は中央値を利用したいと思いますが、理由は後ほど5-3で解

189

説します。また評価指標は、解釈のしやすい正解率（Accuracy）とします。

● 表：モデル方針整理（分析ワークシート「2.分析デザイン」）

検討項目		備考
分析モデル	決定木	Criterion（分岐の基準）はジニ係数
目的変数	target_flg（売上減少が特に大きいかどうか）	売上増減が中央値よりも小さい場合1を設定（中央値を使用する理由は後述）
評価指標	正解率（Accuracy）	

▶ 仮説の整理

　モデル作成においては目的変数の特徴をうまく表現する説明変数を整理できるかが重要なポイントの一つになります。機械学習モデルを用いる場合はある程度自動的に説明変数を選択できますが、説明変数候補となるデータを取得するためにはコストがかかるなどのデメリットもあるため、やみくもに変数を候補にあげることは得策ではありません。仮説を整理してそちらから有力な説明変数の候補を見つけていくことが効果的です。仮説整理の方法としては、該当領域の有識者の経験や知見を活用して整理する方法や、自分が予測したい事象の状況に置かれた場合を仮定して想像してみることが有効です。

　また、今回の分析のゴールは、売上減少を防ぐための施策を打つことですので、仮説の要素としてコントローラブルな要素も含めるように留意するなど、その先の施策展開を見据えた視点を忘れないように意識しながら仮説の整理を進めていくようにしましょう。

　今回は店舗クラスタ2で売上減少店舗が多い理由（原因）について、有識者へのヒアリングや、自身がその場面になったと仮定してアイディアを出した結果、次の表のような仮説や必要なデータが整理されました。

● 表：仮説の整理（分析ワークシート「2.分析デザイン」）

No	仮説	必要なデータ	検証優先度	備考
1	顧客の属性、過去の購買状況（製品カテゴリ別売上など）により変わるのでは	顧客売上内訳データ	1	
2	クーポン利用状況により変わるのでは	顧客売上内訳データ、クーポン利用状況データ	1	
3	ポイント失効状況により変わるのでは	顧客売上内訳データ、ポイント失効状況データ	2	有識者の間で見解が分かれたため優先度を2に設定
4	店舗ごとの従業員満足度により変わるのでは	顧客売上内訳データ、店舗従業員データ	2	有識者の間で見解が分かれたため優先度を2に設定

▶ データの整理

　続いて、仮説の整理の中で洗い出したデータの入手に向け、必要なデータの概要や項目、抽出条件等の整理を進めます。データの入手に時間がかかるケースも想定して優先度も整理しておくとよいでしょう。必要なデータの具体化が進んだら、データを管理している組織等と、データ利用可否や入手見込み時期等について調整を進めます。

　決定木を使うためには、まず分析の粒度（レコード単位）を決める必要があります。今回は、どんな顧客の売上が大きく減少したかを調べたいので、分析の粒度は顧客とするのがよいでしょう。ただし、1人の顧客が複数の店舗で買い物をされることがあるため、今回は顧客の売上データはマイ店舗として登録した店舗に限定をしておきます。

　今回は次の表のように整理しました。

5

「原因の特定」を進めよう（決定木）

● 表：データの整理（分析ワークシート「2.分析デザイン」）

No	必要なデータ	データ概要	抽出項目	抽出条件	データの期間・断面	優先度	備考（入手先、状況など）
1	顧客売上内訳データ	顧客ごとの商品カテゴリ（部門）別の売上状況	顧客ID、マイ店舗ID、性別、生年月日、商品カテゴリ別購入割合など	・入会年月が2021年以前 ・2022年購買金額合計が0より大きい ・クラスタ2に属する店舗 ・顧客単位	2022年末時点および2023年末時点	1	システム管理部門。X月X日頃に入手予定。
2	クーポン利用状況データ	顧客ごとのクーポン利用状況	顧客ID、配信回数、利用回数、利用率	・入会年月が2021年以前 ・2022年購買金額合計が0より大きい ・クラスタ2に属する店舗 ・顧客単位	2022年末時点	1	システム管理部門。X月X日頃に入手予定。
3	ポイント失効状況データ	顧客ごとのポイント失効状況	顧客ID、失効ポイント合計、失効ポイント回数	・入会年月が2021年以前 ・2022年購買金額合計が0より大きい ・クラスタ2に属する店舗 ・顧客単位	2022年末時点	2	システム管理部門。X月X日頃に入手予定。
4	店舗従業員データ	店舗従業員に関するデータ	店舗ID、従業員ID、給与、雇用開始日、満足度スコア	・クラスタ2に属する店舗 ・従業員単位	2022年末時点	2	人事部門。X月X日頃に入手予定。

▶ 成果物の整理

　分析した結果の成果物を整理して、ステークホルダと合意します。せっかく作成した成果物（分析報告書など）が活用されずにお蔵入りにならないよう、成果物の整理では、どのような成果物を作るのかという点と合わせて、その成果物が、いつ、どのような意思決定に貢献するのか、誰がどのように利用するのかなど、5W1Hを意識しながら可能な限り具体的に整理することをお勧めします。

　今回は作成した分類モデルと、その解釈結果を整理した資料を提出す

ることにしました。

● 表：成果物の整理（分析ワークシート「2.分析デザイン」）

No	成果物	概要	成果物の活用方法
1	分類モデル	特に購買金額の減少が大きい顧客を予測するモデル	分析モデルから売上減少の特徴を捉えて、原因の特定に活用する
2	分析報告書	分類モデルから得られた売上減少が大きくなる条件および考察	報告を踏まえて経営企画部門にて対応案を整理し、関係部と合意を取る（X月まで）

5▶3 | データの収集・加工を進めよう（分析フェーズ3）

　決定木モデルを作成するにあたり、まずは分析データを整える必要がありますので、準備を進めていきましょう。

▶ 分析データの仕様を整理しよう

　決定木モデルで原因の特定を行うためには、「**どんな事象の原因を調べたいか**」と「**原因の候補としてどんな情報を使うか**」に応じて、使用データを決めていきます。前者（調べたい事象）のことをモデルの「**目的変数**」、後者（事象の原因）のことを「**説明変数**」と呼びますので、覚えておきましょう。

　今回は、売上減少が大きい顧客とそうでない顧客の違いを調べるため、顧客単位のデータとする必要があります。原因の候補としては、先ほど整理した4つの仮説を検証するため、顧客売上内訳データをベースに、顧客ごとのクーポン利用状況、ポイント失効状況、（マイ店舗の）店舗従業員データを紐づけて、モデル作成で利用したいと思います。また、今回はクラスタ2に属する店舗の深掘り分析を行う意図でしたので、顧客データはマイ店舗（最もよく利用する店舗）がクラスタ2の店舗の顧客に限定して、分析を進める方針とします。簡単にまとめると次のようなデータになります。

●表：分析データ仕様の整理（分析ワークシート「3.データ収集・加工」）

No	分析データ名	分析データ概要	利用データ	データ結合・集計条件
1	分類モデル用データ	顧客売上内訳データにクーポン利用状況やポイント失効状況、マイ店舗の従業員データを結合したデータ	・顧客売上内訳データ ・クーポン利用状況データ ・ポイント失効状況データ ・店舗従業員データ	顧客売上内訳データに顧客単位でモデルで利用したい情報を持つデータ（クーポン利用状況、ポイント失効状況、店舗従業員）を紐づけて作成 顧客IDで左結合 → クーポン利用状況データ 顧客売上内訳データ 顧客IDで左結合 → ポイント失効状況データ 店舗IDで左結合 → 店舗従業員データ

▶ 分析データの前処理を進めよう

それでは決定木モデル作成に必要な分析データの準備を進めていきましょう。

まずはGoogle Driveにアクセスして5章のフォルダに入っているサンプルコードを開きましょう。サンプルコードのファイルは2つがあります。自分でコーディングしてみたい人は「5_決定木.ipynb」を、既にコードが入力されたファイルを実行しながら読み進めたい方は「5_決定木_answer.ipynb」をダブルクリックして起動しましょう。

ファイルのパスについては2章で解説しましたように、秀和システムのサポートページからダウンロードしたファイルを解凍した上で、Google Driveのマイドライブ直下にアップロードした前提で記載しています。もし別のフォルダにアップロードした場合は接続先のgoogle driveのパスを変更してください。

まず必要なライブラリをインストールしましょう。sweetvizというライブラリは本章から登場するライブラリのため、後ほど概要を説明します。

```
!pip install japanize-matplotlib
!pip install sweetviz
```

　次に、まずライブラリをインポートした上で、Google Drive に接続して、必要なデータを読み込んでいきます。これまでの章と同様にソースコードを実行すると Google Drive への接続の許可を求める画面が表示されますので、許可をしましょう。

```
import pandas as pd
import matplotlib.pyplot as plt
import japanize_matplotlib
from sklearn.preprocessing import MinMaxScaler
from sklearn.cluster import KMeans
from sklearn.decomposition import PCA
from sklearn.metrics import silhouette_score

# Google Driveと接続を行います。これを行うことで、Driveにあるデータにアクセスでき
るようになります。
# 下記セルを実行すると、Googleアカウントのログインを求められますのでログインしてくだ
さい。
from google.colab import drive
drive.mount('/content/drive')

import os
# 作業フォルダへの移動を行います。
# もしアップロードした場所が異なる場合は作業場所を変更してください。
os.chdir('/content/drive/MyDrive/DA_WB/5章/data') #ここを変更
```

　続いて、必要なデータを読み込んでいきます。

```
# 顧客売上内訳データの読込
df_customer = pd.read_csv('顧客売上内訳データ.csv',encoding='SJIS')

# クーポン利用状況データの読込
df_coupon = pd.read_csv('クーポン利用状況データ.csv',encoding='SJIS')

# ポイント失効状況データの読込
df_point_expire = pd.read_csv('ポイント失効状況データ.csv',encoding='SJI
S')
```

```
# 店舗従業員データの読込
df_employee = pd.read_csv('店舗従業員データ.csv',encoding='SJIS')
```

　データの読み込みが完了したら説明変数の確認をしていきます。なお、本章では割愛しますが、余力のある方は読み込んだデータに対して3章で実施したようにheadやinfoを使ったデータの概要把握を実施してみましょう。店舗クラスタ2で売上減少店舗が多い理由（原因）の仮説については分析デザインの中で整理しましたが、下記のような仮説がありました。それぞれの仮説を踏まえてモデルで利用する説明変数を準備していきましょう。

●表：クーポン利用有無の仮説

No	仮説
1	顧客の属性、過去の購買状況（製品カテゴリ別売上など）により変わるのでは
2	クーポン利用状況により変わるのでは
3	ポイント失効状況により変わるのでは
4	店舗ごとの従業員満足度により変わるのでは

◆ 仮説1を踏まえた顧客観点の説明変数の準備

　1つ目の仮説「顧客の属性、過去の購買状況（製品カテゴリ別売上など）により変わるのでは」を踏まえて説明変数の準備をしていきましょう。まずは顧客売上内訳データに収録されている項目を確認します。

● **表：顧客売上内訳データの項目一覧**

項目	概要	備考
顧客ID	顧客ごとにユニークに採番されるID	PK
マイ店舗ID	顧客が最も来店する店舗として選択した店舗のID	店舗従業員データと結合する際のキー
性別	顧客の性別	
生年月日	顧客の生年月日	
入会年月日	会員入会日（＝初回購入日）	
2022年_購買金額合計	顧客の2022年の購買金額合計	
2023年_購買金額合計	顧客の2023年の購買金額合計	
2022年_エンターテインメント・AV機器_購入割合	顧客の2022年の購買金額合計のうち、「エンターテインメント・AV機器」の金額が占める割合	
2022年_コンピュータ・モバイルデバイス_購入割合	顧客の2022年の購買金額合計のうち、「コンピュータ・モバイルデバイス」の金額が占める割合	
2022年_ホビー・アウトドア_購入割合	顧客の2022年の購買金額合計のうち、「ホビー・アウトドア」の金額が占める割合	
2022年_家電製品_購入割合	顧客の2022年の購買金額合計のうち、「家電製品」の金額が占める割合	

　顧客の属性については、前章と同じく年齢や性別を使用できますが、過去の購買状況について少し加工をしていきます。今回のような小売業のデータをする場合、顧客の購入割合に対して、前章で学んだクラスタリングを行うと、「何を目的に店舗に来ているか」という観点で顧客を分類できます。こうした顧客の分類は実際によく行われており、今回のような原因の特定にも役に立つことがあるため、やってみましょう。

```
# df_customerの商品カテゴリの購入割合でクラスタリングを行う

# クラスタリングに使用する項目に限定する
```

```python
use_list = ['顧客ID','2022年_エンターテインメント・AV機器_購入割合','2022年_コ
ンピュータ・モバイルデバイス_購入割合','2022年_ホビー・アウトドア_購入割合','2022
年_家電製品_購入割合']
df_clustering = df_customer[use_list].copy()

# 顧客IDはindexにする
df_clustering = df_clustering.set_index('顧客ID')

# 正規化
scaler = MinMaxScaler()
df_clustering[df_clustering.columns] = scaler.fit_transform(df_clust
ering[df_clustering.columns])

# クラスタリングの評価指標（Inertia）の値を格納するリスト
inertia_values = []

# クラスタ数(k)の範囲を指定
k_range = range(1, 10)

for k in k_range:
    kmeans = KMeans(n_clusters=k, random_state=42) # クラスタ数などを指
定
    kmeans.fit(df_clustering)  # データに対してK-meansクラスタリングを実行
    inertia_values.append(kmeans.inertia_)  # Inertia（クラスタ内の平方
誤差）をリストに追加

# エルボープロットを作成
plt.plot(k_range, inertia_values, marker='o')
plt.xlabel('Number of Clusters (k)')
plt.ylabel('Inertia')
plt.title('Elbow Method for Optimal k')
plt.show()
```

● 図2：エルボー法の結果

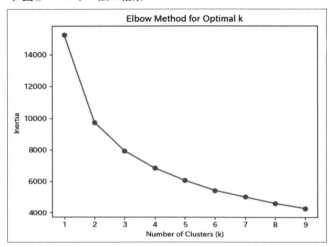

　エルボー法の結果を確認すると、k=3を超えると少し傾きが緩やかにな
るように見えます。kがあまり大きくなると解釈も難しくなるため、k=3
として進めていきましょう。

```
# k = 3 でクラスタリング
k = 3
kmeans = KMeans(n_clusters=k, random_state=42)

# df_clusteringにクラスタリング結果をつけたデータを作成
df_result_clustering = df_clustering.copy()
df_result_clustering['顧客クラスタ'] = kmeans.fit_predict(df_clusterin
g)

# クラスタを1から始まる数値にする
df_result_clustering['顧客クラスタ'] = df_result_clustering['顧客クラスタ
'] + 1

# 主成分分析　※可視化の軸として使用
pca = PCA(n_components=2)
pca_result = pca.fit_transform(df_clustering)
```

```
# 可視化
plt.figure(figsize=(10, 6))
colors = ['red', 'green', 'blue']
markers = ['^', 's', 'x']

for i in range(3):
    cluster_data = pca_result[df_result_clustering['顧客クラスタ'] ==
i+1]
    plt.scatter(cluster_data[:, 0], cluster_data[:, 1], label=f'Clus
ter {i+1}', color=colors[i], marker=markers[i])

plt.title('クラスタリング結果の可視化')
plt.xlabel('主成分1')
plt.ylabel('主成分2')
plt.legend()
plt.show()
```

● 図3：顧客クラスタリング結果の可視化

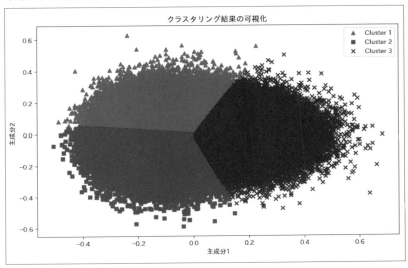

各クラスタがしっかりと分かれている（色やマークが混在していない）

ことが確認できます。4章で算出したシルエットスコアは割愛しますが、もし計算した場合は0.26程度とまずまずの結果となります。

　作成したクラスタについて、各クラスタがどのような顧客かを解釈すべく、各クラスタの購入金額や購入割合を確認してみましょう。なお、「.replace()」は、データフレーム内の特定の値を指定した値に置換する手法です。inplace=Trueとすることで、元のデータフレームの値を置き換えることができます。

```
# 店舗IDはindexから列に戻す
df_result_clustering = df_result_clustering.reset_index('顧客ID')

# df_customerにクラスタをつける
df_customer = pd.merge(df_customer, df_result_clustering[['顧客ID','
顧客クラスタ']], on='顧客ID', how='left')

# 顧客クラスタはカテゴリ値として扱うため、文字型とする
df_customer['顧客クラスタ'].replace({1: '1', 2: '2', 3: '3'}, inplace=T
rue)

# 各クラスタを解釈するために、購入割合の平均値を算出
df_customer.groupby('顧客クラスタ').mean()
```

●図4：各クラスタの購入金額、商品カテゴリ別購入割合

顧客クラスタ	2022年_購買金額合計	2023年_購買金額合計	2022年_エンターテインメント・AV機器_購入割合	2022年_コンピュータ・モバイルデバイス_購入割合	2022年_ホビー・アウトドア_購入割合	2022年_家電製品_購入割合
1	318382.678459	194265.269707	0.123857	0.169318	0.285739	0.421086
2	339204.308214	206357.699598	0.121149	0.167303	0.371254	0.340294
3	254264.797000	189043.271927	0.175938	0.232084	0.273798	0.318180

実行した結果として表示された表を確認すると、各クラスタの特徴は以下であることがわかります。なお、4章で行った店舗クラスタを区別するため、今回は顧客クラスタという名称を用いています。

- **顧客クラスタ1： 家電製品の購入割合が高いのが特徴。購買金額の減少が大きい。**
- **顧客クラスタ2： ホビー・アウトドアの購入割合が高いのが特徴。購買金額の減少が大きい。**
- **顧客クラスタ3： エンターテインメント・AV機器、コンピュータ・モバイルデバイスの購入割合が高いのが特徴。購買金額は、顧客クラスタ1、2ほどは減っていない**

◆ 仮説2、3を踏まえたクーポンやポイント失効観点の説明変数の準備

過去の購買状況については前処理が終わりましたので、クーポン利用状況データとポイント失効状況データを確認しましょう。次表のとおり、両データとも顧客単位のデータ（顧客IDがPK）であり、事前の加工は不要です。

●表：クーポン利用状況データの項目一覧

項目	概要	備考
顧客ID	顧客ごとにユニークに採番されるID	PK
配信回数	2022年のクーポン配信回数	
利用回数	2022年のクーポン利用回数	
利用率	2022年のクーポン利用回数÷2022年のクーポン配信回数	

●表：ポイント失効状況データの項目一覧

項目	概要	備考
顧客ID	顧客ごとにユニークに採番されるID	PK
失効ポイント合計	2022年失効したポイントの合計	
失効ポイント回数	2022年のポイント失効回数	

◆ 仮説4を踏まえた店舗従業員観点の説明変数の準備

　最後に店舗従業員データを確認していきましょう。先ほどまでのデータと異なり、従業員IDがPKとなっています。店舗IDよりも従業員IDの数が多く、このデータは店舗IDに対してユニークになっていないため、このまま顧客売上内訳データとマージすると元々のレコード数よりもデータが多くなってしまいます（1：多マージという事象です）。これを避けるためには、店舗ID単位まで情報を集約する必要があります。

● 表：店舗従業員データの項目一覧

項目	概要	備考
店舗ID	店舗ごとにユニークに採番されるID	顧客売上内訳データのマイ店舗IDと紐づく
従業員ID	従業員ごとにユニークに採番されるID	PK
給与	各従業員の2021年の年間給与	単位は円
雇用開始日	各従業員の雇用開始時期	
満足度スコア	各従業員の社内アンケートにおける満足度	2021年に実施

　店舗IDごとに情報を集約するためには、店舗IDをキーとしてgroupbyを用いて他の変数を集計していく必要があります。今回は、店舗IDごとに従業員数の集計と給与、勤続年数、満足度の平均をとることで、店舗単位のデータに変換していきましょう。

```
# 店舗ごとの従業員満足度は「店舗従業員.csv」に含まれるが、従業員単位のデータのため、店
舗ID単位の情報に集約する

# 今回は、平均給与、平均勤続期間、平均満足度を作成する


# 日付型に変換
df_employee['雇用開始日'] = pd.to_datetime(df_employee['雇用開始日'])


# 勤続期間を計算（2022年12月31日時点での差分を取る）
```

```
df_employee['勤続期間_年'] = (pd.to_datetime('2022-12-31') - df_employ
ee['雇用開始日']).dt.days / 365   # 年単位で計算


# 店舗ごとに集計
df_store_summary = df_employee.groupby('店舗ID').agg(
    店舗従業員数=('従業員ID', 'count'),
    店舗従業員_平均給与=('給与', 'mean'),
    店舗従業員_平均勤続期間_年=('勤続期間_年', 'mean'),
    店舗従業員_平均満足度=('満足度スコア', 'mean')
)

df_store_summary = df_store_summary.reset_index()


# 出来上がったデータを確認
df_store_summary.head()
```

● 図5：店舗IDで情報を集約した結果

	店舗ID	店舗従業員数	店舗従業員_平均給与	店舗従業員_平均勤続期間_年	店舗従業員_平均満足度
0	S-0002	15	4.374391e+06	5.033059	1.733333
1	S-0004	22	4.306415e+06	11.455044	9.000000
2	S-0005	21	4.633910e+06	5.023222	1.857143
3	S-0007	21	4.528625e+06	3.818265	1.000000
4	S-0008	22	4.474125e+06	10.770486	7.000000

　図を確認いただくと、店舗IDについてユニーク（店舗IDの重複がな
い）であることが確認できます。

◆ マージして分類モデル用データを作成しよう

　それぞれのデータの事前加工が終わりましたので、先ほど作成したdf_
customer（顧客売上内訳データを加工したもの）をベースに、他のデータ
をマージしていきましょう。先ほど「分析データの仕様を整理しよう」で
整理したように、今回はすべてのデータを左結合していきます。

```
# df_customer（顧客売上内訳データ）をベースにする
df_bunseki_table1 = df_customer.copy()

# 店舗従業員データとのマージに備え、「マイ店舗ID」を「店舗ID」にrenameする
df_bunseki_table1.rename(columns={'マイ店舗ID': '店舗ID'}, inplace=Tru
e)

# df_coupon（クーポン利用状況データ）とマージ
df_bunseki_table1 = pd.merge(df_bunseki_table1, df_coupon, on='顧客
ID', how='left')

# df_point_expire（ポイント失効状況データ）とマージ
df_bunseki_table1 = pd.merge(df_bunseki_table1, df_point_expire,
on='顧客ID', how='left')

# df_store_summary（店舗従業員データを店舗単位で集約したデータ）とマージ
df_bunseki_table1 = pd.merge(df_bunseki_table1, df_store_summary,
on='店舗ID', how='left')
```

　次に特徴量を作成していきます。生年月日、入会年月日などの日付に関する特徴量はdatetime型に変換します。生年月日や入会年月日は「年齢」「入会後月数」という新しい特徴量を作り、解釈しやすい形に変換しています。また、売上増減状況を確認するため、2022年と2023年の購買金額合計の差を取った特徴量「売上増減額」を作成します。

```
# 新しい特徴量を作成

# 日付に関する項目はdatetimeに変換する
for colname in ['生年月日','入会年月日']:
  df_bunseki_table1[colname] = pd.to_datetime(df_bunseki_table1[coln
ame])

# 年齢、入会後年数を計算（2022年12月31日時点で計算）
condition = df_bunseki_table1['生年月日'].dt.month * 100 + df_bunseki_
table1['生年月日'].dt.day > 1231
```

```
df_bunseki_table1['年齢'] = 2022 - df_bunseki_table1['生年月日'].dt.yea
r
df_bunseki_table1.loc[condition, '年齢'] -= 1
df_bunseki_table1['入会後年数'] = ((pd.to_datetime('2022-12-31') - df_
bunseki_table1['入会年月日']).dt.days / 365).astype(int)

# 売上増減額の作成
df_bunseki_table1['売上増減額'] = df_bunseki_table1['2023年_購買金額合計
'] - df_bunseki_table1['2022年_購買金額合計']
```

◆ 目的変数を作成して、他の項目との関係性を確認しよう

　続いて、今回の目的変数であるtarget_flg（売上減少が特に大きいかどう
か）を作成していきます。target_flgの作成方法としては、売上増減額が
一定の閾値より小さいかどうかで作成していきたいと思います。

　閾値の決め方はいくつかの考え方があります。例えば閾値を0（前年か
ら売上が減少しているか）で分ける方法も考えられます。しかし、詳しく
は本書の最後のコラムに記載しますが、分類モデルを構築する際に注意
すべきポイントとして「インバランスデータ」という観点があり、分類モ
デルの学習で利用する目的変数の値の分布が不均衡であることはあまり
望ましくありません。特に今回は売上減少が多かった店舗クラスタ2の
データを対象としているため多くのレコードの売上増減額は0未満とな
ります。そのため、閾値を0とした場合はほとんどのレコードのtarget_flg
は1となる（不均衡となる）ことが容易に想像できます。

　そこで、今回はよく使われる考え方である中央値を用いることにしま
す。中央値はmedianというメソッドで取得できますので、次のように
「target_flg」という変数を作成します。

```
# 目的変数（target_flg）作成

# 売上増減額が中央値よりも小さい顧客のtarget_flgをTrue、それ以外をFalseとする
df_bunseki_table1['target_flg'] = (df_bunseki_table1['売上増減額'] <
df_bunseki_table1['売上増減額'].median())
```

```
# target_flgのTrueとFalseの数を集計
df_bunseki_table1['target_flg'].value_counts()
```

● **図6：target_flgの集計結果**

```
False    169392
True     169388
Name: target_flg, dtype: int64
```

　図6を見ると、先ほど作成した「target_flg」という変数が「True」と
「False」の2種類の値しか持たないことが分かります。このように、「True」
または「False」のいずれかを取る変数のことをブール型変数と呼びます。
ここで、「True」は条件が満たされていることを示し、今回の場合は売上
増減額が中央値よりも小さいことを意味しています。
　今回は閾値に中央値を使ったため、True（売上増減額が中央値より小さ
い）とFalseの数はほぼ同じであることが確認できます。先ほど触れたよ
うに、機械学習や統計モデリングなどを行う場合、TrueとFalseの数があ
まりに違うと、モデルの学習が難しくなることがあります。目的変数を作
成する際の閾値はビジネス上の意味合いも加味して決めるので、なかな
かTrueとFalseのバランスをとるのが難しいこともありますが、適宜ス
テークホルダと議論しながら閾値を決定するとよいでしょう。

　これで今回のモデル作成に必要な変数はすべて準備ができました。こ
のままモデル作成にフェーズに移ることもできますが、よりよいモデル
作成を行うため、モデルに使用するデータについて、項目同士の相関を確
認していきます。決定木モデルに限らない話ですが、分類モデルを構築す
る際、相関が強い変数同士が複数入っていると、モデル作成がうまくいか
ないケースがあります。事前に項目間の相関を調べ、あまりに相関の強い
変数がある場合は、どちらか片方だけを残した方がうまくいく可能性が
あることを覚えておきましょう。
　項目間の可視化にはヒートマップが便利です。ヒートマップを描画す

るうえで、seabornという可視化ライブラリを利用すると便利ですので、使用してみましょう。seabornについては手軽に色味のきれいな可視化ができるので、データの可視化を扱う上では知っておいて損はないでしょう。

```python
import seaborn as sns

# 決定木の前の基礎集計

# 相関行列の計算 ※IDは相関を取らないので除外
correlation_matrix = df_bunseki_table1.drop(['顧客ID', '店舗ID'], axi
s=1).corr()

# 相関係数のヒートマップ
plt.figure(figsize=(10, 8))
sns.heatmap(correlation_matrix, annot=True, cmap='coolwarm', fmt='.2
f')
plt.title('Correlation Heatmap')
plt.show()
```

● 図7：相関係数のヒートマップ

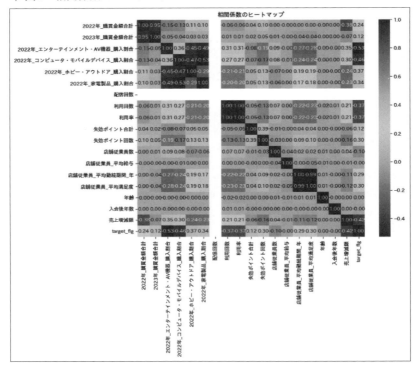

　書籍の図はカラーでないため分かりにくいですが、Colaboratoryの実行結果を見ると、相関係数が赤や青の濃淡とともに表示されていると思います。赤色が強いセルは正の相関が強い（相関係数が1に近い）、青色が強いセルは負の相関が強い（相関係数が-1に近い）ことを意味しています。例えば、利用回数と利用率、店舗従業員_平均勤続年数_年と店舗従業員_平均満足度は強い正の相関があるとわかります。

　また、今回の目的変数である「target_flg」との相関係数を確認することで、原因特定の手がかりを得ることができます。ただし、相関係数はカテゴリ変数に対しては計算できません。また、数値変数についても、目的変数と線形の関係がない場合は、相関係数に表れないことがあります。そのため、目的変数と各項目の関係性をより詳しく確認するには、後述する

sweetvizを使うと便利です。

　次に、目的変数（target_flg）と各項目の関係の強さを確認していきます。3章のように項目を1つずつグラフにしていく方法もありますが、複数の項目と目的変数の関係を一気に可視化してくれるEDA用ライブラリというものがあり、その1つであるsweetvizを使っていきます。日本語化のためのフォントの設定をした上で、「df_bunseki_table1」から「顧客ID」と「店舗ID」を除いたものを.analyze()で解析しています。また、目的変数（target_flg）と各項目の関係性を確認するため、target_featに「target_flg」を設定しています。

　次のコードを実行するとGoogle Driveの5章の「data」フォルダに「sweetviz_report.html」が格納されますので、ダウンロードした上で、ファイルを開いてみましょう。

```
import sweetviz as sv

# 日本語化のためのフォントの設定
sv.config_parser.read_string('[General]\nuse_cjk_font=1')

# sweetvizのレポートを生成
report = sv.analyze(df_bunseki_table1.drop(['顧客ID', '店舗ID'], axis=1), target_feat='target_flg')

# レポートをHTMLとして保存
report.show_html('sweetviz_report.html')
```

● 図8：sweetvizの結果

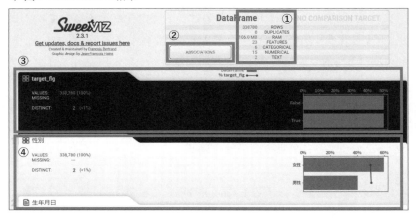

Sweetvizで作成されたHTMLは以下の4つの領域に分かれています。

① DataFrameの部分には、対象のデータセットのレコード数や項目の数
などが記載されています。

② ASSOCIATIONSをクリックすると、項目間のアソシエーション分析
の結果が表示されます。これにより、項目間の関連性を把握することが
できます。正方形のマークはカテゴリとの相関比、丸型は量的変数（数
値）同士の相関を示しています。少し難しい内容のため、最初のうちは
色の濃いところは関係性が強いというレベルで理解しておくとよいで
しょう。

③ 黒色の部分は、目的変数の分布などを情報が示されています。クリック
をすると、詳細が表示されます。

④ 白色の部分は、各項目のヒストグラムや目的変数との関係性が表示さ
れています。折れ線の差が大きい項目は、目的変数との相関が強いと考
えられます。クリックをすると、詳細が表示されます。

その他にも様々な機能がありますが、より詳しく知りたい方はGitHub
のsweetvizのページ（https://github.com/fbdesignpro/sweetviz）などの公

式ドキュメントをご参照いただければと思います。

　これでデータの準備が整いました。最後に基礎集計結果やデータ前処理の内容について、シートに記入しておくと、他の人に説明する際や、後日に自分で思い出すためにも役に立ちますのでポイントを記入しておきましょう。

● 表：基礎集計結果やデータ前処理内容（分析ワークシート「3.データ収集・加工」）

No	分析 データ名	基礎集計結果	データ前 処理内容
1	分類モデル 用データ	■顧客売上内訳 ・家電製品、ホビー・アウトドアの購入割合が高い顧客の売上減少が大きい ■クーポン利用状況 ・クーポン利用率が低い顧客は売上減少が大きい ■ポイント利用状況 ・失効ポイント回数が多い顧客は売上減少が大きい ■店舗従業員 ・店員の満足度が低い店舗は売上減少が大きい	・過去の購買状況から顧客をクラスタリング ・欠損値は補完しない

5▶4　データ分析を進めよう（分析フェーズ4）

　それではデータの準備が整いましたので決定木を利用したモデル構築を進めましょう。

　今回は分析デザイン結果を踏まえて、次のような分析条件や内容でモデルを構築していきたいと思います。

● 表：分析条件・内容整理（分析ワークシート「4.データ分析」）

No	分析テーマ	分析条件	分析内容
1	決定木モデル構築	■データ：分類モデル用データ ■スコープ ・クラスタ2の店舗をマイ店舗登録している利用者 ・期間は2022/1/1〜2023/12/31 ・入会年月が2021年以前 ・2022年購買金額合計が0より大きい ■分析モデル：決定木 ■目的変数：target_flg	・下記を除き、デフォルト値を使用 　−データはgini係数で分割 　−木の深さの最大値は3 　−ノード分割に必要な最小サンプル数は2 　−葉ノードに含まれる最小サンプル数は1 ・評価指標は正解率（Accuracy）を使用

▶ 決定木の学習で利用するデータを準備しよう

　まずはモデルで使用する項目のみに絞ったデータフレーム「df_model」を作成します。今回利用しないデータは次の観点で整理しました。また、利用する項目をuse_listとしてリストで定義した上で、df_modelを作成しています。

・目的変数の元になった項目：2022年_購買金額合計、2023年_購買金額合計、売上増減額
・ID項目：顧客ID、店舗ID　※顧客IDはindexとして残す

- 他変数と関係が深い項目：各商品カテゴリの購入割合（顧客クラスタ
  に内包されている）、利用回数、店舗従業員＿平均勤続期間＿年
- 日付系の項目　※モデルへ直接投入できないため

```python
from sklearn.tree import DecisionTreeClassifier

# モデル構築用のデータ
use_list = ['顧客ID','target_flg',
            '顧客クラスタ',
            '性別','年齢','入会後年数',
            '配信回数','利用率',
            '失効ポイント合計','失効ポイント回数',
            '店舗従業員数','店舗従業員_平均給与','店舗従業員_平均満足度'
            ]
df_model = df_bunseki_table1[use_list]
```

　続いてカテゴリカル変数の変換です。決定木にはカテゴリカルデータ
をそのまま説明変数として利用することはできません。そのため、4章と
同様、カテゴリカルデータをモデルに投入できる形に変換するため、
One-Hot Encodingを実施しましょう。その後、データを目的変数
（target_flg）と説明変数（target_flg以外）に分割します。

```python
# カテゴリカル変数をOne-Hot Encodingで変換
df_model = pd.get_dummies(df_model, columns=['性別'])
df_model = pd.get_dummies(df_model, columns=['顧客クラスタ'])

# 目的変数と説明変数を定義
X = df_model.drop(['target_flg'], axis=1).set_index('顧客ID')
y = df_model['target_flg']
```

　次に、データを訓練データと検証データに分割します。機械学習でモデ
ルを作成する場合、訓練データと検証データにデータを分割して、モデル

の作成・検証を行います。データを分割しない場合、モデルが訓練データに過度に適合してしまう「**過学習**」と呼ばれる事象が発生し、良いモデルが作成できたかをしっかり検証することができないためです。勉強に例えると、学習した問題集と同じ問題が出たら解けるけれど、少し出題形式が変わると解けないのが、過学習を起こしているモデルのイメージです。訓練データと検証データのほかに、テストデータという3つに分けるケースもありますが、それは6章で取り上げるため、本章では割愛します。

　データの分割には、sklearn に train_test_split という関数が用意されておりますので、利用していきます。train_test_split の引数として、「test_size=0.5」を設定しています。これにより、引数として設定した目的変数Xや説明変数yが各々50%の割合で分割され、訓練データ（X_trainやy_train）および検証データ（ X_testや y_test）に設定されます。また「random_state」は4章でも解説しました通り、再現性を担保するために設定します。

```
from sklearn.model_selection import train_test_split

# データを訓練データと検証データに分割
X_train, X_test, y_train, y_test = train_test_split(X, y, test_siz
e=0.5, random_state=42)
```

▶ 決定木モデルを作成しよう

　それでは決定木モデルの作成をしていきましょう。決定木などの機械学習モデルには、ハイパーパラメータと呼ばれる設定値を決める必要があります。ハイパーパラメータはモデルの設計書のようなイメージで、決定木であれば木の深さや分岐する際の条件などが当てはまります。原因の特定のために決定木を用いる場合、木を深くしすぎるとパターンが複雑化し、解釈が難しくなります。そのため、木の深さの最大値を3とします。また、criterion（決定木が分岐する基準）にはジニ係数を用います。ジニ係数は、

その分岐によってどれくらいTrueとFalseをうまく分割できたかを示す指標で、1に近いほどうまく分割されたことを意味します。他は一般的な値を設定してモデルの作成を行います。図に示すと次のような決定木のイメージです。ハイパーパラメータを変更することで作成したい決定木の形をコントロールすることが可能ですので覚えておきましょう。

● 図9：決定木のハイパーパラメータの例

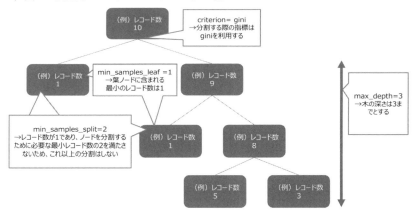

それでは次のコードを使って、model = DecisionTreeClassifier の部分でモデルを設計し、model.fitでモデルの生成（学習）を行っていきます。

```
# 決定木モデルの作成


# ハイパーパラメータ
criterion = 'gini'          # 決定木がデータを分割する際の指標
max_depth = 3               # 木の深さの最大値
min_samples_split = 2       # ノードを分割するために必要な最小サンプル数
min_samples_leaf = 1        # 葉ノードに含まれる最小サンプル数


model = DecisionTreeClassifier(criterion=criterion,
    max_depth=max_depth,
    min_samples_split=min_samples_split,
```

```
    min_samples_leaf=min_samples_leaf,
    random_state=42)

#  モデルの作成（学習）
model.fit(X_train, y_train)
```

▶ 評価指標の特徴を理解して使い分けよう

　これでモデルが作成できました。しかし、作成したモデルの性能が悪い場合、そのモデルを解釈しても正しい原因の特定にはつながりません。そこで、検証用データを使って、作成したモデルの性能を評価していきましょう。

◆ 混同行列の特徴を理解しよう

　分類モデルの評価するためには、混同行列という指標を理解しておくことが非常に重要です。例えば、**模試結果**から**資格試験に合格するかどうかを予測するモデルを作成する場合**を考えた場合、予測結果としては次の4パターンに分類されることが分かると思います。

パターン①：　予測結果は合格で、資格試験結果は合格
　→予測と実際の値が一致（True）で、予測の値は1（Possitive）

パターン②：　予測結果は合格で、資格試験結果は不合格
　→予測と実際の値が不一致（False）で、予測の値は1（Possitive）

パターン③：　予測結果は不合格で、資格試験結果は不合格
　→予測と実際の値が一致（True）で、予測の値は0（Negative）

パターン④：　予測結果は不合格で、資格試験結果は合格
　→予測と実際の値が不一致（False）で、予測の値は0（Negative）

以上のようなパターンを整理したものが混同行列（Confusion Matrix）です。前述のような「モデルが予測した分類（クラス）」と「実際の分類（クラス）」との間の関係を4つの指標を合わせて行列にしたものになります。それぞれの指標の定義は以下の通りです。

・真陽性（True Positive, TP）：
　モデルが正しくポジティブなクラスを予測した場合。先ほどの例ではパターン①が該当します

・偽陽性（False Positive, FP）：
　モデルが間違ってネガティブなクラスをポジティブとして予測した場合。先ほどの例ではパターン②が該当します

・真陰性（True Negative, TN）：
　モデルが正しくネガティブなクラスを予測した場合。先ほどの例ではパターン③が該当します

・偽陰性（False Negative, FN）：
　モデルが間違ってポジティブなクラスをネガティブとして予測した場合。先ほどの例ではパターン④が該当します

以上の話を混同行列にまとめると、以下の通りです。

● 表：混同行列の説明

		モデルの予測	
		1（合格と予測）	0（不合格と予測）
実際の値	1 （試験に合格）	真陽性 (True Positive, TP) ※先ほどのパターン①	偽陰性 (False Negative, FN) ※先ほどのパターン④
	0 （試験に不合格）	偽陽性 (False Positive, FP) ※先ほどのパターン②	真陰性 (True Negative, TN) ※先ほどのパターン③

　これらの4つのパターンのどこを重視すべきかは、作成したい分類モデルの目的によります。例えば、どうしても合格と判定した人が不合格になることを避けたい場合は、偽陽性（False Positive, FP）が小さくなるように予測モデルを作成することを目指せばいいことになります。

◆ 正解率、適合率、再現率の特徴を理解しよう

　以上のように混同行列を用いることでモデルを評価することはできますが、4つの指標を踏まえて総合的に1つの指標として評価したい場合によく利用される指標が、正解率、適合率、再現率です。数式が出てきますが考え方はシンプルですので確認していきましょう。

・正解率（Accuracy）
　正解率はモデルが正しく分類したサンプルの割合を示す指標です。混同行列を用いて計算され、以下の式で表されます。

$$Accuracy = \frac{TP + TN}{TP + TN + FP + FN}$$

・適合率（Precision）
　適合率は、モデルがポジティブと予測したサンプルのうち、実際にポジティブであるサンプルの割合を示します。つまり、モデルがポジティブと予測したもののうち、実際にポジティブであるものの割合です。以下の式で表されます。

$$Precision = \frac{TP}{TP + FP}$$

・再現率（Recall）
　再現率は、実際にポジティブであるサンプルのうち、モデルが正しくポジティブと予測したサンプルの割合を示します。つまり、全てのポジ

ティブなサンプルのうち、モデルがどれだけ正しくポジティブと予測できたかを示します。以下の式で表されます。

$$Recall = \frac{TP}{TP + FN}$$

　今回の分析では目的変数であるtarget_flgのTrueとFalseの数が同じため、直観的にわかりやすい正解率（Accuracy）で評価をするのがよいと考えられます。一方、人の生死にかかわるような分類（例：がんの診断）などの場合、多少正解率が下がってとしても、実際の患者を逃さないことが大事なこともあり、そういった場合は再現率（Recall）を重視することが適しています。評価指標の特徴を理解した上で、要件によって使い分けるよう意識しましょう。

▶ 作成した決定木モデルを評価・解釈してみよう

　それでは実際にコードを実行して各評価指標を確認してみましょう。今回は正解率（accuracy）とあわせて、補助的な指標として、正解率と一緒に使われることの多い、適合率（Precision）、再現率（Recall）についても表示してみます。いずれの指標もscikit-learnの関数として実装されています。

```
from sklearn.metrics import accuracy_score, confusion_matrix, precis
ion_score, recall_score

# 検証用データにモデルを適用（True、Falseを予測）
y_pred = model.predict(X_test)

# 混同行列（Confusion Matrix）の作成
conf_matrix = confusion_matrix(y_test, y_pred)
TP = conf_matrix[1, 1]
FN = conf_matrix[1, 0]
```

```
FP = conf_matrix[0, 1]
TN = conf_matrix[0, 0]
print('混同行列:')
print(f'{[TP, FN]}')
print(f'{[FP, TN]} \n')

# 正解率 (accuracy) の計算
accuracy = accuracy_score(y_test, y_pred)
print(f'モデルのAccuracy: {accuracy}')

# 適合率 (Precision) の計算
precision = precision_score(y_test, y_pred)
print(f'適合率 (Precision) : {precision}')

# 再現率 (Recall) の計算
recall = recall_score(y_test, y_pred)
print(f'再現率 (Recall) : {recall}')
```

● 図10：決定木モデルの評価

```
混同行列:
[71559, 13176]
[24422, 60233]

モデルのAccuracy: 0.7780388452683157
適合率 (Precision) : 0.7455538075244059
再現率 (Recall) : 0.8445034519383962
```

　実行結果を確認するとモデルの正解率は77.8%と一定以上の性能であり、適合率や再現率も大きな問題はなさそうです。なお、参考として出力した混同行列をまとめると次の表のようになります。

● 表：混同行列の整理

		モデルの予測	
		売上増減額が 中央値より小さい	売上増減額が 中央値以上
実際の値	売上増減額が 中央値より小さい	真陽性 (True Positive, TP) 71,559件	偽陰性 (False Negative, FN) 13,176件
	売上増減額が 中央値以上	偽陽性 (False Positive, FP) 24,422件	真陰性 (True Negative, TN) 60,233件

　それではモデルの精度が確認できましたので、本章の目的であった原因の特定を行っていきましょう。原因の特定には、決定木の中身を可視化してみていく必要があります。決定木の可視化にはplot_treeという関数が用意されているので、使用していきましょう。

```python
from sklearn.tree import plot_tree

# 決定木の可視化
plt.figure(figsize=(25, 10))
plot_tree(model,  # 作成したモデルを指定
          feature_names=X.columns,  # モデルに投入した説明変数
          filled=True,  # ノードの背景を塗りつぶすかどうか
          )
plt.show()
```

● 図11：決定木モデルの可視化

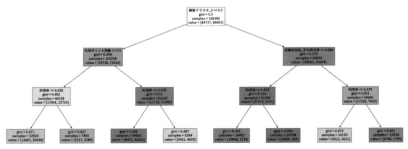

　図をみると、**ノード**と呼ばれる四角がいくつもあり、各ノードが樹形図のように他のノードと結ばれているのがわかるかと思います。各ノードには分岐条件が書かれており、条件式に当てはまる場合は左、当てはまらない場合は右に分岐していきます。例えば、一番頂上のノードは「顧客クラスタ_3 <= 0.5」ですが、「顧客クラスタ_3」は顧客クラスタが３の時に１、それ以外のときに０をとる変数でした。そのため、顧客クラスタが３のときが当てはまらないので右に、顧客クラスタが３以外のときは左に分岐することになります。plot_tree において「Filled=True」とすると、各ノードに色を付けることができます。色は目的変数がTrueの割合を示しており、青が濃いほどTrueの割合が高い（≒売上が減少している顧客が多く存在するノード）ことを意味しています。最も青いノードは一番下の列の左から３番目ですので、そこまでのノードを辿ると、

・**顧客クラスタが３でない**
・**失効ポイント回数が0.5以上（＝１回以上）**
・**（クーポン）利用率が0.458以下**

の条件を満たす顧客が、売上が大きく減少しやすい顧客であると考えられます。決定木の一番上の分岐条件は顧客クラスタ３かどうかであるため、顧客クラスタ（過去の購買行動）は売上減少との関係が強そうです。また、どの分岐においても利用率のノードが出てくることから、利用率はどの顧客でも共通の課題といえそうです。

　決定木の中身を直接見て解釈するほかに、決定木モデルの重要度を見て、原因を特定する方法もあります。決定木モデルの重要度（Feature Importance）は、モデルが予測を行う際にどの特徴量が重要であるかを示す指標で、それぞれの特徴量が目的変数の予測に与える影響の大きさを示します。実際に算出してみましょう。

```
# 重要度取得
importances = model.feature_importances_
```

```
# 項目名取得
feature_names = X.columns
```

```
# データフレーム化
feature_importance = pd.DataFrame({'Feature': feature_names, 'Import
ance': importances})
```

```
# 重要度の降順に並び替え
feature_importance = feature_importance.sort_values(by='Importance',
ascending=False)
```

```
display(feature_importance)
```

●図12：決定木モデルの重要度

	項目	重要度
13	顧客クラスタ_3	0.764243
3	利用率	0.096454
5	失効ポイント回数	0.093100
8	店舗従業員_平均満足度	0.046203
0	年齢	0.000000
1	入会後年数	0.000000
2	配信回数	0.000000
4	失効ポイント合計	0.000000
6	店舗従業員数	0.000000
7	店舗従業員_平均給与	0.000000
9	性別_女性	0.000000
10	性別_男性	0.000000
11	顧客クラスタ_1	0.000000
12	顧客クラスタ_2	0.000000

作成したモデルの重要度は、モデルのあとに「.feature_importances」を
つけることで取得できます。決定木のノードに出現する4項目の重要度
が0より大きい数値となっており、先ほど触れた顧客クラスタ3や利用
率については重要度が特に高い項目であることが確認できます。

結果をまとめると以下の通りです。

● 表：分析結果等の整理（分析ワークシート「4.データ分析」）

No	分析テーマ	分析条件	分析内容	分析結果（精度など）	ネクストアクション
1	決定木モデル構築	■データ：分類モデル用データ ■スコープ ・クラスタ2の店舗をマイ店舗登録している利用者 ・期間は2022/1/1〜2023/12/31 ・入会年月が2021年以前 ・2022年購買金額合計が0より大きい ■分析モデル：決定木 ■目的変数：target_flg	・下記を除き、デフォルト値を使用 ーデータはgini係数で分割 ー木の深さの最大値は3 ーノード分割に必要な最小サンプル数は2 ー葉ノードに含まれる最小サンプル数は1 ・評価指標は正解率（Accuracy）を使用	・2022年にホビー・アウトドア、家電製品の購入割合が高かった顧客の売上が減少している ・店員の満足度が低い（勤続年数が短い）店舗の顧客で売上が減少している ・売上が減少していない顧客は、2022年のクーポン利用率が高い顧客が多い ・売上が減少していない顧客は、2022年のポイント失効回数が少ない	分析結果を整理し、報告書に取りまとめる

5▶5 分析結果を整理・活用しよう（分析フェーズ5）

　分析で得られた、売上減少が大きい顧客の4つの特徴について、有識者とディスカッションしました。結果、次のような考察が整理されました。

・2022年にホビー・アウトドア、家電製品の購入割合が高かった顧客の売上が減少
　　→2023年にエンターテインメント・AV機器やコンピュータ・モバイルデバイスの品揃えを拡充する推進施策を進めたがクラスタ2の店舗では逆効果だった可能性がある

・店員の満足度が低い（勤続年数が短い）店舗の顧客で売上が減少
　　→店員の満足度が丁寧な接客につながり顧客の購買につながっている可能性がある

・売上が減少していない顧客は、2022年のクーポン利用率が高い顧客が多い
　　→クーポン利用の習慣化により、定期的な購買行動につながっている可能性がある
　　→2023年はエンターテインメント・AV機器やコンピュータ・モバイルデバイスを中心にクーポンを配信したが、クラスタ2の店舗のメイン顧客には効果的でなかった可能性がある

・売上が減少していない顧客は、2022年のポイント失効回数が少ない
　　→ポイント利用の習慣化により、定期的な購買行動につながっている可能性がある
　　→失効ポイントが少ない一部店舗では、ポイント失効が近い場合に、店舗で声掛け案内していた

また、今後の対策に向けた提案も含めて次の表のように整理しました。

● 表：分析結果や考察、提案の整理（分析ワークシート「5.分析結果の活用」）

No	分析結果（事実）	考察	提案	採否	優先度	備考
1	2022年にホビー・アウトドア、家電製品の購入割合が高かった顧客の売上が減少している	2023年にエンターテインメント・AV機器やコンピュータ・モバイルデバイスの品揃えを拡充する推進施策を進めたがクラスタ2の店舗では逆効果だった可能性がある	好調店舗の特徴横展開 ■概要 ・分析結果No1やNo4を踏まえ好調店舗の特徴を整理し、クラスタ2の店舗に共有し適用検討してもらい報告を受ける ・X月の店舗経営会議で店舗リーダーに依頼する ■対策主管／連携先 経営企画部門／各店舗リーダー	○	1	
2	店員の満足度が低い（勤続年数が短い）店舗の顧客で売上が減少している	店員の満足度が丁寧な接客につながり顧客の購買につながっている可能性がある	店員の満足度分析 ■概要 ・店員の満足度の要因や顧客購買行動との関係について深掘り分析を行う ・分析結果を経営企画部門に報告し店舗の改善施策に落とし込む ■対策主管／連携先 分析チーム／経営企画部門	×	—	店員に関するデータが蓄積されておらず取得方法から検討が必要であり、リソース等の観点で見送る
3	売上が減少していない顧客は、2022年のクーポン利用率が高い顧客が多い	・クーポン利用の習慣化により、定期的な購買行動につながっている可能性がある ・2023年はエンターテインメント・AV機器やコンピュータ・モバイルデバイスを中心にクーポンを配信したが、クラスタ2の店舗のメイン顧客には効果的でなかった可能性がある	クーポンの利用予測モデル構築 ■概要 ・配信クーポンの条件や配信顧客の属性によりどの程度のクーポン利用が見込まれるかの予測モデルを作成する ・予測結果をマーケティングチームに連携して配信クーポンの利用率向上を目指す ■対策主管／連携先 分析チーム／マーケティングチーム	○	2	
4	売上が減少していない顧客は、2022年のポイント失効回数が少ない	・ポイント利用の習慣化により、定期的な購買行動につながっている可能性がある ・失効ポイントが少ない一部店舗では、ポイント失効が近い場合に、店舗で声掛け案内していた	好調店舗の特徴横展開 ※No1記載の内容と同様	○	1	

整理した結果を踏まえて経営企画部門などの関連部署と検討を進めた結果、次の2つの対策を進めることになりました。

①クーポンの利用予測モデル構築
・配信クーポンの条件や配信顧客の属性によりどの程度のクーポン利用が見込まれるかの予測モデルを作成する
・予測結果をマーケティングチームに連携して配信クーポンの利用率向上を目指す
・対策主管は分析チーム、連携先はマーケティングチームとして進める

②好調店舗の特徴横展開
・決定木分析で得られた傾向（分析結果No1とNo4）を踏まえ好調店舗の特徴を整理し、クラスタ2の店舗に共有するとともに、各店舗で適用を検討してもらう
・対策主管は経営企画部門、連携先は各店舗リーダーとして進める

　分析チームとしては「①クーポンの利用予測モデル構築」を担当することになり、チーム内で議論した結果、これまでの経緯等も詳しく把握しているあなたが中心となりモデルの構築を進めていくことになりました。それでは次の章で予測モデルの構築に取り組んでいきましょう。

Column ▶ 分類モデルにおけるインバランスデータについて

　分類モデルを構築する際に注意すべきポイントとして「インバランスデータ」という観点があります。これは、分類モデルで予測しようとする目的変数の値の分布が不均衡なデータのことを指します。次の6章ではクーポン利用率増加に向けてクーポン利用有無を予測する分類モデルを作成しますので、そちらを例に考えてみましょう。クーポン利用有無を示す「利用フラグ」を目的変数とした場合、「利用フラグ」の値としては、"1"（クーポンを利用した場合）と"0"（クーポンを利用しなかった場合）の2つの値が考えられますが、もしこの2つの値の割合が極端に偏っている場合は、モデルの学習に問題が生じる場合があるのです。極端な例ですが、実際にクーポンを利用した割合が1%で、利用しなかった割合が99%の場合、モデルは何も考えずに全てのレコードに対して「利用しなかった」と予測するだけで、99%の正解を当てることができてしまいます。しかし、このような予測に意味はなく、実務で利用できるモデルが構築できたとは言えないことは理解いただけるのではないでしょうか。極端なインバランスデータを用いたモデルの構築を進める場合には次のような観点に留意する必要があります。

アンダーサンプリングやオーバーサンプリングによる不均衡の是正

　訓練データの不均衡の是正には大きく2つのアプローチがあります。1つはアンダーサンプリングという、割合が高い多数派のデータを減らすアプローチです。ランダムにデータを減らす方法や、特定のルール（例えばクラスタリング）に従ってデータを選んで減らす方法がありますが、データ削減により重要な情報が含まれている可能性のあるデータを失うリスクがあります。もう1つはオーバーサンプリングという、割合が低い少数派のデータを増やすアプローチです。データをランダムに複製したり、SMOTEのような手法を使って新しいデータを生成する方法がありますが、データを作りすぎることで、不自然な学習データが生じるリスクがあります。

モデルの評価指標の選定

　モデルの評価指標の選定を誤るとインバランスデータの影響を正しく評価できません。前述の例のように「クーポンを利用した割合（正の割合）が1%で、利用しなかった割合（負の割合）が99%のデータにおいて、モデルが

全て利用しなかったと予測した場合」を考えてみましょう。この場合、評価指標としてAccuracyを用いると、スコアは99%と非常に高くなりますが、実態としては「クーポンを利用した」という正のケースの予測が全て間違ってしまっており、モデルの目的（クーポンの利用率増加に活用する）を踏まえると正しい評価をしているとは言えません。代わりに、Precision（正の予測のうち、実際に正だったケースの割合）や、Recall（実際に正のケースのうち、正と予測されたケースの割合）、F1 Score（PrecisionとRecallの調和平均）を用いるとスコアはすべて0になります。

　以上のようにインバランスデータは分類モデルを構築する際に注意すべき観点の一つですが、ビジネスで扱うデータにおいて完全に均衡したデータはまれであり、また前述のようにアンダーサンプリングやオーバーサンプリングにはデメリットもあります。極端に偏ったデータでなければまずはモデルを構築した上で、評価指標などの出力結果を踏まえて不均衡是正や追加のデータ取得などのアクションが必要かを検討するとよいでしょう。

第**6**章

「対策の立案と実行」を
進めよう
（LightGBM、SHAP）

6▶0 ｜ 準備

　5章では原因の特定に向けて決定木などの手法を利用しながら分析を進めました。分析プロジェクトの開始当初は「2022年の水準に売上を戻したい」というような粗い課題でしたが、3章から5章での課題の深掘りを通じて対処すべきポイントを明確にすることができました。次はいよいよ対策の立案と実行に移ります。

　5章では原因の特定に向けて、可視化だけでなく、決定木という機械学習を用いた分析を進めました。解釈性の高い機械学習の1つである決定木を利用することで、目的変数の特徴を表すような説明変数のパターンをデータから自動で抽出するとともに、ツリー構造で可視化することで「AがXXで、かつ、BがXXの場合に売上が減少している」など、直感的に分かりやすい形式で状況を確認することができました。決定木は分析にあまり詳しくないようなステークホルダでも直感的に理解しやすく、説明にも使いやすい分析手法です。実務でも利用するケースは多いのでぜひ覚えておきましょう。

　一方で、解釈性よりも精度を優先させたいケースも存在します。例えばクーポン利用率の増加に向けて、クーポン利用有無を予測するモデルを構築して利用者に適したクーポンの配布を検討する場合、モデルの予測精度が低いと対策としての効果も低くなってしまうため、精度を優先したいケースになります。精度を優先したい場合に適用を検討する分析手法としては、勾配ブースティング木やディープラーニングなどがあります。これらの分析手法を適用すると直感的な解釈は難しい複雑なモデルになりますが、より事象の特徴をとらえた精度の高いモデルの構築が可能になります。なお、勾配ブースティング木のような複雑なモデルでもSHAPなどの手法を適用することで、モデルの特徴を捉えることは可能です。そこで6章では、勾配ブースティング木のライブラリの1つである

LightGBMを利用しながら精度を優先したモデルを構築しつつ、その後にSHAPを用いてモデルの解釈を進めていきたいと思います。

● 図1：今回対象とする課題解決フェーズ

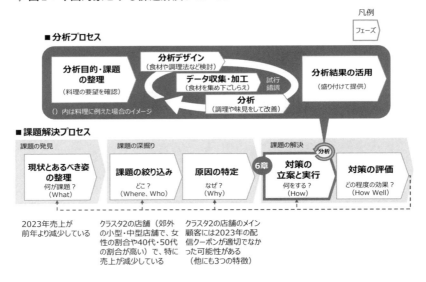

▶ あなたが置かれている状況

　5章では、売上が減少している店舗が多く見られたクラスタ2に分類された店舗に対して、決定木で「売上が減少している店舗」と「それ以外の店舗」を分類するモデルを作成することで、売上減少店舗の特徴の確認を進めました。結果として大きく4つの特徴が分かり、それぞれについて対策案を整理し、ステークホルダと議論した結果、2つの対策が採用されました。また、その対策の一つである「クーポンの利用予測モデル構築」について、分析チームが主管組織として進めることになり、あなたは予測モデル作成を担当することになりました。それでは進めていきましょう。

●**表：5章の分析結果と6章で取り組む対策（クーポン利用予測モデル）**

No	分析結果（事実）	考察	提案	採否	優先度	備考
1	2022年にホビー・アウトドア、家電製品の購入割合が高かった顧客の売上が減少している	2023年にエンターテインメント・AV機器やコンピュータ・モバイルデバイスの品揃えを拡充する推進施策を進めたがクラスタ2の店舗では逆効果だった可能性がある	好調店舗の特徴横展開 ■概要 ・分析結果No1やNo4を踏え好調店舗の特徴を整理し、クラスタ2の店舗に共有し適用検討してもらい報告を受ける ・X月の店舗経営会議で店舗リーダーに依頼する ■対策主管/連携先 経営企画部門/各店舗リーダー	○	1	
2	店員の満足度が低い（勤続年数が短い）店舗の顧客で売上が減少している	店員の満足度が丁寧な接客につながり顧客の購買につながっている可能性がある	店員の満足度分析 ■概要 ・店員の満足度の要因や顧客購買行動との関係について深掘り分析を行う ・分析結果を経営企画部門に報告し店舗の改善施策に落とし込む ■対策主管/連携先 分析チーム/経営企画部門	×	—	店員に関するデータが蓄積されておらず取得方法から検討が必要であり、リソース等の観点で見送る
3	売上が減少していない顧客は、2022年のクーポン利用率が高い客が多い	・クーポン利用の習慣化により、定期的な購買行動につながっている可能性がある ・2023年はエンターテインメント・AV機器やコンピュータ・モバイルデバイスを中心にクーポンを配信したが、クラスタ2の店舗のメイン顧客には効果的でなかった可能性がある	クーポンの利用予測モデル構築 ■概要 ・配信クーポンの条件や配信顧客の属性によりどの程度のクーポン利用が見込まれるかの予測モデルを作成する ・予測結果をマーケティングチームに連携して配信クーポンの利用率向上を目指す ■対策主管/連携先 分析チーム/マーケティングチーム	○	2	
4	売上が減少していない顧客は、2022年のポイント失効回数が少ない	・ポイント利用の習慣化により、定期的な購買行動につながっている可能性がある ・失効ポイントが少ない一部店舗では、ポイント失効が近い場合に、店舗で声掛け案内していた	好調店舗の特徴横展開 ※No1記載の内容と同様	○	1	

　ビジネス課題を解決するための対策としては様々な方法が考えられますが、そのうちの1つとしてデータ分析を活用した対策があります。データ分析を活用した対策とは、例えばダッシュボードを構築して必要な情報を一元的かつタイムリーにモニタリングできるようにしたり、問題の兆候検知などの予測モデルを構築してアウトプットされた予測情報をもとにプロアクティブな運用を実現したりする対策です。これらの対策はデータ分析の力がなければ実現が難しい対策であり、プロジェクト外の第三者から見てもデータ分析の価値が分かりやすいという傾向があります。もちろん、品質の高い予測モデルなどが提供できることが大前提にはなりますが、データ分析の価値を感じてもらいやすく、かつ対策という課題解決に直結するフェーズに貢献できるという特徴があります。

　一方で、3章から5章で実施した問題の絞り込みや原因の特定に関するデータ分析は、課題解決プロセスの最終的なアウトプットである対策を導出する過程での貢献ということもあり、プロジェクト内のステークホルダからは評価されたとしても、プロジェクト外の第三者から見ると分析の貢献が分かりにくい傾向があります。例えば、3章では「新規顧客の売上が減少しているのでは」という仮説に対してデータ分析で検証をすすめた結果、仮説が誤っている（新規顧客の売上は好調である）ことが分かりました。これにより、誤った仮説に対して対策を打たずに済み、より本質的な別の原因に対する対策を打つことができるようになったという点で意思決定の精度向上に貢献できたことになりますが、このような対策導出前の検討過程における分析の貢献は、最終的な対策だけを見ただけではなかなか伝わりません。特に経営層など上位役職への報告になるほど、報告ポイントは絞られ、最終的に検討過程の説明は省かれてしまい、データ分析の貢献が伝わらないことがあります。データ分析の成果をPRする必要がある場合は、対策を導出する過程での分析貢献についても意識的に説明に含めるよう心掛けるといいでしょう。

　また、対策の検討にあたっては、どのような対策を打つのかという

Howと合わせて、その対策を、いつ、誰がどのように活用し、どの意思決定プロセスに貢献するのかといった、活用方法の整理もとても重要になります。例えば、非常に精度が高いモデルが作れたとしても、モデルを利用する部署が前向きではなかったり、使い方に困る実態とあっていないようなモデルであれば、活用されずにお蔵入りになってしまう可能性が出てきます。そうなっては、ビジネスの課題解決への貢献という観点では全く意味がありません。そのようなお互いにとって不幸な認識齟齬を減らすためにも、データ分析を開始する前に分析成果物は活用方法も含めてステークホルダと合意するようにしましょう。

　また、対策は実施して終わりではなく、実施後の効果を確認して対策の継続有無や改善について検討していくことが大事です。そちらは7章でデータ分析を活用した効果検証について解説します。

6▶1 分析の目的や課題を整理しよう(分析フェーズ1)

　5章では売上が減少している店舗が多く見られたクラスタ2に分類された店舗に対して、解釈性の高い決定木を用いたモデルを作成することで、原因として考えられる幾つかの有力なポイントを整理することができました。原因の特定が進みましたので、いよいよ対策の立案と実行に移っていきましょう。5章の最後において、経営企画部門などの関連部署と検討を進めた結果、次の2つの対策を進めることになりました。また、分析チームは「①クーポンの利用予測モデル構築」を担当することになりました。

①クーポンの利用予測モデル構築
- 配信クーポンの条件や配信顧客の属性によりどの程度のクーポン利用が見込まれるかの予測モデルを作成する
- 予測結果をマーケティングチームに連携して配信クーポンの利用率向上を目指す
- 対策主管は分析チーム、連携先はマーケティングチームとして進める

②好調店舗の特徴横展開
- 決定木分析で得られた傾向(分析結果No1とNo4)を踏まえ好調店舗の特徴を整理し、クラスタ2の店舗に共有するとともに、各店舗で適用を検討してもらう
- 対策主管は経営企画部門、連携先は各店舗リーダーとして進める

　クーポンはこれまではどの会員にも一律で同じクーポンを配信していましたが、予測モデルを活用してより利用確率が高いと思われるクーポンを配信する対策を打つことで、クーポン利用率の向上を目指したいと思います。それでは分析デザインを進めていきましょう。

● 表：課題解決フェーズの状況と貢献ポイント（分析ワークシート「1.分析目的・課題の整理」）

課題の深掘り		課題の解決	
課題の絞り込み	原因の特定	対策の 立案と実行	対策の評価
どこで課題が 発生しているか	なぜ課題が発生しているか	どのような対策を打つか	どの程度の効果が あったか
クラスタ2の店舗 （郊外の小型・中型店舗で、女性の割合や40代・50代の割合が高い）で、特に売上が減少している	売上が減少していない顧客は、2022年のクーポン利用率が高い顧客が多い →クーポン利用の習慣化により、定期的な購買行動につながっている可能性がある →2023年はエンターテインメント・AV機器やコンピュータ・モバイルデバイスを中心にクーポンを配信したが、クラスタ2の店舗のメイン顧客には効果的でなかった可能性がある	クーポンの利用予測モデル構築 ■概要 ・配信クーポンの条件や配信先の顧客属性をインプットに、クーポンの利用有無を予測するモデルを構築する。 ・予測結果をマーケティングチームに連携して配信クーポンの利用率向上を目指す ■対策主管/連携先 分析チーム/マーケティングチーム ［今回の 分析対象］	
同上	・前年にホビー・アウトドア、家電製品の購入割合が高かった顧客の購買頻度が低下している →前年にエンターテインメント・AV機器やコンピュータ・モバイルデバイスの品揃えを拡充する推進施策を進めたがクラスタ2の店舗では逆効果だった可能性 ・失効ポイント合計が多い顧客ほど購買頻度は低下している →ポイント利用の習慣化により、定期的な購買行動につながっている可能性がある →失効ポイントが少ない一部店舗では、ポイント失効が近い場合に店舗で声掛け案内していた	好調店舗の特徴横展開 ■概要 ・好調店舗の特徴を整理し、クラスタ2の店舗に共有し適用検討してもらい報告を受ける ・X月の店舗会議で店舗リーダーに依頼 ■対策主管/連携先 経営企画部門/各店舗リーダー	
同上	店員の勤続年数が高く、満足度が高い店舗は顧客の購買頻度が低下していない →店員の満足度が丁寧な接客につながり顧客の購買につながっている可能性がある	（対策は見送り）	

6▸2 分析のデザインをしよう（分析フェーズ2）

それではクーポン利用有無を予測するモデル作成に向けて分析のデザインを進めていきます。分析ワークシートを利用しながら、分析概要や分析スコープなどを整理していきましょう。

▶ 分析方針の整理

まずは分析方針を整理していきましょう。分析目的は先ほどの6-1で整理した結果を踏まえ「クーポン利用率増に向けた対策として、配信クーポンの利用予測モデルを構築する」としました。

続いて分析概要の整理です。クーポン利用有無を予測するモデルを作成する方法は色々と考えられますが、今回はシンプルな方法として、あるクーポンを配信した場合に、配信先の顧客が利用するかどうかを予測する2値分類モデルをクーポンタイプの分作成し、一番確率が高いクーポンを配信するという方針としました。具体的には、まずは5章前半で実施した顧客のクラスタリング結果で売上減少が多かった「ホビー・アウトドア」と「家電」について、配信クーポンの利用有無を予測するモデルを作成し、顧客ごとに各クーポンの利用確率を予測し、利用確率が高い方のクーポンを出し分けて配信することにしました。また、今回の予測モデルを利用した対策実施後の効果を検証し、効果がある場合は予測の対象とするクーポンタイプを増やしていく方針としました。本章ではこのあと「ホビー・アウトドア」クーポンの予測モデルについてモデル構築を進めていきます。

● 図2：分析概要

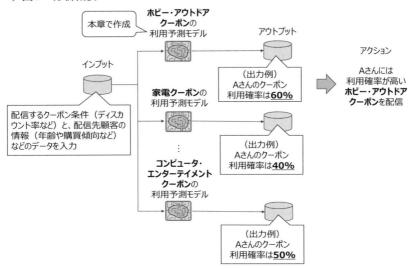

　続いて分析スコープですが、対象顧客としては3章と同様に、売上減少店舗が多いクラスタ2の店舗を最も来店する店舗としてマイ店舗登録している顧客とします。モデルの学習で利用するデータの期間は2022年と2023年の2年間をベースとし、必要に応じて前年の情報なども追加しながら「ホビー・アウトドア」クーポンのモデル構築を進めたいと思います。

● 表：分析方針の整理（分析ワークシート「2.分析デザイン」）

	検討項目	備考
分析目的	クーポン利用率増に向けた対策として、配信クーポンの利用予測モデルを構築する	
分析概要	・配信クーポンの条件や配信先の顧客属性をインプットに、クーポンの利用有無を予測するモデルを構築する ・クーポンタイプ（ホビー・アウトドア、家電など）ごとにモデルを作成し、予測結果の利用確率が一番高いクーポンを配信する	
分析方針	モデル化（2値分類）	

分析スコープ・条件	・2022年と2023年のクーポン利用有無を目的変数としてモデルを構築する ・クラスタ2の店舗をマイ店舗登録している顧客を対象とする ・今回は「ホビー・アウトドア」クーポンを対象に予測モデルを作成する	今回のホビー・アウトドアの予測モデル作成後に、同様の手順で横展開して家電の予測モデルも作成する

▶ モデル方針の整理

　作成するモデルの方針ですが、配信クーポンの予測精度が対策の効果に直結することもあり、解釈性よりも精度を優先したいと思います。そこで今回は、**勾配ブースティング木**を利用することにしました。勾配ブースティング木は、作成した決定木の予測値と正解の誤差を是正するように次の決定木を作成することを繰り返すようなイメージの分析手法です。単純な決定木よりもモデルが複雑となり直感的な解釈が難しい一方で、目的変数の特徴を捉えたより精度の高いモデル構築が可能となります。利用には一定のデータ量（データ品質によりますが目安として最低でも数千件以上）が必要となりますが、一時期はKaggleなどの分析コンペでも上位入賞者の多くが採用していた分析手法です。今回は勾配ブースティング木の中でも実務でよく利用される**LightGBM**を用いてモデルを構築していきたいと思います。

　目的変数は配信したクーポンが利用されるかどうかを予測したいため、クーポン利用有無を記録した「利用フラグ」とします。また、評価指標は**ROC-AUC**を利用します。AUCはArea Under Curveの略であり、ROC-AUCはROCカーブの下部の面積から算出することができます。ROCカーブは、Y軸をTPR（True Positive Rate）、X軸をFPR（False Positive Rate）として、モデルの予測値からポジティブかネガティブを判定する際の閾値を0から1で動かした場合の値をプロットしたものです。TPR（ポジティブに漏れがないか）とFPR（ネガティブをポジティブと予測していないか）の両面を閾値に依存しない形で評価できるため、ポジティブやネガティブにかかわらず誤判定したくないようなケースで有用な指標です。

こちらの指標のスコアは0.5だとランダムな予測と同等となり、1に近づくほど高い精度と評価します。分類モデルを作成する際にはよく利用される指標ですので今回使っていきましょう。また、TPRやFPRについては5章で解説していますので、もし分からなくなった方はそちらを参照いただければと思います。

🗨 図3：ROCカーブとAUC

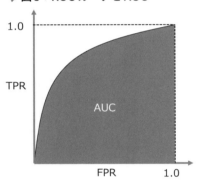

　なお、モデル構築前にステークホルダから「モデルの精度は80%以上」など精度の確約を求められるケースがあります。しかし、必要なデータが取得できなかったり、データ品質が悪かったりなど、モデル構築前には分からない要因でモデルの精度が出ないことも多く、モデルの構築前に精度を確約することは非常に危険です。確約を求められた場合は安請け合いせず丁寧に前述のような特徴を説明して理解いただけるよう努めるとともに、どうしても設定が必要な場合でも、あくまで目安や目標として設定するレベルとして留めるようにしましょう。

🗨 表：モデル方針整理（分析ワークシート「2.分析デザイン」）

	検討項目	備考
分析モデル	勾配ブースティング木（LightGBM）	SHAPでモデル解釈も実施
目的変数	利用フラグ（クーポン利用有無）	
評価指標	ROC-AUC	

▶ 仮説の整理

モデル作成においては目的変数の特徴をうまく表現する説明変数を整理できるかが重要なポイントの一つになります。説明変数はやみくもに手元にあるデータを試すのではなく、仮説を整理してそちらから有力な説明変数の候補を見つけていくことが効果的です。仮説整理の方法としては、該当領域の有識者の経験や知見を活用して整理する方法や、自分が予測したい事象の状況に置かれた場合を仮定して想像してみることが有効です。

今回は、マーケティングチームの有識者にヒアリングしながらクーポン利用に影響がありそうな要素を洗い出すとともに、自分がクーポンを受信したと仮定して利用に影響を及ぼす要素が何かを分析チーム内でディスカッションしながら仮説を整理しました。また、仮説で整理した事象について、どのようなデータがあれば補足できるかを考え、必要なデータや検証の優先度を整理しました。

● 表：仮説の整理（分析ワークシート「2.分析デザイン」）

No	仮説	必要なデータ	検証優先度	備考
1	顧客がよく来店する店舗（マイ店舗）の属性により変わるのでは	顧客データ、店舗データ	中	有識者の間で見解が分かれたため優先度を中に設定
2	顧客の属性（年代、性別など）により変わるのでは	顧客データ	高	
3	顧客の過去の購買状況（購買頻度、製品カテゴリ別の売上など）により変わるのでは	購買データ	高	
4	クーポンの配信条件（ディスカウント率など）により変わるのでは	配信クーポンデータ	高	

▶ データの整理

仮説の整理の中で洗い出したデータの入手に向け、必要なデータの概要や項目、抽出条件等の整理を進めます。データの入手に時間がかかるケースも想定して優先度も整理しておくとよいでしょう。必要なデータ

の具体化が進んだら、データを管理している組織等と、データ利用可否や入手見込み時期等について調整を進めます。今回は「ホビー・アウトドア」の予測モデルを構築していくため、クーポン配信データはクーポンタイプが「ホビー・アウトドア」のレコードに絞ってデータを受領することにしました。それ以外の条件も含めて、今回は次の表のように整理しました。

● 表：データの整理（分析ワークシート「2.分析デザイン」）

No	必要なデータ	データ概要	抽出項目	抽出条件	データの期間・断面	優先度	備考（入手先、状況など）
1	クーポン配信データ	過去に配信したクーポンの条件や、利用有無に関するデータ	クーポン配信日・終了日、ディスカウント率、配信先の顧客ID、利用日など	・クラスタ2をマイ店舗登録している顧客 ・クーポンタイプが「ホビー・アウトドア」 ・クーポンID、顧客ID単位	2022年1月から2023年12月	高	システム管理部門。X月X日頃に入手予定。
2	顧客データ	顧客の属性データ	性別、年齢、マイ店舗登録情報など	・クラスタ2をマイ店舗登録している顧客 ・顧客ID単位	2021年末時点および2022年末時点	高	システム管理部門。X月X日頃に入手予定。
3	店舗データ	関東エリアの店舗の属性データ	店舗区分、立地（郊外・中心部）など	・店舗ID単位	2021年末時点および2022年末時点	中	システム管理部門。X月X日頃に入手予定。
4	購買データ	顧客ごとの過去の購買データ	購買頻度、製品のクラス別売上など	・クラスタ2をマイ店舗登録している顧客 ・顧客単位、年単位	2021年1月から2022年12月	高	システム管理部門。X月X日頃に入手予定。

▶ 成果物の整理

　データ分析を通じて作成する成果物を整理して、ステークホルダと合意します。成果物の整理では、どのような成果物を作るのかという点と合わせて、その成果物が、いつ、どのような意思決定に貢献するのか、誰がどのように利用するのかなど、5W1Hを意識しながら可能な限り具体的

に整理することをお勧めします。例えば、頑張って非常に精度の高いモデルを作ったとしても、利用する部署が前向きでなかったり、使い方に困るようなモデルを作ってしまった場合、せっかく作成した成果物（予測モデルなど）は活用されずにお蔵入りになってしまう可能性が出てきます。そのようなお互いにとって不幸な認識齟齬を減らすためにも、データ分析を開始する前に成果物の活用方法も含めてステークホルダと合意しておきましょう。

今回は、作成したクーポン予測モデルについては、毎月月初に分析チームが予測結果を出力し、マーケティングチームに連携するとともに、マーケティングチームにて配信するクーポンを決定する情報として利用することとしました。また、モデルの特徴や妥当性について説明を求められた際に分析チームやマーケティングチームが説明できるよう、モデルの精度や特徴、制約事項等をまとめたドキュメントを整理することとしました。

🔵 **表：成果物の整理（分析ワークシート「2. 分析デザイン」）**

No	成果物	概要	成果物の活用方法
1	クーポン利用予測モデル	配信クーポンの条件や配信先顧客の属性をインプットに利用確率を出力する予測モデル	・毎月月初に分析チームが予測結果を出力し、マーケティングチームに連携。 ・マーケティングチームにて配信するクーポンを決定する情報として利用。
2	モデル説明資料	クーポン利用予測モデルの精度や特徴、制約事項等についてまとめたドキュメント	予測モデル利用に向けたステークホルダ（マーケティングチーム等）への説明で利用

6▶3 データの収集・加工を進めよう（分析フェーズ3）

それでは分析デザインの整理結果を踏まえてデータの収集や加工を進めていきましょう。

▶ 分析データの仕様を整理しよう

まずは分析で必要となるデータ作成に向けて結合条件などの仕様を整理します。仕様の整理を進める上では入手したデータに対する正しい理解が欠かせません。データの仕様を記載したデータ定義書などがあれば、データと併せて入手しておくとともに、不明な点があれば、適宜データ管理者に問い合わせて理解を深めながら分析データの仕様の整理を進めましょう。

今回は配信したクーポンに関する情報をまとめた「クーポン配信データ」に対して、顧客の属性をまとめた「顧客データ」や、店舗の属性情報をまとめた「店舗データ」、また顧客の購買情報をまとめた「購買データ」を結合して、過去に配信したクーポンに対して顧客がどのような反応をしたかをまとめた「クーポン配信詳細データ」を作成して、モデル作成で利用したいと思います。簡単に整理すると次の表のようになります。

表：分析データ仕様の整理（分析ワークシート「3.データ収集・加工」）

No	分析データ名	分析データ概要	利用データ	データ結合・集計条件
1	クーポン配信詳細データ	クーポン利用履歴データに、顧客情報や店舗情報を結合したデータ	・クーポン配信データ ・顧客データ ・店舗データ ・購買データ	・クーポン配信データに、クーポンを配信した前年末時点の顧客データを左結合 ・顧客データと店舗データを同時点のデータで左結合 ・クーポン配信データに、クーポン配信月の前月から直近1年間の購買情報を購買データから顧客単位で集計して項目作成し追加

今回は、上記の表のように整理した分析データ仕様を活用しながらデータを管理しているシステム管理部門に相談したところ「過去に同様な条件でデータ抽出したことがある」との回答があり、次の表のような「クーポン配信詳細データ」として利用できそうな結合後のデータを入手できました。今回はこちらのデータをベースとして分析を進めていきたいと思います。

表.クーポン配信詳細データの項目一覧

項目	概要	備考
クーポンID	クーポンごとにユニークに採番されるID	PK
クーポン名	配信されたクーポンの名前	
クーポンタイプ	「ホビー・アウトドア」、「家電」などのクーポンを利用できる製品の種類	
ディスカウント率	クーポンのディスカウント率	
配信日	クーポンを配信した日（該当クーポンの利用開始日）	
終了日	クーポンの利用終了日	
顧客ID	顧客ごとにユニークに採番されるID	PK
利用日	クーポンを利用した日。利用がない場合はNullを設定。	

6 「対策の立案と実行」を進めよう（LightGBM、SHAP）

6

「対策の立案と実行」を進めよう（LightGBM、SHAP）

性別	顧客の性別	
年齢	顧客のクーポン配信月の前月時点での年齢	
マイ店舗ID	顧客が最も来店する店舗として選択した店舗のID	
店舗区分	小型、中型、大型などの店舗規模	
立地	郊外、中心部などの立地	
直近_購買回数	クーポン配信月の前月から直近1年の顧客の購買回数	
直近_エンターテインメント・AV機器_購入割合	クーポン配信月の前月から直近1年の顧客のエンターテインメント・AV機器_購入割合	
直近_コンピュータ・モバイルデバイス_購入割合	クーポン配信月の前月から直近1年の顧客のコンピュータ・モバイルデバイス_購入割合	
直近_ホビー・アウトドア_購入割合	クーポン配信月の前月から直近1年の顧客のホビー・アウトドア_購入割合	
直近_家電製品_購入割合	クーポン配信月の前月から直近1年の顧客の家電製品_購入割合	

▶ 分析データの確認や前処理を進めよう

◆ 分析データを読み込んで確認しよう

　それでは、分析データの確認や前処理を進めていきましょう。

　これまでと同じように、まずはGoogle Driveにアクセスして6章のフォルダに入っているサンプルコードを起動します。書籍を見ながら自分でコーディングしたい人は「6_LightGBM.ipynb」を、書籍のコードが記載されたサンプルコードで実行したい場合は「6_LightGBM_anwer.ipynb」をダブルクリックして起動しましょう。

　まず必要なライブラリをインポートした上で、データを格納したGoogle Driveに接続して、データを読み込んでいきます。なお、ファイルのパスについては2章で解説しましたように、本書サポートウェブからダウンロードしたファイルを解凍した上で、Google Driveのマイドライブ直下にアップロードした前提で記載しています。もし別のフォルダにアップロードした場合は先ほどの接続先のGoogle Driveのパスを変更してください。

また、Google Colaboratoryは一定期間操作しない時間が続くとセッションが切れてしまい、それまでの実行情報がクリアされてしまいます。時間をおいてソースコードを実行したり、実行した結果エラーが発生した場合は、先頭から順に再度実行するようにしましょう。

　それでは先頭のセルを実行しましょう。ソースコードを実行するとGoogle Driveへの接続の許可を求める画面が表示されますので、許可をしましょう。すると、「クーポン配信詳細データ.csv」が読み込まれ、先頭の3行の情報が表示されます。

```
import pandas as pd
import os

# Google Driveと接続を行います。これを行うことで、Driveにあるデータにアクセスでき
るようになります。
# 下記セルを実行すると、Googleアカウントのログインを求められますのでログインしてくだ
さい。
from google.colab import drive
drive.mount('/content/drive')

# 作業フォルダへの移動を行います。
# もしアップロードした場所が異なる場合は作業場所を変更してください。
os.chdir('/content/drive/MyDrive/DA_WB/6章/data')

df = pd.read_csv('クーポン配信詳細データ.csv', encoding='SJIS')
df.head(3)
```

● 図4：データの読み込み結果の確認

　実行結果を確認すると、クーポン名やディスカウント率といった配信したクーポンに関する情報や、そのクーポンをどの顧客に配信したのか、どのような店舗で利用されたのか、といった情報が格納されていることが分かります。また、「直近_購買回数」や「直近_○○購入割合」といった項目があります。こちらはクーポン配信月の前月から直近1年間の配信先となる顧客の購買情報を集計した項目になります。先ほど6-3で整理した想定通りのデータが入手できたようです。続いてデータの欠損状況やデータ型を確認してみましょう。これまでの章と同様に「.info()」を利用して確認しますが、()内の引数を設定しないと欠損状況が表示されない場合があります。そのような場合は今回のように、引数として「null_counts=True」を設定することで表示することができますので覚えておきましょう。

```
df.info(null_counts=True)
```

●図5：欠損状況やデータ型の確認

```
<ipython-input-2-acd3301a9435>:1: FutureWarning: null_counts is deprecated. Use show_counts instead
  df.info(null_counts=True)
<class 'pandas.core.frame.DataFrame'>
RangeIndex: 2005101 entries, 0 to 2005100
Data columns (total 18 columns):
 #   Column                                        Non-Null Count     Dtype
---  ------                                        --------------     -----
 0   クーポンID                                       2005101 non-null   object
 1   クーポン名                                        2005101 non-null   object
 2   クーポンタイプ                                      2005101 non-null   object
 3   ディスカウント率                                     2005101 non-null   int64
 4   配信日                                          2005101 non-null   object
 5   終了日                                          2005101 non-null   object
 6   顧客ID                                         2005101 non-null   object
 7   利用日                                          432776 non-null    object
 8   性別                                           2005101 non-null   object
 9   年齢                                           2005101 non-null   int64
 10  マイ店舗ID                                       2005101 non-null   object
 11  店舗区分                                         2005101 non-null   object
 12  立地                                           2005101 non-null   object
 13  直近_購買回数                                      2005101 non-null   int64
 14  直近_エンターテインメント・AV機器_購入割合                2005101 non-null   float64
 15  直近_コンピュータ・モバイルデバイス_購入割合              2005101 non-null   float64
 16  直近_ホビー・アウトドア_購入割合                        2005101 non-null   float64
 17  直近_家電製品_購入割合                              2005101 non-null   float64
dtypes: float64(4), int64(3), object(11)
memory usage: 275.4+ MB
```

　まず、欠損状況ですが、利用日のnon-nullの件数が432,776件と今回の
データのレコード数である2,005,101件よりも少なく、Nullのレコードが
あることが分かります。データを入手したシステム管理部門に確認した
ところ「配信したクーポンが利用されなかった場合、利用日はNullが設
定されるデータ仕様になっている」との回答がありました。今回はクーポ
ン利用有無の予測モデルを作成したいため、こちらの項目が利用できそ
うです。後ほど利用日を利用して目的変数である「利用フラグ」を作成し
ていきたいと思います。

　また、データ型を確認すると次のように幾つか想定と違うデータ型の
ものがありました。

・性別、店舗区分、立地はcategory型ではなく、object型として読み込
　まれている
・配信日、終了日、利用日はdatetime型ではなく、object型として読み
　込まれている

　今回のデータには店舗区分などカテゴリカル変数が含まれます。5章の

決定木モデル作成ではカテゴリカル変数はOne-hot Encodingを実施したうえで説明変数として利用しましたが、LightGBMの大きな特徴としてカテゴリカル変数をそのまま利用することが可能という特徴があります。One-hot Encodingを行うとカテゴリカル変数の値別に分解して項目が作成されるため、その分データ量が増大しますが、カテゴリカル変数のまま利用することでデータ量が増えずメモリを節約できるなどのメリットがあります。そこで、今回はカテゴリカル変数のままモデル作成を進めていきましょう。カテゴリカル変数として利用したい場合は、該当の項目についてデータ型をcategory型に変更します。また、日付項目はdatetime型にしておくと日付計算などの処理が楽になりますので、併せて修正してしまいましょう。

```
df[['性別','店舗区分','立地']] = df[['性別','店舗区分','立地']].astype('cat
egory')
df[['配信日','終了日','利用日']] = df[['配信日','終了日','利用日']].apply(p
d.to_datetime)
df.info(null_counts=True)
```

● 図6：変更後のデータ型の確認

```
<ipython-input-3-cd8de57ec2cc>:3: FutureWarning: null_counts is deprecated. Use show_counts instead
  df.info(null_counts=True)
<class 'pandas.core.frame.DataFrame'>
RangeIndex: 2005101 entries, 0 to 2005100
Data columns (total 18 columns):
 #   Column                                       Non-Null Count      Dtype
---  ------                                       --------------      -----
 0   クーポンID                                      2005101 non-null   object
 1   クーポン名                                       2005101 non-null   object
 2   クーポンタイプ                                    2005101 non-null   object
 3   ディスカウント率                                 2005101 non-null   int64
 4   配信日                                          2005101 non-null   datetime64[ns]
 5   終了日                                          2005101 non-null   datetime64[ns]
 6   顧客ID                                         2005101 non-null   object
 7   利用日                                          432778 non-null    datetime64[ns]
 8   性別                                           2005101 non-null   category
 9   年齢                                           2005101 non-null   int64
 10  マイ店舗ID                                      2005101 non-null   object
 11  店舗区分                                         2005101 non-null   category
 12  立地                                           2005101 non-null   category
 13  直近_購買回数                                    2005101 non-null   int64
 14  直近_エンターテインメント・AV機器_購入割合  2005101 non-null   float64
 15  直近_コンピュータ・モバイルデバイス_購入割合  2005101 non-null   float64
 16  直近_ホビー・アウトドア_購入割合           2005101 non-null   float64
 17  直近_家電製品_購入割合                        2005101 non-null   float64
dtypes: category(3), datetime64[ns](3), float64(4), int64(3), object(5)
memory usage: 235.2+ MB
```

実行結果を見ると、該当項目がdatetime64[ns]やcategoryと表示されており、object型から正しく変換できていることが確認できます。それでは続いて、基本統計量について確認してみましょう。

```
df.describe()
```

● 図7：基本統計量の確認

	ディスカウント率	年齢	直近_購買回数	直近_エンターテインメント・AV機器_購入割合	直近_コンピュータ・モバイルデバイス_購入割合	直近_ホビー・アウトドア_購入割合	直近_家電製品_購入割合
count	2.005101e+06	2.005101e+06	2.005101e+06	2.005101e+06	2.005101e+06	2.005101e+06	2.005101e+06
mean	1.822384e+01	4.810884e+01	1.772358e+01	1.231295e-01	1.782900e-01	3.212235e-01	3.768392e-01
std	8.969876e+00	1.304019e+01	2.287633e+01	8.395268e-02	1.141252e-01	1.515223e-01	1.615535e-01
min	1.000000e+01	1.100000e+01	1.000000e+00	0.000000e+00	0.000000e+00	0.000000e+00	0.000000e+00
25%	1.000000e+01	4.000000e+01	5.000000e+00	8.028973e-02	1.248339e-01	2.503411e-01	2.982115e-01
50%	1.000000e+01	4.800000e+01	1.100000e+01	1.209727e-01	1.733542e-01	3.144185e-01	3.644598e-01
75%	3.000000e+01	5.600000e+01	2.200000e+01	1.646315e-01	2.256956e-01	3.829374e-01	4.339003e-01
max	3.000000e+01	9.600000e+01	9.680000e+02	1.000000e+00	1.000000e+00	1.000000e+00	1.000000e+00

　平均や標準偏差などからデータの傾向を確認することができます。大きな外れ値はなさそうですので今回は外れ値の除外などはせず、このまま準備を進めたいと思います。

　また、日付項目について、minとmaxの日付は妥当そうかを確認しておきましょう。執筆時点において「.describe()」はデフォルトではdatetime型の項目は表示されませんが、引数として「datetime_is_numeric=True」を設定することでpandasが内部的に日付や時刻を数値表現に変換した上でmeanなどの項目を計算して表示してくれます。

```
#日付項目のmin日付とmax日付を表示
df[['配信日','終了日','利用日']].describe(datetime_is_numeric=True)
```

● 図8：min日付とmax日付の確認

	配信日	終了日	利用日
count	2005101	2005101	432776
mean	2022-07-18 08:23:02.675087360	2022-07-26 09:08:54.753511168	2022-07-14 15:44:55.757619712
min	2022-01-08 00:00:00	2022-01-16 00:00:00	2022-01-08 00:00:00
25%	2022-03-19 00:00:00	2022-03-20 00:00:00	2022-03-20 00:00:00
50%	2022-07-02 00:00:00	2022-07-17 00:00:00	2022-07-02 00:00:00
75%	2022-10-15 00:00:00	2022-10-16 00:00:00	2022-07-17 00:00:00
max	2023-04-01 00:00:00	2023-04-16 00:00:00	2023-04-16 00:00:00

　実行結果からminとmaxの日付は今回のデータの対象期間である2022年1月から2023年12月に収まっていることが確認できました。また、分析デザインで整理した通り、今回のデータはクーポンタイプが「ホビー・アウトドア」に絞ったデータです。そこで、対象の期間内に実際に配信された「ホビー・アウトドア」クーポンのminとmaxの配信日・終了日と、表示された日付が一致するかをマーケティングチームに確認したところ日付は一致しており、他の月は別のクーポンタイプを配信していたことを確認できました。

◆ 分析データの前処理を進めよう

　続いて、データの前処理を進めていきます。モデルの構築で必要となる目的変数や説明変数として利用できそうな項目があるかを確認し、必要に応じて作成していきます。

　今回の分析データには、目的変数としてそのまま利用できるクーポン利用有無を示す項目はないようです。しかし、先ほどの欠損値の確認の中でシステム管理部門に確認した通り、項目「利用日」は「配信したクーポンが利用されなかった場合はNullが設定される」というデータの仕様のようです。そこで、項目「利用日」がNullでない（＝クーポンを利用した）場合は1に、そうでなければ0に設定した項目「利用フラグ」を作成して、目的変数として利用することにします。「.notnull()」を利用するとNullでない場合はTrue、Nullの場合はFalseが返却されます。また、「.astype(int)」を利用することでTrueを1に、Falseを0に変換しています。

```
# 利用日がnullでない (=クーポンを利用した) 場合は1、それ以外は0を設定
df['利用フラグ'] = df['利用日'].notnull().astype(int)
```

　続いて説明変数となる項目を確認していきます。クーポンの利用有無に影響がありそうな要因の仮説については分析デザインの中で整理しましたが、下記のような仮説がありました。

💬 **表：クーポン利用有無の仮説**

No	仮説
1	顧客がよく来店する店舗 (マイ店舗) の属性により変わるのでは
2	顧客の属性 (年代、性別など) により変わるのでは
3	顧客の過去の購買状況 (購買頻度、製品カテゴリ別の売上など) により変わるのでは
4	クーポンの配信条件 (ディスカウント率など) により変わるのでは

　仮説として整理したNo1〜No4に関連する項目は次のように、既に受領したデータに一定含まれているように見えます。そこで、一旦は説明変数の追加は行わずにモデルを作成して精度を確認してみたいと思います。

・**店舗情報はマイ店舗の「店舗区分」や「立地」の項目が存在**
・**顧客属性は「性別」「年齢」の項目が存在**
・**顧客の過去の購買情報はクーポン配信月から直近1年間の「購入頻度」**
　「購入額」に関する項目が存在
・**クーポンの配信条件は「ディスカウント率」の項目が存在**

　なお、説明変数の整理にあたっては一般的に次の点に留意する必要があります。

リークにつながる項目ではないか

　先ほど目的変数を作成するために利用した「利用日」ですが、こちらを

説明変数に含めてモデルを構築すると「リーク」と呼ばれる事象が発生します。リークとは予測の答えとなる項目が説明変数に含まれてしまっていることでカンニングのような状態になり、極めて高い予測精度になってしまう事象です。今回、目的変数である「利用フラグ」は「利用日」がnullかどうかで判定して作成したため、もし説明変数として「利用日」を含めると「利用日」がnullかどうかを判定して予測すれば、必ず正解することになってしまい100%の予測精度になります。もしモデルを作成したときに極めて高い予測精度が出た場合は、喜ぶ前にこのようなリークが発生していないかを疑う姿勢が重要です。

予測モデルの利用（推論）時にインプットデータとして用意できる項目か

　前述のリークとも少し関係しますが、説明変数の整理では、予測モデルを実際に利用するタイミングでインプットデータとして準備ができる項目かを意識することが大切です。例えば、翌月の売上を予測するモデルにおいて、翌月の来客数の実績値を説明変数としたとします。その場合、1月に翌月（2月）の売上を予測するためには、1月時点で未来である2月の来客数の実績値をインプットデータとして用意する必要がありますが、それは不可能です。もちろん来客数の見込み値を入力することは可能かもしれませんが、それであれば実績値が利用できる、前年同月の来客数や、過去3カ月の来客数の月平均などを説明変数として利用できないか検討する方が適切でしょう。また、定期的に予測モデルを実行する必要がある場合は、データ取得や前処理などの運用面も含めて準備できそうか考慮することも大事です。今回作成するモデルが、いつ、どのように利用されるのかを踏まえ、そのタイミングで該当の項目がインプットデータとして用意できそうかを意識するようにしましょう。

目的変数との関係性が明らかに低い項目（インデックスIDなど）ではないか

　ランダムに値が割り振られたID項目など、目的変数との関係が明らかに低い項目がある場合は予め説明変数から除外しておきましょう。仮に

これらの項目を説明変数として含めたとしても重要な特徴量として採用されない可能性もありますが、もし不要なパターンを学習してしまうとモデルの利用（推論）時に思ったような精度が出ない原因となる可能性があります。

　以上のような観点を踏まえ、今回のモデル作成で利用する項目のみに絞り込んでおきましょう。なお、モデル構築で利用する項目を「use_list」などの名称で定義しておくと、あとでコードを再確認するときに分かりやすくなり便利です。また、この後のモデル構築で利用するデータフレームとして分かるように「df_lgb」という名前でデータをコピーしておきたいと思います。

```
# 分析に使用する項目に絞り込み
use_list=['利用フラグ','ディスカウント率','性別','年齢','直近_購買回数','直近_
エンターテインメント・AV機器_購入割合',
          '直近_コンピュータ・モバイルデバイス_購入割合','直近_ホビー・アウトドア_
購入割合','直近_家電製品_購入割合',
          '店舗区分','立地']
df_lgb=df[use_list].copy()
```

　最後に、今後モデル構築で利用するデータの外観を確認するためにSweetVizを利用してみましょう。まず、SweetVizのライブラリをインストールします。

```
!pip install sweetviz
```

　続いてフォントの設定やレポートの生成を行います。生成が終わりましたらGoogle Driveの6章の「data」フォルダに格納されたレポートファイルをダウンロードした上で参照して、このあとモデル作成で利用する分析データの外観を押さえておきましょう。なお、SweetVizの利用方法や

実行結果の格納場所、確認観点などを忘れた方は5章をもう一度確認してみましょう。

```
import sweetviz as sv

# フォントの設定
sv.config_parser.read_string('[General]\nuse_cjk_font=1')

# sweetvizのレポートを生成
report = sv.analyze(df_lgb, target_feat='利用フラグ')

# レポートをHTMLとして保存
report.show_html('sweetviz_report.html')
```

● 図9：SweetVizのレポート生成

　これでデータの準備が整いました。最後に基礎集計結果やデータ前処理の内容について、シートに記入しておくと、他の人に説明する際や、後日に自分で思い出すためにも役に立ちますのでポイントを記入しておきましょう。

● 表：基礎集計結果やデータ前処理内容（分析ワークシート「3.データ収集・加工」）

No	分析データ名	基礎集計結果	データ前処理内容
1	クーポン配信詳細データ	・項目「利用日」でNullが存在 →配信したクーポンが利用されなかった場合、利用日はNullが設定されるデータ仕様 ・一部データ型の見直しが必要 object型を category型、datetime型に変換 ・大きな外れ値など、違和感のある項目はなし	・性別、店舗区分、立地はcategory型に変換 ・配信日、終了日、利用日はdatetime型に変換 ・項目「利用フラグ」を作成 →「利用日」がNullでない（＝クーポンを利用した）場合は1に、そうでなければ0に設定

6▶4 データ分析を進めよう（分析フェーズ4）

　それではいよいよLightGBMを利用したモデルを構築に入っていきます。今回のようにモデルの精度が求められる場合は、一度のモデル学習で確定できることは少なく、試行錯誤しながら段階的にモデルを仕上げていくことになります。今回は次の段取りでモデル構築を進めていくことにしたいと思います。

・ベースモデルを作成する
　ホールドアウト法を用いてモデルの精度を評価しながら、説明変数の追加など精度向上に向けた試行錯誤を進め、ベースとなるモデルを作成します。

・クロスバリデーションを適用して汎化性能を確認する
　前段の試行錯誤で見つけた説明変数等を用いてクロスバリデーション法を用いてモデルを評価し、精度劣化が見られないか確認します。

・最終モデルを作成してSHAPで特徴を理解する
　これまでの試行錯誤で見つけた説明変数等を用いて最終的なモデルを構築するとともに、テストデータで精度を確認します。また、ステークホルダへの説明や報告書の作成に向けて、SHAPを利用してモデルの特徴を確認します。

　なお、本書では割愛しますが、モデルの精度向上に向けた最後の仕上げとしてハイパーパラメータのチューニングを実施することもあります。チューニング可能なハイパーパラメータの数は多く、また、設定可能な値のレンジも広いため、人が少しずつ値を変更しながら検証するのは大変

です。そのため、ハイパーパラメータのチューニングを行う場合は、optunaなどのライブラリの利用を検討するといいでしょう。

▶ ベースモデルを作成する

　それでは、まずベースとなるモデルを作成していきたいと思います。モデル作成にあたっては次の表のように分析テーマや分析条件、分析内容などを記録しながら進めると、試行錯誤の状況が残り、次のアクションを検討したり最終的な報告を整理したりする際に便利です。

　今回は、分析テーマとしては先ほどの試行錯誤の段取り（ベースモデル作成など）を記載するとともに、分析条件は分析デザインで整理した内容からポイントを記載し、分析内容としては今回の試行での条件を記載しました。この辺りの記載粒度には決まりはありませんので、最終報告時に必要となる粒度で記録しておくといいでしょう。

● 表：ベースモデル作成の分析条件・内容整理（分析ワークシート「4. データ分析」）

No	分析テーマ	分析条件	分析内容
1	ベースモデルを作成する	■データ：クーポン詳細データ ■スコープ ・クラスタ2の店舗をマイ店舗登録している利用者 ・期間は2022/1/1〜2023/12/31 ■アルゴリズム：LightGBM ■目的変数：利用フラグ（クーポン利用有無）	・ホールドアウト法でROC-AUCを評価指標として精度を確認 ・ハイパーパラメータは一般的な値を利用

◀ 訓練・検証データとテストデータを準備しよう

　それでは、モデル作成に向けて説明変数と目的変数を定義します。前節で作成した「利用フラグ」が目的変数になります。また、「利用フラグ」を除いた項目を説明変数とします。

```
# 説明変数Xと目的変数yを定義
X = df_lgb.drop(columns=['利用フラグ'], axis=1)
y = df_lgb['利用フラグ']
```

続いて、分析データの分割を進めます。今回のように構築したモデルを実運用の中で継続的に利用していくような場合は、新しいデータに対しても安定して高い精度となること（汎化性能）が重要となります。そのようなケースでは一般的には、「訓練データ」、「検証データ」、「テストデータ」という3つのグループにデータを分割してモデル構築を進めます。それぞれのデータの役割は以下の通りです。

・訓練データ
　　モデルの学習で利用するデータです。訓練データを使って、モデルはパターンや関係性を学び、どのように予測や分類を行うかを理解します。

・検証データ
　　モデルが訓練中にどの程度うまく機能しているかを確認するために使用されます。検証データを使って、モデルのパラメータを調整し、最適化します。

・テストデータ
　　モデルの最終的な性能をチェックするためにテストデータを使います。このデータはモデルの訓練や調整には一切使われず、モデルが実際の新しいデータにどのように対応するかを評価するためにのみ利用されます。

　このようにデータを分割した上で、訓練時には利用しなかったテストデータを用いて最終的なモデルの評価を行うことで、「過学習」と呼ばれる状態のモデル（訓練データの特徴をあまりにも詳細に学習してしまい新しいデータを利用すると精度が大きく劣化するモデル）になっていないかを確認することができます。また、新しいデータに対してどの程度正確に予測できるか（汎化性能）を評価することもできるため、今回のモデルを実際の運用時で利用した際にどの程度の効果が期待できそうかを検討する材料としても活用することが可能です。

　それでは、まずはモデルの学習で利用する「訓練・検証データ」と、最終的なモデルの精度を確認する際に利用する「テストデータ」に分けていきましょう。今回は訓練・検証データが70%、テストデータが30%の割合となるようデータを分割したいと思います。

● 図10：訓練・検証データとテストデータの分割

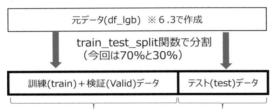

　今回は、「train_test_split」という関数を利用して訓練・検証データとテストデータを分割していきます。なお、今回は時系列性のないデータとしてモデル構築を進めていきますが、時系列性のあるデータの場合は「TimeSeriesSplit」という関数を利用することで時間的順序を保持しながら分割することができます。時系列解析の分野は奥が深いため本書では割愛しますが、時系列データを利用する場合は時間的順序を考慮しないと前述のリークのような問題が発生したり、時系列の特徴（季節性、トレンド、周期性など）の情報欠落によるモデル精度低下などの問題が発生する可能性がある点を覚えておきましょう。

　ソースコードでは、訓練・検証データの説明変数を「X_train_valid」、目的変数を「y_train_valid」としています。また、テストデータとして利用する説明変数を「X_test」、目的変数を「y_test」としています。test_sizeは0.3と設定することで、テストデータの割合が30%となるようにしています。最後にprintで正しく分割できているかを確認したいと思います。

```
from sklearn.model_selection import train_test_split

# 訓練・検証データとテストデータに分割
X_train_valid, X_test, y_train_valid, y_test = train_test_split(X,
y, test_size=0.3, stratify=y ,random_state=1)

# サイズと割合の確認
print(f'X_train_valid: {len(X_train_valid)} ({len(X_train_valid) / l
en(X) * 100:.2f}%)')
print(f'y_train_valid: {len(y_train_valid)} ({len(y_train_valid) / l
en(y) * 100:.2f}%)')
print(f'X_test: {len(X_test)} ({len(X_test) / len(X) * 100:.2f}%)')
print(f'y_test: {len(y_test)} ({len(y_test) / len(y) * 100:.2f}%)')
```

● 図11：訓練・検証データとテストデータ分割後のサイズと割合

```
X_train_valid: 1403570 (70.00%)
y_train_valid: 1403570 (70.00%)
X_test: 601531 (30.00%)
y_test: 601531 (30.00%)
```

　実行結果をみると想定通り、訓練・検証データの説明変数「X_train_valid」と目的変数「y_train_valid」は70%、テストデータの説明変数「X_test」と目的変数「y_test」は30%の割合で分割できていることが確認できます。

　また、先ほどtrain_test_splitのパラメーターとして、stratify=yと設定しましたが、これにより、y（目的変数）と定義した「利用フラグ」の割合を保ちながらデータを分割することができます。実際に分割前後で割合が変わっていないかを確認してみましょう。

```
# 分割前の割合を確認
print('› 利用フラグの割合 (df_lgb) ')
print(df_lgb['利用フラグ'].value_counts(normalize=True))

# 'y_train_valid' の割合を確認
```

「対策の立案と実行」を進めよう（LightGBM、SHAP）

6

265

```
print('>利用フラグの割合 (y_train_valid) ')
print(y_train_valid.value_counts(normalize=True))


# 'y_test' の割合を確認
print('>利用フラグの割合 (y_test) ')
print(y_test.value_counts(normalize=True))
```

● 図12：分割前後の利用フラグの割合確認

```
>利用フラグの割合 （df_lgb）
0    0.784162
1    0.215838
Name: 利用フラグ, dtype: float64
>利用フラグの割合 （y_train_valid）
0    0.784163
1    0.215837
Name: 利用フラグ, dtype: float64
>利用フラグの割合 （y_test）
0    0.784162
1    0.215838
Name: 利用フラグ, dtype: float64
```

　実行結果を見ると、目的変数である利用フラグが同じ割合を保ったまま分割できていることが確認できました。

　なお、5章のコラムに記載しましたように分類モデルを構築する際に注意すべきポイントとして「インバランスデータ」という観点があります。先ほどの実行結果を確認すると、今回のケースでは、クーポンを利用した（利用フラグが「1」）と利用しなかった（利用フラグが「0」）の割合が、それぞれ約22%と約78%となっています。この割合は完全に均等ではありませんが、極端な偏りではないと判断し、今回はアンダーサンプリングなどの手法は適用せず、モデル構築を進めていくことにします。

◆ 目的変数と説明変数を準備して最初のモデルを作成しよう

　それでは最初のモデル構築に向けて、訓練・検証データ（X_train_valid、y_train_valid）を用いて、モデルの学習で利用する「訓練データ」

と、モデルの検証で利用する「検証データ」を分割して作成していきます。ベースモデルの作成では、シンプルな**ホールドアウト法**で訓練データと検証データを分けていきます。ホールドアウト法は訓練・検証データを一定の割合で訓練データと検証データに分割をしたうえで、訓練データを用いてモデルの学習を進め、検証データでモデルの精度の検証を進めるシンプルな方法です。今回は分割の割合としては訓練データを70%、検証データを30%として分割します。

● 図13：訓練データと検証データの分割

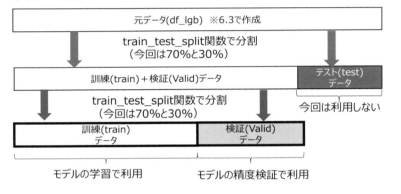

```
# 訓練データと検証データに分割
X_train, X_valid, y_train, y_valid = train_test_split(X_train_valid,
y_train_valid,
                                                      test_size=0.3,
stratify=y_train_valid, random_state=1)

# サイズと割合の確認
print(f'X_train: {len(X_train)} ({len(X_train) / len(X_train_valid)
* 100:.2f}%)')
print(f'y_train: {len(y_train)} ({len(y_train) / len(y_train_valid)
* 100:.2f}%)')
print(f'X_valid: {len(X_test)} ({len(X_valid) / len(X_train_valid) *
100:.2f}%)')
print(f'y_valid: {len(y_test)} ({len(y_valid) / len(y_train_valid) *
100:.2f}%)')
```

● 図14：訓練データと検証データの分割後のサイズと割合確認

```
X_train: 982499 (70.00%)
y_train: 982499 (70.00%)
X_valid: 601531 (30.00%)
y_valid: 601531 (30.00%)
```

　実行結果を確認すると、想定通りの割合でデータが分割できているようです。続いて今回のLightGBMのベースモデルで利用するハイパーパラメータを設定しましょう。ハイパーパラメータの種類は多く存在しますが、今回は次のように初期値を中心に値を設定してモデルを構築していきたいと思います。

● 表：設定するハイパーパラメータ

名称	概要
objective	作成したいモデルのタイプにあわせて設定します。今回は二値分類モデルを作成したいため'binary'を設定します。
metric	モデルの評価指標を指定します。今回は誤分類の割合を測定する'binary_error'を設定します。
boosting_type	ブースティングのタイプを指定します。今回は連続的に木を構築していく勾配ブースティング木のため'gbdt'を設定します。
num_leaves	一つの木における葉の数を指定します。この数が多いほど、モデルは複雑になりますが、過学習のリスクも高まります。今回は初期値である31を設定します。
learning_rate	次の学習加算する重みの大きさを指定します。小さい値ほど学習に時間がかかりますが、精度向上が期待できます。今回は初期値である0.1を設定します。
max_bin	特徴量の分割点を計算する際に利用するヒストグラムのビンの最大値を設定します。大きくするほど精度が向上し、小さくすると計算が高速化する傾向があります。今回は初期値である255を設定します。
verbosity	学習の途中経過として出力するログのレベルを指定します。今回はログの出力を抑制するため−1を設定します。
random_state	結果の再現性を保証するための乱数シードです。今回は1を設定します。

```
# ハイパーパラメータを設定
params = {
    'objective': 'binary',
    'metric': 'binary_error',
    'boosting_type': 'gbdt',
    'num_leaves': 31,
    'learning_rate': 0.1,
    'max_bin': 255,
    'verbosity': -1,
    'random_state': 1
}
```

　それでは設定したハイパーパラメータなどを利用しながら、LightGBM
でベースモデルの作成を進めていきましょう。

```
import lightgbm as lgb

# LightGBMのデータセット形式に変換
dtrain = lgb.Dataset(X_train, label=y_train)
dvalid = lgb.Dataset(X_valid, label=y_valid)

# LightGBMでモデルを作成
model = lgb.train(
    params,
    dtrain,
    num_boost_round = 10000,
    valid_sets = dvalid,
    callbacks = [lgb.early_stopping(stopping_rounds=100),
                 lgb.log_evaluation(1)])
```

　ソースコードを解説すると次の通りです。

・**1行目**で必要となるLightGBMのライブラリをインポートしています。
その後、4〜5行でLightGBM専用のデータセット形式に変換しています。

dtrainはモデルの学習で利用され、dvalidはモデルの検証で利用される
データです。

・**8〜14行目**でLightGBMを用いたモデル作成を実行しています。勾配
ブースティング木では、前の決定木の誤りを修正するように連続的に複
数の決定木を作成していきますが、決定木の数が多くなりすぎると学習
データの傾向を過度に学習してしまう過学習などの問題が発生します。
そのため、early_stoppingという仕組みを利用して訓練中に検証データで
精度を確認しながら決定木の作成を進めることで、過学習を抑制すると
ともに訓練の効率化を狙っています。具体的な設定としては、num_
boost_roundの値の分（今回は10000回）、最大で決定木の作成を継続しま
すが、early stoppingに設定した値の回数（今回は100回）連続で精度の改
善が見られない場合は訓練を停止するように設定しています。実行結果
を確認してみると、図のような実行結果が表示されています。なお、これ
以降のモデルの実行結果について、皆さんが実行した際の実行回数や
binary errorの値の表示は図の値と異なることがありますが内容の解釈の
方法は同じです。本書の記載は図の実行結果が出た場合を例として解説
します。

● **図15：最初のベースモデル学習の実行結果**

```
[215]    valid_0's binary_error: 0.20778
[216]    valid_0's binary_error: 0.207784
[217]    valid_0's binary_error: 0.207796
[218]    valid_0's binary_error: 0.207787
[219]    valid_0's binary_error: 0.207789
Early stopping, best iteration is:
[119]    valid_0's binary_error: 0.207687
```

「[219]　valid_0's binary_error: 0.207789」という表示から、このモデル
作成では219個の決定木を作成して精度を確認したことが分かります。た
だし、early stoppingを100と設定していたため、100回連続で改善が見ら
れない場合に訓練を停止することになります。このケースでは「Early

stopping, best iteration is:」が「[119] valid_0's binary_error: 0.207687」と表示されており、119個の決定木を使ったモデル以降は精度が改善されなかったため、219回目で訓練を打ち切ったことが分かります。また、119回目のbinary errorは0.207687ということで、検証データの正解値と比較して予測結果が誤っていた割合は約20.77%ということも分かります。

それでは続いてROC-AUCでスコアを算出して精度を確認してみましょう。

```
from sklearn.metrics import roc_auc_score, auc

# 作成したモデルで予測値を算出
y_pred = model.predict(X_valid, num_iteration=model.best_iteration)

# ROC-AUCを計算
auc_score = roc_auc_score(y_valid, y_pred)
print('ROC-AUC: {:.2f}'.format(auc_score))
```

● 図16：最初のベースモデルのROC-AUC

```
⤷   ROC-AUC: 0.73
```

1行目で必要となるROC-AUCスコア算出で必要となるライブラリをインポートするとともに、4行目で先ほど作成したモデルを用いて予測値を算出しています。予測値の算出では検証データとともに、モデル作成時に一番精度が高かった決定木の数（イテレーション数）である119がmodel.best_iterationに記録されているため、そちらをnum_iteration（作成する決定木の数）に設定して利用しています。また、7〜8行目で、算出した予測値と検証データからROC-AUCを算出し、結果を出力しています。

実行結果を見ると「ROC-AUC: 0.73」ということが分かります。ROC-AUCは0.5の場合はランダムな予測結果と同様となり1に近づくほど高い精度になります。0.73は悪くない精度ですが、もう少し精度を改善ができ

ないかを試行錯誤してみたいと思います。

◆ 精度改善に向けて説明変数を追加しよう

　予測精度を改善するためには、目的変数をうまく表現する特徴量の追加を検討することがとても重要です。今回のケースでは、目的変数であるクーポン利用有無（利用フラグ）に影響するような要因について再度検討したところ、「**クーポンの配信期間が利用率に影響するのでは**」という新しい仮説が出てきました。そこで、配信日から終了日までの日数を計算して「**配信期間（日）**」として新しい特徴量を追加することにします。

```
# 配信日から終了日までの日数を計算して配信期間（日）として新しい列に追加
df['配信期間（日）'] = (df['終了日'] - df['配信日']).dt.days + 1
```

　また、新しい特徴量を作成するアプローチとしては、数値項目を区間ごとにグループ分けをしたり、複数の項目を組み合わせて新しい特徴量を作成するなどの手法があります。これらの手法は**特徴量エンジニアリング**と呼ばれることがあります。特徴量エンジニアリングはKaggleなどのモデルの精度を競う分析コンペでも欠かせない技術であり奥が深い分野です。興味のある方は書籍『Kaggleで勝つデータ分析の技術』（門脇 大輔, 阪田 隆司, 保坂 桂佑, 平松 雄司, 技術評論社, 2019）に詳しく解説されていますので、ぜひそちらを参照いただければと思います。

　今回のケースでは、年代や性別ごとにクーポン利用率が異なることが考えられるため、項目「年齢」から10歳単位でグループ分けした「年代」という項目を新しく作成するとともに、「年代」と「性別」を組み合わせた「年代＋性別」という特徴量を新しく追加したいと思います。

```
# '年代'項目の作成
df['年代'] = pd.cut(df['年齢'], bins=[0, 9, 19, 29, 39, 49, 59, 69,
79, 89,120],
                  labels=['9歳以下', '10代', '20代', '30代', '40代',
```

```
                             '50代', '60代', '70代', '80代', '90歳以上'])

# '年代と性別' 項目の作成
df['年代+性別'] = df['年代'].astype(str) + df['性別'].astype(str)
df[['年代+性別','年代']] = df[['年代+性別','年代']].astype('category')
```

　まず、年代は3章と同様の方法で、年齢に対してbinsとlabelsを設定して作成しています。その後、年代と性別を組み合わせた「年代+性別」という項目を新しく追加するとともに、変数の型を「category」型に変換しています。

　元データへの特徴量の追加が完了しても、訓練データや検証データに追加した特徴量が反映されなければ意味がありません。そのため、分析データの再作成を進めます。まずは、use_listに先ほど作成した特徴量を追加した上で、分析データの元となる「df_lgb」を再作成しましょう。

```
# 分析に使用する項目に絞り込み
use_list=['利用フラグ','ディスカウント率','性別','年齢','直近_購買回数','直近_
エンターテインメント・AV機器_購入割合',
        '直近_コンピュータ・モバイルデバイス_購入割合','直近_ホビー・アウトドア_
購入割合','直近_家電製品_購入割合',
        '店舗区分','立地','配信期間（日）','年代+性別','年代']
df_lgb=df[use_list].copy()
```

　続いて、最初のモデル作成前に実行した、一連の分析データ作成に関するコードを実行します。コードの内容は先ほど実行したものと同様です。

```
# 説明変数Xと目的変数yを定義
X = df_lgb.drop(columns=['利用フラグ'], axis=1)
y = df_lgb['利用フラグ']

# 訓練・検証データとテストデータに分割
```

```
X_train_valid, X_test, y_train_valid, y_test = train_test_split(X,
y, test_size=0.3, stratify=y ,random_state=1)
```

```
# 訓練データと検証データに分割
X_train, X_valid, y_train, y_valid = train_test_split(X_train_valid,
y_train_valid, test_size=0.3, stratify=y_train_valid, random_stat
e=1)
```

　それでは、もう一度モデルの構築を実行してみましょう。こちらのコードも先ほどのモデル構築時のコードと同じです。こちらも、皆さんが実行した際の実行回数やbinary errorの値の表示は図の値と異なることがありますが内容の解釈の方法は同じですので、今回は図の実行結果が出た場合を例に解説します。

```
# LightGBMのデータセット形式に変換
dtrain = lgb.Dataset(X_train, label=y_train)
dvalid = lgb.Dataset(X_valid, label=y_valid)

# LightGBMでモデルを作成
model = lgb.train(
    params,
    dtrain,
    num_boost_round = 10000,
    valid_sets = dvalid,
    callbacks = [lgb.early_stopping(stopping_rounds=100),
              lgb.log_evaluation(1)])
```

●図17：特徴量追加後のベースモデル学習の実行結果

```
[185]    valid_0's binary_error: 0.196316
[186]    valid_0's binary_error: 0.196314
[187]    valid_0's binary_error: 0.196321
[188]    valid_0's binary_error: 0.196323
[189]    valid_0's binary_error: 0.196326
[190]    valid_0's binary_error: 0.196337
Early stopping, best iteration is:
[90]     valid_0's binary_error: 0.196252
```

実行結果を見ると「Early stopping, best iteration is」が「[90] valid_0's binary_error: 0.196252」と表示されており、先ほどのbinary errorの値「0.207687」よりも精度は改善していそうです。実際にROC-AUCを見てみましょう。

```
from sklearn.metrics import roc_auc_score, auc

# 作成したモデルで予測値を算出
y_pred = model.predict(X_valid, num_iteration=model.best_iteration)

# ROC-AUCを計算
auc_score = roc_auc_score(y_valid, y_pred)
print('ROC-AUC: {:.2f}'.format(auc_score))
```

● 図18：特徴量追加後のベースモデルのROC-AUC

```
 ⏎  ROC-AUC: 0.79
```

ROC-AUCを見ると0.79と、先ほどより精度が向上していることが確認できました。このように、モデル精度向上に向けては、目的変数をうまく表現するような特徴量を検討した上で、実際にモデルに適用して精度が向上したかを確認し、再度特徴量を検討し・・・という流れを繰り返していきます。

なお、ROC-AUCは前述の通りROCカーブを描いた場合の下部の面積になりますが、今回はどのようなROCカーブになっているのかを描写して確認してみましょう。

```
from sklearn.metrics import roc_curve
import matplotlib.pyplot as plt

# ROCカーブを描画
```

```
fpr, tpr, _ = roc_curve(y_valid, y_pred)
plt.figure()
plt.plot(fpr, tpr, color='darkorange', lw=2, label='ROC curve (area
= %0.2f)' % auc(fpr, tpr))
plt.plot([0, 1], [0, 1], color='navy', lw=2, linestyle='--')
plt.xlim([0.0, 1.0])
plt.ylim([0.0, 1.05])
plt.xlabel('False Positive Rate')
plt.ylabel('True Positive Rate')
plt.legend(loc='lower right')
plt.show()
```

● 図19：ベースモデルの ROC カーブ

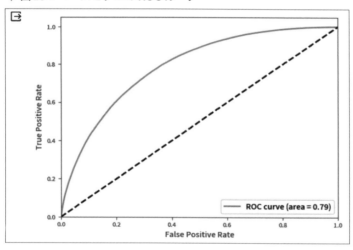

　ROC カーブを確認すると左上に頂点を持つ綺麗な曲線になっており、途中でへこんでいるなど問題となるような極端な傾向はなさそうです。特徴量追加による精度向上も確認できましたので、今回はこちらで次のステップに進みたいと思います。

▶ クロスバリデーションを適用して汎化性能を確認する

　ここまではホールドアウト法でベースとなるモデルを作成してきました。しかし、ホールドアウト法の欠点として訓練・検証データを固定して訓練や検証するため、一部のデータに偏った学習がされている可能性がある点があります。今回のモデル構築のように汎化性能を求めたい場合はクロスバリデーション法を用いて確認することが効果的です。クロスバリデーション法は図のように、訓練データと検証データをずらしながら複数回モデル構築を行い、精度の検証を行う方法です。これにより単一の訓練・検証データ分割に基づく評価よりも、モデルの性能に関するより信頼性の高い結果が得られます。

●図20：クロスバリデーションによる訓練データと検証データの分割

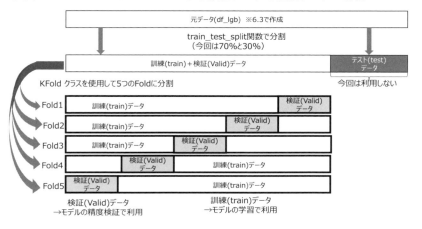

　それでは汎化性能を確認するためにクロスバリデーション法を利用してモデルの精度を確認してみましょう。今回は5つのFold（分割数）でクロスバリデーションを実施したいと思います。

● 表：クロスバリデーション適用の分析条件・内容整理（分析ワークシート「4.データ分析」）

No	分析テーマ	分析条件	分析内容	分析結果（精度など）	ネクストアクション
1	ベースモデルを作成する	■データ：クーポン詳細データ ■スコープ ・クラスタ2の店舗をマイ店舗登録している利用者 ・期間は2022/1/1〜2023/12/31 ■アルゴリズム：LightGBM ■目的変数：利用フラグ（クーポン利用有無）	・ホールドアウト法でROC-AUCを評価指標として精度を確認 ・ハイパーパラメータは一般的な値を利用	・ROC-AUCは0.79と一定の精度がでている ・ROCカーブについて極端な傾向はない	・クロスバリデーションを適用して汎化性能を確認
2	クロスバリデーションを適用して汎化性能を確認する	■データ：クーポン詳細データ ■スコープ ・クラスタ2の店舗をマイ店舗登録している利用者 ・期間は2022/1/1〜2023/12/31 ■アルゴリズム：LightGBM ■目的変数：利用フラグ（クーポン利用有無）	・クロスバリデーションを適用してROC-AUCで汎化性能を確認 ・ハイパーパラメータは一般的な値を利用	分析後に記入	

```
from sklearn.model_selection import KFold

# KFold クロスバリデーション
n_splits = 5
kf = KFold(n_splits=n_splits, shuffle=True, random_state=1)
best_iterations = []
fold_aucs = []
fprs, tprs = [], []

for fold, (train_index, valid_index) in enumerate(kf.split(X_train_v
alid)):

    #fold毎に訓練データと検証データを作成
    X_train, X_valid = X.iloc[train_index], X.iloc[valid_index]
    y_train, y_valid = y.iloc[train_index], y.iloc[valid_index]

    # LightGBMのデータセット形式に変換
    dtrain = lgb.Dataset(X_train, y_train)
    dvalid = lgb.Dataset(X_valid, y_valid)

    # LightGBMモデルの作成
    model = lgb.train(params,
```

```
                        dtrain,
                        num_boost_round=10000,
                        valid_sets = dvalid,
                        callbacks = [lgb.early_stopping(stopping_round
s=100),
                              lgb.log_evaluation(1)])

    # best_iterationを保存
    best_iterations.append(model.best_iteration)
    print(f'Fold {fold + 1} - Best Iteration: {model.best_iteratio
n}')

    # 予測とROC-AUCの計算
    y_pred = model.predict(X_valid, num_iteration=model.best_iterati
on)
    auc_score = roc_auc_score(y_valid, y_pred)
    fold_aucs.append(auc_score)
    print(f'Fold {fold + 1} - ROC-AUC: {auc_score:.2f}')

    # ROCカーブの計算
    fpr, tpr, _ = roc_curve(y_valid, y_pred)
    fprs.append(fpr)
    tprs.append(tpr)
```

　少し長いですが、前回のコードからの変更点を中心に確認していきま
しょう。

・1行目から8行目は、必要なライブラリのインポートや各Foldでのモデ
ル訓練結果を格納するリストを作成しています。またFold数としてn_
splitsは5と設定するとともに、shuffle=Trueとすることで、データをラン
ダムにシャッフルされてから分割されるようにしています。

・10行目はX_train_validを5つのFoldに分割するとともに、各Foldの訓
練データと検証データのインデックス情報をtrain_index, valid_indexに
セットしています。また、Foldの数だけ後続のモデル構築や評価を繰り返

すようにしています。その後、取得したtrain_index, valid_indexをもと
に、12行目から14行目で各Foldの訓練データや検証データを作成してい
ます。

・**17行目から26行目**で、LightGBMのデータセット形式に変換や
LightGBMモデルの作成を行っています。こちらはベースモデル作成時
と同様の内容です。

・**29行目から41行目**は、後続で利用するbest_iterationやauc_score、fpr,
tprを算出して、Fold毎の値としてリストに格納しています。

　それでは各Foldのbest_iterationとauc_scoreの平均値や、ROCカーブ
の状況を確認してみましょう。

```python
# 各Foldのbest_iterationの平均値
average_best_iteration = round(sum(best_iterations) / n_splits)
print(f'\nAverage Best Iteration: {average_best_iteration:.2f}')


# 各FoldのROC-AUCの平均値
average_auc = sum(fold_aucs) / n_splits
print(f'Average ROC-AUC: {average_auc:.2f}')


# 全FoldのROCカーブを重ねて描画
plt.figure()
for i in range(n_splits):
    plt.plot(fprs[i], tprs[i], lw=2, label=f'Fold {i + 1} (ROC-AUC =
{fold_aucs[i]:.2f})')
plt.plot([0, 1], [0, 1], color='navy', lw=2, linestyle='--')
plt.xlim([0.0, 1.0])
plt.ylim([0.0, 1.05])
plt.xlabel('False Positive Rate')
plt.ylabel('True Positive Rate')
plt.legend(loc='lower right')
plt.show()
```

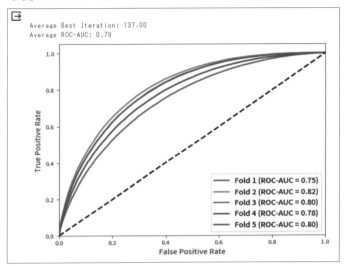

実行結果から平均ROC-AUCをみると0.79と先ほどと変化していないことが分かります。汎化性能も問題はなさそうです。またベストなイテレーション数の平均は137回ということが分かります。

▶ 最終モデルを作成してSHAPで特徴を理解する

◆ 最終モデルを作成して精度を確認しよう

それでは、これまでの試行で得られた説明変数等を活用して最終モデルを作成していきたいと思います。

● 表：最終モデルの分析条件・内容整理（分析ワークシート「4.データ分析」）

No	分析テーマ	分析条件	分析内容	分析結果（精度など）	ネクストアクション
2	クロスバリデーションを適用して汎化性能を確認する	■データ：クーポン詳細データ ■スコープ ・クラスタ2の店舗をマイ店舗登録している利用者 ・期間は2022/1/1～2023/12/31 ■アルゴリズム：LightGBM ■目的変数：利用フラグ（クーポン利用有無）	・クロスバリデーションを適用してROC-AUCで汎化性能を確認 ・ハイパーパラメータは一般的な値を利用	・ROC-AUCは0.79と一定の精度がでている ・ROCカーブについて極端な傾向はない	・利用した特徴量等を用いて最終的なモデルを作成
3	最終モデルを作成してSHAPで特徴を理解する	■データ：クーポン詳細データ ■スコープ ・クラスタ2の店舗をマイ店舗登録している利用者 ・期間は2022/1/1～2023/12/31 ■アルゴリズム：LightGBM ■目的変数：利用フラグ（クーポン利用有無）	・ホールドアウト法でROC-AUCを評価指標として精度を確認 ・作成したモデルについてSHAPを用いてモデルの特徴を確認	分析後に記入	

　最終モデルには先ほどまで訓練や検証に利用してきたデータを訓練データとしてモデルを作成し、これまで利用してこなかったテストデータを利用して評価を行い、最終的なモデルの精度を確認します。

● 図22：最終モデルの学習と精度評価に利用するデータ

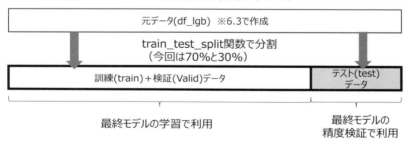

それでは作成を進めます。作成する決定木の数（イテレーション数）はearly_stoppingを利用せず、先ほどのクロスバリデーションを用いたモデル訓練時に得られたベストなイテレーション数の平均値（137回）を記録したaverage_best_iterationを設定しています。

```
# LightGBM用のデータセットを作成
dtrain = lgb.Dataset(X_train_valid, y_train_valid)

# モデルの訓練
model_final = lgb.train(
    params,
    dtrain,
    num_boost_round=average_best_iteration
)
```

モデル作成が完了したらROC-AUCとROCカーブを確認してみましょう。

```
# テストデータによる予測とROC-AUCの評価
y_pred = model_final.predict(X_test, num_iteration=average_best_iter
ation)
auc_score = roc_auc_score(y_test, y_pred)
print('ROC-AUC: {:.2f}'.format(auc_score))

# テストデータのROCカーブの描画
fpr, tpr, _ = roc_curve(y_test, y_pred)
plt.figure()
plt.plot(fpr, tpr, color='darkorange', lw=2, label='ROC curve (area
= %0.2f)' % auc(fpr, tpr))
plt.plot([0, 1], [0, 1], color='navy', lw=2, linestyle='--')
plt.xlim([0.0, 1.0])
plt.ylim([0.0, 1.05])
plt.xlabel('False Positive Rate')
plt.ylabel('True Positive Rate')
plt.legend(loc='lower right')
plt.show()
```

● 図23：最終モデルのROCカーブ

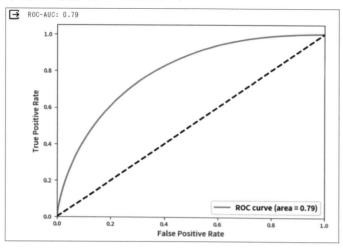

　最終的なモデルの精度は0.79になりました。最終モデル構築前のモデルと比較しても精度の差はないため、汎化性能は十分にありそうです。また、精度も0.79ですので、一定の精度があるモデルが作成できたと言えるのではないでしょうか。

　また、モデルに過学習などの問題が発生していないかを確認する方法として、学習データのスコア（今回はROC-AUC）との比較があります。通常、学習データのスコアは似たような値になるはずですが、大きな乖離がある場合は過学習やリークの可能性がありますので、仕上げとして確認してみましょう。ソースコードは利用するデータを今回のモデルの学習で利用したX_train_validやy_train_validなどに変更していますが、それ以外は先ほどとほぼ同じです。

```
# 学習データによる予測とROC-AUCの評価
y_pred_train = model_final.predict(X_train_valid, num_iteration=aver
age_best_iteration)
auc_score_train = roc_auc_score(y_train_valid, y_pred_train)
print('Training Data ROC-AUC: {:.2f}'.format(auc_score_train))
```

```
# 学習データのROCカーブの描画
fpr_train, tpr_train, _ = roc_curve(y_train_valid, y_pred_train)
plt.figure()
plt.plot(fpr_train, tpr_train, color='darkorange', lw=2, label='ROC
curve (area = %0.2f)' % auc(fpr_train, tpr_train))
plt.plot([0, 1], [0, 1], color='navy', lw=2, linestyle='--')
plt.xlim([0.0, 1.0])
plt.ylim([0.0, 1.05])
plt.xlabel('False Positive Rate')
plt.ylabel('True Positive Rate')
plt.title('ROC Curve(Training Data)')
plt.legend(loc='lower right')
plt.show()
```

● 図24：最終モデルの ROC カーブ（学習データ）

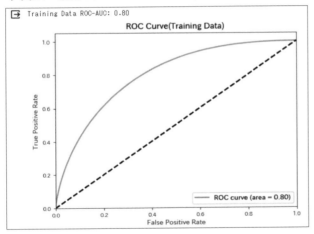

実行結果を確認すると AUC-ROC が0.80とテストデータとほぼ同じス
コアでした。過学習などの問題は発生していないようです。

なお、今回のケースでは、原則としてすべての顧客にクーポンを配信す
ることを計画していますが、例えばコストの関係でクーポンの配信対象
を利用確率の高い上位20%の顧客に絞る必要がある場合も考えられま

す。このような状況では、CAP（Cumulative Accuracy Profile）曲線の利用が非常に便利ですので少し解説します。

　CAP曲線は、予測確率が高い順にデータを並べ、X軸に累積件数の割合、Y軸に目的変数が真（True）である事象を全体の何％捕捉しているかをプロットしたものです。この曲線を使って、モデル上位の○○％でターゲット（目的変数が真）全体の何％を捕捉できるかを知ることができます。試しに表示してみましょう。

　ソースコードでは、今回はNumpyというライブラリを使って計算しています。Numpyは高速な数値計算などを得意としており、Pythonでよく利用するライブラリの1つです。例えば「.argsort()」を使うと（）内に指定した配列についてソートした場合のインデックスを返却してくれるなど、Pandasにはない便利な関数がありますので今回利用していきましょう。

```python
import numpy as np

# CAP曲線
# 予測確率が高い順にデータをソート
sorted_indices = np.argsort(y_pred)[::-1] #y_predを降順にソートした場合の
インデックスを格納
y_test_sorted = y_test.reset_index(drop=True)[sorted_indices]

# 累積的な正確性の計算
cumulative_true_positive = np.cumsum(y_test_sorted)
total_positives = np.sum(y_test)
cumulative_true_positive_rate = cumulative_true_positive / total_pos
itives
cumulative_true_positive_rate = cumulative_true_positive_rate.reset_
index(drop=True)

# x軸のデータ（パーセンタイル）
x_values = np.arange(len(y_test)) / len(y_test)

# CAP曲線の作成
plt.figure(figsize=(7, 6))
```

```
plt.plot(x_values, cumulative_true_positive_rate, color='blue', labe
l='CAP曲線（モデル）')
plt.plot([0, 1], [0, 1], color='grey', linestyle='-.', label='ランダム
（ベースライン）')
plt.plot([0, total_positives/len(y_test), 1], [0, 1, 1], color='re
d', linestyle='--', label='完璧なモデル')

# グラフの設定
plt.xlabel('% of the data')
plt.ylabel('% of positive obs')
plt.title('CAP曲線')
plt.legend(loc='lower right')

# グラフの表示
plt.show()
```

● 図25：CAP曲線の例

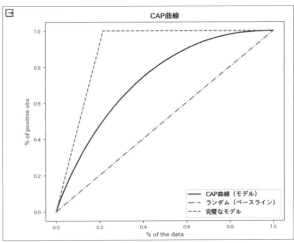

　表示されたCAP曲線から、例えば予測確率の高い上位20%に絞りたい
場合は、X軸が0.2の点に対応するY軸の値を確認することで「全員に
クーポン配布する場合と比較して40%程度が反応しそうだ」という見積
もりが可能です。

　なお、グラフには「完全なモデル」と「ランダム（ベースライン）」という線も表示しています。こちらは、例えば全体の顧客が100人で、うちクーポンを利用する顧客が20人のデータの場合を考えると、最も理想的なケースは、モデルの予測確率が高い上位20%の中に、実際にクーポンを利用する20人全員が含まれることです。これを「完全なモデル」と呼びます。一方、クーポンに反応しそうな人をランダムに選ぶ方法は、モデルの性能を基準とする「ランダム（ベースライン）」として使用します。

　CAP曲線は通常、「完全なモデル」と「ランダム（ベースライン）」の間に位置し、CAP曲線が「完全なモデル」に近づくほどモデルの精度が高いといえます。クーポンを全体の20%にしか配布できないというような制約がある場合、全体の正解率やAUCよりも、CAP曲線のX軸が20%時点のY軸の値がビジネス上重要な意味を持ちます。なぜなら、以降の精度がいくら高くても結局クーポン対象とならず、ビジネス上のインパクトがないためです。このようなグラフを実務で使うこともありますので覚えておきましょう。

◆ 最終モデルの特徴をSHAPで理解しよう

　最後に、最終モデルの解釈を進めていきましょう。LightGBMのような勾配ブースティング木やディープラーニングなどの分析手法を利用することで、事象を正確にとらえた精度の高いモデルの構築が期待できますが、その分モデルが複雑になり解釈が難しくなるという欠点があります。ただ、そのような複雑なモデルであっても一定モデルの特徴を解釈する手法が存在します。代表的な手法が**SHAP**という手法です。SHAP（SHapley Additive exPlanations）は、モデルの予測に対する各特徴量の貢献度を理解するための方法です。SHAPの仕組みを正確に理解するためには元となる協力ゲーム理論のシャープレイ値の考え方から理解する必要があるため本書では割愛しますが、イメージとしてはある特徴量を含めた場合と除外した場合のモデルの予測結果の違いを比較して、その違いを特徴量の「貢献度」と考えるような方法とイメージしておくといいでしょう。実際には、単に一つの特徴量を除外するだけでなく、全ての組み

合わせにおける予測の変化を比較して平均を取ることで、その特徴量の平均的な貢献度を計算します。詳しく学びたい人は書籍『機械学習を解釈する技術 予測力と両立する実践テクニック』(森下 光之助,技術評論社,2021) に数式や具体例も含めて詳しく解説されていますのでお勧めです。

　それでは実際にSHAPを利用して、作成した最終モデルの特徴を確認してみましょう。まずはSHAPを使うために必要なライブラリをインストールします。また、SHAPで計算した結果をグラフで描写しますが、日本語の項目を含んだデータでは文字化けしてしまうため、日本語を表示するためのライブラリとして「japanize_matplotlib」をインストールします。

```
!pip install shap
!pip install japanize-matplotlib
```

　続いてSHAP値の計算を実行します。計算には少し時間がかかりますので実行が終わるまでしばらく待ちましょう。

```
# (注釈) 実行完了まで時間がかかります
import shap
import japanize_matplotlib


# SHAPのExplainerを用いて、モデル (model_final) のSHAP値を計算
explainer = shap.TreeExplainer(model_final)
shap_values = explainer.shap_values(X_test)
```

　まず、2~3行目で必要なライブラリをインポートしています。次に6行目でSHAP値の計算のためにexplainerオブジェクトを作成しています。今回はLightGBM (決定木ベース) で先ほど作成した最終モデル (model_final) の解釈を行いたいためshap.TreeExplainerを利用します。explainer

は、例えば線形モデル（ロジスティック回帰、線形回帰など）の場合は
shap.LinearExplainerを利用するなど、解釈したいモデルに合わせて変更
する必要がありますので注意しましょう。7行目から、先ほど作成した
explainerオブジェクトを利用してテストデータ（X_test_df）を用いて
SHAP値を計算しています。

　実行が終わったら算出したSHAP値を幾つかのグラフで表示を行い、
モデルの特徴を確認してみましょう。まずは要約プロットです。

```
# SHAP値の要約プロットを生成
shap.summary_plot(shap_values, X_test)
```

💬**図26：要約プロット**

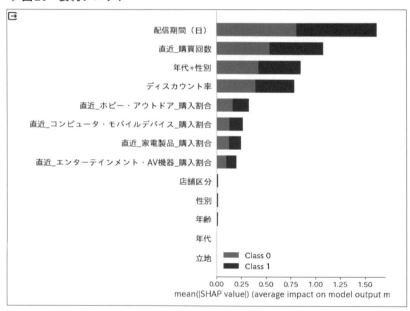

　このグラフでは各特徴量に対して、SHAP値の絶対値を取ったうえで
算出した平均値を表示しています。棒グラフの長さはその特徴量がモデ
ル出力に与える平均的な影響の大きさを表しており、長いバーほどその

特徴量がモデルが分類を判定する際において重要であることを示しています。また、2つのクラス（利用フラグの値が0と1）で色を分けて表示しています。今回のグラフでは、配信期間（日）や直近_購買回数などがクラス分けに特に影響していることが分かります。

　なお、モデルの特徴を確認する方法としては、**特徴量の重要度（importance）**を確認するという方法もあります。実際にプロットしてみましょう。

```
# 特徴量の重要度の描画
import matplotlib.pyplot as plt
import japanize_matplotlib

lgb.plot_importance(model_final, max_num_features=30, importance_type='gain')
plt.show()
```

● 図27：Feature importance

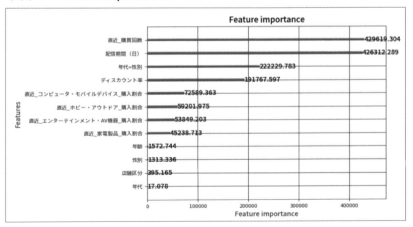

　結果を見ると、SHAPとは算出方法が異なるため特徴量の順序など若干異なる部分はあるものの、SHAP値とほぼ同様の傾向があることが分かります。このようにモデル全体の傾向であれば、SHAPではなく重要度

を見ることでも確認することは可能です。

　しかし、SHAPを利用するメリットとしては、より局所的にレコード単位でモデルの特徴を確認することが可能という点があります。例えば、予測値が外れたレコードについて、モデルがどのように解釈しているのかを確認したい場合は、該当のレコードのSHAP値を見て局所的に状況を把握することが可能です。実際に試しに確認してみましょう。

　まずはある特徴量に絞って、特徴量の値とSHAP値の関係を散布図で表示してみます。今回は先ほどのSHAP値の要約プロットのグラフで重要度が一番高く表示されていた「**配信期間（日）**」について確認します。

```
# 特定の特徴量に関する依存関係プロットを生成
for i in range(2):
  print('Class', i)  # クラスのインデックスを出力
  shap.dependence_plot(
      ind='配信期間（日）',  # 分析対象の特徴量
      interaction_index=None,  # 特徴量間の相互作用を考慮しない
      shap_values=shap_values[i],  # i番目のクラスに対するSHAP値
      features=X_test)  # 特徴量データ
```

● 図28：配信期間（日）の値とSHAP値の散布図

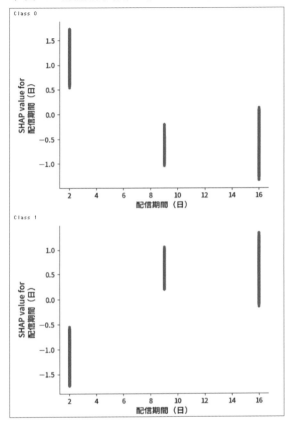

　このグラフでは特定の特徴量（ここでは「配信期間（日）」）の値の変化がモデルの予測にどのような影響を与えるかを確認することができます。例えば、クラス1（クーポンを利用）のグラフを確認すると、配信期間（日）が増えるとSHAP値が増加する（クラス1に分類される）傾向があることが分かります。ただし、配信期間（日）が9日と16日ではそれほど差はなさそうなため、配信期間が長ければ長いほど良いというわけではないことも分かります。

　続いてwaterfall plotを用いて確認してみましょう。

```
# プロットする観測値のインデックス
obs_idx = 4

# 最新のwaterfall plot関数を使用してプロットを生成
shap.plots.waterfall(
    shap.Explanation(
        values=shap_values[1][obs_idx, :],   # 特定の観測値に対するSHAP値
        base_values=explainer.expected_value[1],   # モデル予測の基準値（
期待値)
        data=X_test.iloc[obs_idx, :],   # 特定の観測値の特徴量データ
        feature_names=X_test.columns   # 特徴量の名前
    )
)
```

💬 図29：waterfall plot

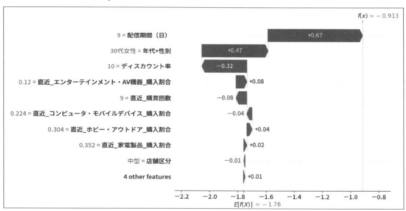

　ここではインデックスが4のレコードに対するSHAP値をプロットしています。右向きの赤いバーは正に影響（クラス1の予測に寄与）、左向きの青いバーは負に影響（クラス0の予測に寄与）していることを示しています。インデックス4のレコードは、「配信期間（日）」の値は9ですが、右向きの赤いバーが大きく表示されておりクラス1に分類される大きな要素となっていることが分かります。先ほど確認した散布図のプロットとして、配信期間（日）が9日や16日の場合は利用率は上がる傾向がありま

したが、そちらの傾向と一致していることが分かります。なお、ディスカウント率などは逆に方向の左向きの青いバーとなっていますので、クラス0に分類する要素として影響していることが分かります。

　以上のように、SHAPを利用することで比較的簡単に構築したモデルの特徴を解釈することができます。ただし、一つ注意点としては、こちらはあくまで今回作成したモデルの特徴を解釈しているだけであり、直面する事象に対する因果関係を示しているわけではないということです。その点を注意しながらぜひ活用いただければと思います。

　それでは今回の最終モデルの結果についても記入しておきましょう。

● 表：最終モデルの分析結果等の整理（分析ワークシート「4. データ分析」）

No	分析テーマ	分析条件	分析内容	分析結果（精度など）	ネクストアクション
3	最終モデルを作成してSHAPで特徴を理解する	■データ：クーポン詳細データ ■スコープ ・クラスタ2の店舗をマイ店舗登録している利用者 ・期間は2022/1/1〜2023/12/31 ■アルゴリズム：LightGBM ■目的変数：利用フラグ（クーポン利用有無）	・ホールドアウト法でROC-AUCを評価指標として精度を確認 ・作成したモデルについてSHAPを用いてモデルの特徴を確認	・ROC-AUCは0.79と一定の精度がでている ・ROCカーブについて極端な傾向はない ・配信期間（日）や直近_購買回数等の項目が特に効いている。 ・配信期間（日）は長いほど利用率は上がる傾向があるが9日→16日では大きな差はない（長ければいいというものではなさそう）	モデルの特徴をドキュメントで整理して報告

6▶5　分析結果を整理・活用しよう（分析フェーズ5）

　最後に、実施した分析結果の整理した上でステークホルダへの報告を進めます。

　今回は「ホビー・アウトドア」に関するクーポン利用予測モデルを構築しましたが、その後に同様の手順で「家電」に関するクーポン利用予測モデルの構築を進めた結果、同様の精度を持つモデルを構築することができました。

　モデルの構築後、分析結果（モデルの精度や特徴など）を踏まえた考察や、予測モデルを活用して配信するクーポンを出し分ける対策についてマーケティングチームに提案したところ提案が採用され、2024年4月から試行的にクーポンを出し分ける運用を実施することになりました。今後、分析チームとしては、試行運用に向けた準備と並行して、その後にモデルを本格的に継続利用する場合の準備として、データドリフト等によるモデルの精度劣化がないかを定期的にチェックする運用の整理にも着手する予定です。

　また、4月の試行運用に向けてマーケティングチームから「クーポン利用予測モデルの利用を試行運用後も継続するか等を判断するために、今回の施策がクーポン利用率に対してどの程度の効果があったのか確認してほしい」との依頼がありました。いよいよ次が最後の章になりますが、データ分析を用いた効果検証について進めていきましょう。

● 表：分析結果や考察、提案の整理（分析ワークシート「5.分析結果の活用」）

No	分析結果（事実）	考察	提案	採否	優先度	備考
1	LightGBMを用いて、クーポン利用有無を下記精度で予測するモデルを構築。精度や汎化性能について確認済み （参考）　ホビー・アウトドアモデル ROC-AUC:0.79	下記の特徴があり、有識者の感覚としても違和感のない特徴が出ている （参考）　ホビー・アウトドアモデル ・配信期間（日）や直近_購買回数等の項目が特に効いている ・配信期間（日）は長いほど利用率は上がる傾向があるが9日→16日では大きな差はない（長ければいいというものではなさそう）	PoCとして利用するには十分な精度であり、4月の配信クーポン判断で活用することを提案	○	―	正式な運用開始に向けてはデータドリフト等によるモデル精度劣化の定期的なモニタリング運用の整理を進める

6

「対策の立案と実行」を進めよう（LightGBM、SHAP）

297

第7章

「対策の評価」を
進めよう
（重回帰分析）

7▶0 準備

6章ではデータ分析を活用した対策として、クーポン利用予測モデルを構築するとともに、それを活用した対策の提案を進めました。しかし、課題解決プロセスは対策を実行して終わりではなく、実施した対策は効果があったのかなど「対策の評価」を行い、その結果を踏まえて改善に向けて課題解決プロセスを繰り返していくことが重要です。課題解決プロセスの一連の流れを学ぶため、7章では効果検証を進めていきましょう。

　7章では、まず効果検証の際に気を付けるべきセレクションバイアスに触れた上で、セレクションバイアスの影響を低減しながら効果検証を行う方法はどのようなものがあるかについて解説します。また、最終的には回帰分析を用いた効果検証を行い、6章で整理したクーポンを出し分ける対策によってクーポン利用率がどれくらい向上したのかを確認していきます。前述のように課題解決に向けては、対策の効果を定量的に把握して改善のサイクルを繰り返していくことが重要であり、そのためには本章のような効果検証の考え方を押さえておく必要があります。少し前提となる知識が多く難しく感じるかもしれませんが、まずはざっと内容を確認して概念を押さえておくだけでも今後のデータ分析プロジェクトで役に立つと思います。それでは最後の仕上げとしてぜひこの章に取り組んでいただければと思います。

● 図1：今回対象とする課題解決フェーズ

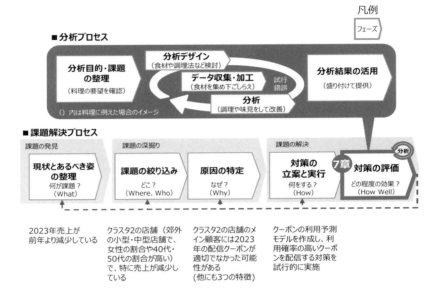

■分析プロセス

凡例 [フェーズ]

分析目的・課題の整理（料理の要望を確認）　分析デザイン（食材や調理法など検討）　データ収集・加工（食材を集め下ごしらえ）　分析（調理や味見をして改善）　試行錯誤　分析結果の活用（盛り付けて提供）

（）内は料理に例えた場合のイメージ

■課題解決プロセス

課題の発見　現状とあるべき姿の整理　何が課題？（What）

課題の深掘り　課題の絞り込み　どこ？（Where、Who）　原因の特定　なぜ？（Why）

課題の解決　対策の立案と実行　何をする？（How）　7章　対策の評価　どの程度の効果？（How Well）　分析

2023年売上が前年より減少している

クラスタ2の店舗（郊外の小型・中型店舗で、女性の割合や40代・50代の割合が高い）で、特に売上が減少している

クラスタ2の店舗のメイン顧客には2023年の配信クーポンが適切でなかった可能性がある（他にも3つの特徴）

クーポンの利用予測モデルを作成し、利用確率の高いクーポンを配信する対策を試行的に実施

▶ あなたが置かれている状況

　6章では5章で特定した原因の1つである「クーポン利用が定期的な購買につながっている可能性があるが、2023年の配信クーポンは店舗クラスタ2のメイン顧客には適切でなかった可能性がある」という点への対策として、クーポン利用予測モデルを構築するとともに、予測モデルを踏まえて配信するクーポンを出し分ける運用を提案しました。結果、提案が採択され4月から3か月間、店舗クラスタ2の店舗を対象にクーポンを出し分ける対策を試行的に実施することになりました。

　試行運用に向けて準備を進めていたところ、マーケティングチームから「クーポン利用予測モデルの利用を試行運用後も継続するか等を判断するために、今回の施策がクーポン利用率に対してどの程度の効果があったのか確認してほしい」との依頼があり、今回も先輩社員とともにあなたが担当することになりました。それでは、実際にクーポン利用率にどれくらい変化があったのかの効果検証を進めていきましょう。

7

「対策の評価」を進めよう（重回帰分析）

301

▶先輩からのアドバイス

　課題解決の取り組みは対策を実行したら終わりではなく、対策の効果を測定して、対策の継続可否等を検討するといった改善のサイクルを繰り返すことが重要です。この「対策の効果を測定する」という点はデータ分析が貢献できる大きなポイントの一つですが、正確な効果検証を行うためには注意すべき点が多く存在します。少し長くなりますが次の順で解説していきます。

1．効果検証の基本的な考え方や用語について
2．セレクションバイアスについて
3．RCT（Randomized Controlled Trial）について
4．回帰分析を利用した効果検証について

◆ 1．効果検証の基本的な考え方や用語について

　まず、効果検証の基本的な考え方や用語について確認していきましょう。

　効果検証を行う上では、対策実施前と対策実施後のように何らかの差を取る必要があるため、「対策実施を行った対象」と「対策実施を行わなかった対象」を分ける必要があります。今回、この「対策実施を行った対象」のことを「介入対象」と呼ぶことにします。また、実際に対策によって変化したと捉えたいものを「介入効果」と定義します。

　ここで、対策の介入効果を測ろうとした場合、例えば「対策実施前は売上が90万円だったが、対策実施後は売上が100万円になったので、対策（介入）には売上10万円分の効果があった」といったように、単純に対策実施前と対策実施後の差などを測れば簡単に測定できるのではないか、と思われるかもしれません。確かに、非常に大まかな効果を把握したい用途であればそのような確認で済ますこともあります。しかし、より正確に対策の効果を検証したい場合はそのような単純な確認で済ますことは危険です。

例えば、来店数を向上させるために、3か月間お客さまに対してDMを送ったとしましょう。その際、単純にDM送付前の3か月とDM送付後の3か月の来店数の差をDMによる効果と捉えていいでしょうか？　上記の例では次のような別の要素による来店効果も考えられます。

・**季節性による影響**（もともと来店数が多い月である）
・**他の対策による影響**（対策実施期間にのみ特売日が存在している）
・**新商品の販売による影響**（対策実施期間は新商品が多くリリースされた）

　そのため、例えば「対策実施前は売上が90万円だったが、対策実施後は売上が100万円になった」という場合、対策の実施有無にかかわらず、季節性（もともと該当の期間は売上が高い）により何もしなくても10万円分売上が増加していたかもしれないのです。このように対策の効果を正確に把握するためには対策以外の要素を考慮した上で効果の検証を進めていく必要があります。

◆ 2. セレクションバイアスについて

　介入（対策など）以外に効果に影響する要素として「**セレクションバイアス**」があります。バイアスとは、「偏り」「偏見」「先入観」などを意味し、認識の歪みや偏りを表現する言葉として使われます。効果検証の際に重要となる「セレクションバイアス」は、介入を行う対象と介入を行わない対象に生じるバイアスのことを指します。先ほどと同様に具体例を挙げながら解説していきましょう。

　今回は売上増に向けて、お客さまに対してDMを送る例を考えます。まず、DMを送る人と送らない人を分けて「DM送付群」、「DM非送付群」とします。この際、DMによる売上の効果がより大きくなるように、購買しそうなお客さまに送付することにし、DM送付対象（DM送付群）を「過去3か月以内に購買があった人」にしたとします。

● 図2：DM配信の例

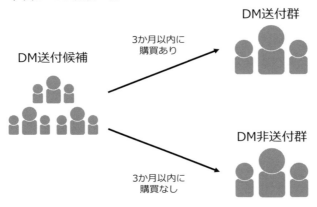

　このケースにおいてDM送付の効果を確認したい場合、単純に「DM送付群」と「DM非送付群」で一人当たりの平均売上の差を見ることが適切でしょうか？　答えは適切とは言えないでしょう。

　例えば、「DM送付群」は過去3か月以内に購買があった人のため、DM有無にかかわらず定期的に来店する人も含まれるなど、「DM非送付群」と比べて潜在的に売上が大きくなる人が多い可能性が高いと考えられます。そのため、単純な「DM送付群」と「DM非送付群」の一人当たりの平均売上の差は「見せかけの効果」であり、実際にはDM送付による効果の他に、元の購買意欲の差など別の要因が含まれています。

● 図3：セレクションバイアスの例

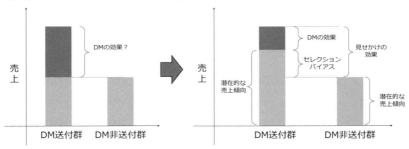

このように、比較しているグループの潜在的な傾向が違うことによって発生するバイアス のことを「セレクションバイアス」と呼び、単純な「DM送付群」と「DM非送付群」の売上の差ではDM送付による介入効果を正確に測ることができません。この「セレクションバイアス」が生じたまま効果を測定してしまうと、得られる結果は対策実施による効果のみではなく、他の要素も混じった結果となります。例えば、DMによる効果はほとんどなく、他要素の影響によって効果が大きい場合、DMを送るコストがマイナスとなってしまい、ビジネス上間違った対策推進となる可能性もあるのです。

　ではどうしたらセレクションバイアスの影響を低減して対策の効果を測定できるのでしょうか？　様々な効果検証の方法がありますが、ここでは代表的な方法として「**RCT**」や「**回帰分析を利用した効果検証**」を取り上げます。

◆ 3．RCT（Randomized Controlled Trial）について

　まずRCTについて解説します。先の例ではDMを送付する人をあるルールによって、対策実行者が作為的に決めていたのでセレクションバイアスが発生してしまいました。そのため、DMを送付する人を対策実行者の意図なく、無作為に選んで設定するとセレクションバイアスはほとんどなくなるはずです。このように介入対象をランダムに設定し、得られた差を比較することを「RCT（無作為化比較実験、Randomized Controlled Trial）」と呼びます。

　本来最も理想的な検証方法は、まったく同じサンプルで比較する、ということです。つまり、同じ人に対して同じ期間でDMを送った場合とDMを送らない場合の2つの状況を作り出し、売上がどう異なるかを確認できれば理想です。しかし、これはタイムマシンがなければ実現が難しく現実的ではありません。そのため、実際に実行可能で、妥当な検証方法を考えます。

　それは、介入対象を対策実行者の意図なく、完全にランダムに決めてしまう方法です。先のDMの例では、DM送付者を完全にランダムに決めて

対策実施後の効果の差を測定する、ということになります。極端な話、コインの裏表で決めるとかもありでしょう。

● 図4：RCT（DM配信）の例

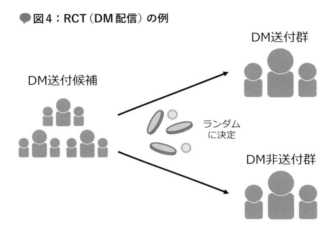

　介入の有無をランダムに決めてしまえば、サンプル数（お客さまの数）が多ければ多いほど、介入対象と非介入対象に潜在的な売上傾向の差がなくなり、同質な比較対象とみなすことができます。これにより、対策以外の要素による売上効果が薄まるため、対策の介入効果をより正確に測定可能となります。RCTを利用した効果検証の簡単な例は本章の最後にコラムとして掲載していますので理解を深めたい方はそちらをご確認ください。RCTは、例えばWebページのUIの検証等「ABテスト」と呼ばれる形でよく利用されています。

　では、すべての対策についてRCTを行えばよいのでしょうか？　確かにRCTを行うことで妥当な効果検証を行うことができますが、デメリットもあります。例えば、先の例ではDMを送るにはコストがかかるため、より反応の良い人に絞ってDMを送ることがビジネス的な観点では効率的です。しかし、RCTを行う場合にはDM送付有無はランダムで選定する必要があるため「反応の良い人に絞ってDMを送付する」といった作為的なDM送付先の選定ができません。また、システムの都合上、DMを出す人、出さない人を分ける際に新しい機能開発となり、コストがかかって

しまう場合もあるでしょう。以上のように、効果検証の観点ではRCTが理想的ですが、ビジネス上の理由等によりRCTの実施が難しいケースが存在します。そこで、次にRCTを行うことが難しい場合でもセレクションバイアスの影響を低減しながら効果検証を行う方法を学んでいきましょう。

◆ 4. 回帰分析を利用した効果検証について

セレクションバイアスが存在するときに、その影響を低減する一つの方法が回帰分析を用いた効果検証です。今回の効果検証では重回帰分析を利用しますが、回帰分析に馴染みのない方もいらっしゃると思いますので、前段として回帰分析について少し解説します。

回帰分析とは

回帰分析とは、調べたいデータの項目（変数）の間の関係性を数式で表現することで、変数同士の関係性の理解やある変数の予測をしたりする統計学の分析手法になります。現状の理解や将来の予測にも利用できるため、非常に重宝されている分析手法になります。

今回利用する重回帰分析は単回帰分析を拡張した形になるので、まずは単回帰分析を解説します。予測したい変数を目的変数、それを説明する変数を説明変数と呼びますが、単回帰分析は数式で表すと下記のように非常にシンプルな式で表すことができます。

$$Y = \beta_0 + \beta_1 X + \varepsilon$$

Y ：目的変数
X ：説明変数
β_0 ：切片
β_1 ：回帰係数
ε ：誤差項

　式からもわかるように、単回帰分析は2つの変数（目的変数と説明変数）の関係性を直線で表す数理モデルとなります。つまり、説明変数が上がれば、目的変数は説明変数が上がった分に応じて上昇する関係性を表すモデルとなります。単回帰分析は例えば以下のような変数の分析で利用されます。

・売上と来店数の関係
・親の身長と子供の身長の関係性
・携帯のバッテリー容量と使用時間の関係

　図で表すと次図のような関係になり、適切な直線を見つけるのが単回帰分析となります。

●図5：単回帰分析の例（売上と来店数の関係）

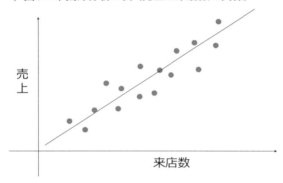

重回帰分析とは

　重回帰分析は単回帰分析の変数を増やしたものとなります。単回帰分析は2つの変数間の関係性を直線で表したものですが、重回帰分析は複数の変数と予測したい変数の関係性をそれぞれの複数の変数の足し算の形で表したものになります。例えば以下のような変数の分析で利用されます。

・売上における曜日、セール、イベントの影響
・家賃における築年数、最寄駅からの距離、広さの影響
・気温における湿度、気圧、雲量の影響

　上記のように、単回帰分析よりも利用できる変数を増やし、より汎用的になった分析が重回帰分析になります。重回帰分析は、各々の説明変数との関係性が足し算の形で表せるため、数式で表すと下記のように表されます。

$$Y = \beta_0 + \beta_1 X_1 + \beta_2 X_2 + \cdots + \beta_p X_p + \varepsilon$$

Y	：目的変数
$X_1, \cdots, X_p$	：説明変数
β_0	：切片
$\beta_1, \cdots, \beta_p$	：偏回帰係数
ε	：誤差項

　上の数式を見ると、ある一つの変数が変化することによる目的変数への影響は偏回帰係数のみで決定していることとなります。よって、説明変数の目的変数 Y への効果量は、効果を確認したい説明変数の偏回帰係数を見れば定量的に算出できることとなります。ただし、式で利用されている説明変数が実は目的変数に影響を与えない変数である可能性もあります。この説明変数の確からしさを確認する指標として p 値があります。偏回帰係数が0の場合、目的変数に影響のない説明変数ということになりますが、p 値は各説明変数に対して、偏回帰係数が0であるかを測る指標になります。偏回帰係数の p 値が大きい場合は算出された偏回帰係数が本当は0である可能性を捨てきれなくなるため、p 値が十分小さい値であることを確かめる必要があります。p 値は統計的仮説検定の考え方となり、一般的には0.05を下回ると概ね確からしいと判断することができます。さらに精度の高い検証をする際は0.01を設定することもあります。

重回帰分析を利用した効果検証

　それでは重回帰分析を利用した効果検証を考えていきましょう。通常の重回帰分析とほとんど同じなのですが、目的が「**介入効果を確認する**」となるため、少し数式が変わってきます。効果検証の場合は次のようになります。

$$Y = \gamma_0 + \gamma_1 Z + \gamma_2 X + \varepsilon$$

Y ：目的変数
Z ：介入変数
X ：共変量
γ_0 ：切片
γ_1, γ_2 ：偏回帰係数
ε ：誤差項

　上の式と何が違うかというと、説明変数として介入変数Zが明示的に表されている点と、共変量Xという新しい変数がセットされた点です。

・介入変数Z

　対策の有無を表す変数で、今回の例でいうと出し分けクーポンが配信されたかどうかに当たります。また、介入変数に対する偏回帰係数が対策における「効果」として判定します。

・共変量X

　セレクションバイアスを発生させていると想定される変数になります。つまり、「目的変数Yと介入変数Zの両方に関係する変数」となります。今回の分析でいうと例えば店舗クラスタ2かどうかで介入（対策）の実施可否を決めているため、店舗クラスタなどが該当します。

上記以外にも「目的変数のみに関係する変数」や「介入変数のみに関係する変数」なども考えられますが、今回の目的は目的変数に対する介入変数の効果の確認のため、関係する目的変数Yと介入変数Zならびに共変量Xのみモデル化の変数として利用します。これは、目的変数のみに関係する変数による目的変数Yへの影響は切片であるγ_0に吸収され、介入変数のみに関係する変数はそもそも目的変数Yとは関係しないためです。

🔵 図6：効果検証におけるモデル化

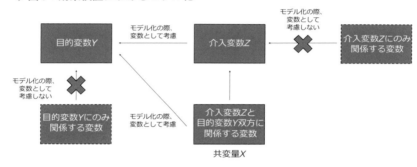

　なお、セレクションバイアスが発生している変数を追加しなかった場合は、その影響は介入変数の偏回帰係数に含まれてしまうため、妥当な効果測定ができなくなってしまいます。そのため、この共変量の設定が非常に重要になってきます。数式上では共変量は一つとなっていますが、一つに限らず複数の変数となる場合がほとんどです。

　少し長くなりましたが、効果検証を進める前提となる知識について解説しました。最初から完全に理解することは難しいかもしれませんが、後ほど実際にコードを実行しながら理解を深めていくようにしましょう。それでは6章で実施した配信クーポンの出し分け対策の効果を確認すべく、実際に共変量を考慮した分析モデルを作成し、効果検証を進めていきます。

7▶1 | 分析の目的や課題を整理しよう（分析フェーズ1）

　6章では5章で特定した原因の1つである「クーポン利用が定期的な購買につながっている可能性があるものの、2023年の配信クーポンは店舗クラスタ2のメイン顧客には適切でなかった可能性がある」という点への対策として、クーポン利用予測モデルの構築やモデルを活用した対策を提案しました。結果、モデルを活用したクーポン配信の運用を4月から試行的に実施することが決まりました。

　しかし、クーポン利用予測モデルを利用する対策を試行運用後も継続するか等を判断するためには、今回の対策がどの程度の効果があったのか確認する必要があります。そこで「対策の評価」に向けてデータ分析を活用した効果検証を進めていきたいと思います。

● 表：課題解決フェーズの状況と貢献ポイント（分析ワークシート「1.分析目的・課題の整理」）

課題の深掘り		課題の解決	
課題の絞り込み	原因の特定	対策の立案と実行	対策の評価
どこで課題が発生しているか	なぜ課題が発生しているか	どのような対策を打つか	どの程度の効果があったか
クラスタ2の店舗（郊外の小型・中型店舗で、女性の割合や40代・50代の割合が高い）で、特に売上が減少している	売上が減少していない顧客は、2022年のクーポン利用率が高い顧客が多い→クーポン利用の習慣化により、定期的な購買行動につながっている可能性がある→2023年はエンターテインメント・AV機器やコンピュータ・モバイルデバイスを中心にクーポンを配信したが、クラスタ2の店舗のメイン顧客には効果的でなかった可能性がある	配信クーポンの利用予測モデル構築 ■概要 ・配信クーポンの条件や配信先の顧客属性をインプットに、クーポンの利用有無を予測するモデルを構築する。 ・予測結果をマーケティングチームに連携して配信クーポンの利用率向上を目指す ■対策主管／連携先 分析チーム／マーケティングチーム	不明確 →分析で明らかにする

7▶2 分析のデザインをしよう（分析フェーズ2）

　それでは効果検証を行うに当たって、分析のデザインを進めていきます。分析ワークシートを利用しながら、分析概要や分析スコープなどを整理していきましょう。

▶ 分析方針の整理

　それでは分析方針を整理していきましょう。分析目的は先ほどの7-1で整理した結果を踏まえ「クーポンを出し分ける対策の効果を定量的に測定し、クーポン利用予測モデルの利用を試行運用後も継続するか等の判断に活用する」としました。

　続いて分析概要や手法の整理です。まずは、今回の効果検証の対象となるクーポン配信の実施内容について整理しましょう。ステークホルダと調整した結果、クーポン利用予測モデルを活用した対策は次のような条件で試行運用を進めることになりました。

＜対策実施前（2022年1月から2024年3月）＞
　・どの顧客にも同一のクーポンタイプおよび条件で毎月1回配信

＜対策実施後（2024年4月から2024年6月）＞
　・店舗クラスタ2をマイ店舗舗登録している顧客には、予測モデルを活用して「家電」と「ホビー・アウトドア」で確率が高い方のクーポンを配信
　・それ以外の顧客には「家電」のクーポンを配信
　・クーポンタイプ以外の条件（ディスカウント率など）は同一の条件で毎月1回配信

　また、今回確認したいことはクーポンを出し分ける対策（介入）がクーポン利用率に効果があったかどうかです。そのためクーポンを出し分ける対策の対象か否かを判別するクーポンの「出し分け」フラグを介入変数として回帰分析を行います。また、回帰分析により得られたクーポンの「出し分け」フラグの偏回帰係数が対策（介入）の効果になりますので、後ほどそちらを確認したいと思います。

● **図7：クーポン配信の概要**
■ 2022年1月 〜 2024年3月

■ 2024年4月 〜 2024年6月

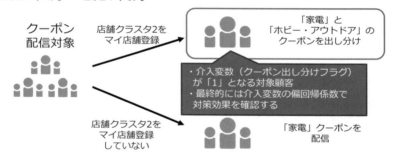

　続いて分析スコープですが、対策の実施期間である2024年4月から2024年6月を含む、2022年1月から2024年6月までを対象とします。データ粒度は顧客単位だとデータ量が非常に多くなるため、今回は店舗単位に毎月のクーポン利用状況を集約し、モデル構築（回帰分析）を進めていきたいと思います。また、対象の店舗は全店舗（クラスタ1〜3）とします。

●表：分析方針の整理（分析ワークシート「2.分析デザイン」）

	検討項目	備考
分析目的	クーポンを出し分ける対策の効果を定量的に測定し、クーポン利用予測モデルの利用を試行運用後も継続するか等の判断に活用する	
分析概要	クーポンの出し分けをクラスタ2の店舗のみに実施し、過去のクラスタ2以外の店舗も含む利用率と比較することで、対策の効果を測定する	
分析手法	モデル化（回帰分析）	
分析スコープ・条件	・対策実施期間である2024年4月から2024年6月を含む、2022年1月から2024年6月 ・データ粒度は店舗単位に毎月のクーポン利用状況を集約し利用 ・対象の店舗は全店舗（クラスタ1〜3）	

▶ モデル方針の整理

　作成するモデルの方針を整理します。今回は効果検証として重回帰分析を利用した効果検証を行っていきます。目的変数を店舗ごとのクーポン利用率とし、重回帰分析を行っていきます。なお、重回帰分析を実施する際には次のような留意点があります。

・線形性の仮定
　重回帰分析においては、各説明変数と目的変数の間に線形関係があることを仮定しており、この仮定が満たされないと予測精度の低下などの問題が発生します。カテゴリカル変数については、One Hot Encodingなどで対処します。説明変数に数値変数が含まれる場合は、可視化によって線形関係を確認し、もし満たされない場合には対数変換やビン化などを行うことで対処します。

・多重共線性
　説明変数間に強い相関がある場合、多重共線性という問題が発生します。多重共線性が存在すると、個々の説明変数の効果を分離して推定することが困難になり、回帰係数の推定値が不安定になるなどの問題が

発生します。多重共線性の存在をチェックする方法としてVIFがあるため、今回も最後にVIFを算出して確認します。

・値の範囲が決まった目的変数への考慮
利用率など値の範囲が決まっているものを重回帰分析を行う場合は、予測値が値の範囲を超えてしまうことがあります。こちらはロジット変換などの手法を使うことで防ぐことができますが、一方でモデルの解釈が難しくなってしまうデメリットがあります。今回作成するモデルの目的は予測値の算出ではなく効果検証であることもあり、説明性を重視してロジット変換などは行わずに実施することにします。

他にも誤差項の独立性などの留意点がありますが、今回は直接関係しないこともあり割愛します。重回帰分析に限らず、モデル構築においては利用する分析モデルの仕組みを理解して、前提としている条件を満たしているかを確認しながら分析を進めるようにしましょう。

また、重回帰分析で得られた介入変数の偏回帰係数について確からしさを確認するため、偏回帰係数のp値を確認するようにします。

●表：モデル方針整理（分析ワークシート「2.分析デザイン」）

	検討項目	備考
分析モデル	重回帰分析	
目的変数	クーポン利用率	
評価指標	-（p値による評価）	介入変数の偏回帰係数の確からしさを確認

▶ 仮説の整理

前述の「先輩からのアドバイス」の記載の通り、効果検証においては共変量の整理が非常に重要になります。共変量候補の選定に向けた仮説の整理は次のステップで進めるとよいでしょう。

Step1. 介入対象（対策の実施対象）の決定方法を整理する

Step2. 決定方法を表現する変数を選択する（例：店舗クラスタ等）

Step3. 選択した変数の中で目的変数 Y と関係のありそうな変数を共変量
候補とする

◆ Step1. 介入対象（対策の実施対象）の決定方法を整理する

　セレクションバイアスを発生させていそうな共変量を探すためにまず
は介入対象（対策の実施対象）の決定方法を確認しましょう。先ほどの
「分析方針の整理」から、ポイントとなる点を次のように整理しました。

・2024年4月〜2024年6月に「家電」クーポンと「ホビー・アウトドア」
　クーポンの出し分けを行う
・対象店舗は店舗クラスタ2の店舗とし、その際、クラスタ2以外の店舗
　には「家電」クーポンを配信する
・クーポンのディスカウント率は各月によって変化する

　以上の介入対象の決定方法をよりシンプルに共変量候補として、検討
観点とともにまとめると次のようになります。なお「ディスカウント率」
については含めるかは判断が難しいところですが、介入対象期間と介入
対象期間外で全く同質のディスカウント率とは断定できないため、今回
は考慮に加えることにします。

・2024年の配信（トレンドの観点より）
・4〜6月の配信（季節性の観点より）
・店舗クラスタ2の店舗に配信（クーポン対象者の観点より）
・「家電」クーポンの対象期間に配信（クーポンタイプの観点より）
・各月のクーポンのディスカウント率で配信（その他の観点より）

◆ Step2. 決定方法を表現する変数を選択する

　次に先ほど整理した決定方法を表現する変数を検討しましょう。今回

は検討の結果、次のような整理になりました。

- クーポン配信年
- クーポン配信月
- 店舗クラスタ
- クーポンタイプ
- ディスカウント率

◆ Step3. 選択した変数の中で目的変数Yと関係のありそうな変数を共変量候補とする

最後に選択した変数が目的変数「クーポン利用率」に関係がありそうか を検討します。この段階では選択した5つの変数はいずれも目的変数に対 して完全に関係ないとは言い切れないため、今回は5つすべての変数を共 変量の候補として設定します。なお、最終的には後ほど目的変数との関係 を可視化して実際に確認し、モデリングに組み込むかを決定します。

検討した共変量候補の仮説および必要となるデータ等についてまとめ ると次のようになりました。

● 表：仮説の整理（分析ワークシート「2.分析デザイン」）

No	仮説	必要なデータ	検証優先度	備考
1	共変量候補として次の項目が考えられる。 ・「家電」クーポンの配信 ・ディスカウント率	クーポン配信詳細データ 顧客データ	高	
2	共変量候補として次の項目が考えられる。 ・店舗クラスタ2の店舗	店舗クラスタリング結果	高	
3	共変量候補として次の項目が考えられる。 ・クーポン配信年が2024年 ・クーポン配信月が4月〜6月	クーポン配信詳細データ	高	

▶ データの整理

前章までと同様に、仮説の整理の中で洗い出したデータの入手に向け、 データの概要や項目、抽出条件等の整理を進めます。必要なデータの具体

化が進んだら、データを管理している組織等と、データ利用可否や入手見込み時期等について調整を進めます。今回は次の表のように整理しました。

● 表：データの整理（分析ワークシート「2. 分析デザイン」）

No	必要なデータ	データ概要	抽出項目	抽出条件	データの期間・断面	優先度	備考（入手先、状況など）
1	クーポン配信データ	過去に配信したクーポンの条件や、利用有無に関するデータ	クーポン配信日・終了日、ディスカウント率、配信先の顧客ID、利用日など	・クーポンID、顧客ID単位	2022年1月から2024年6月	高	マーケティング部門からX月X日頃に入手予定
2	顧客データ	顧客の属性データ	顧客ID、マイ店舗登録情報など	・顧客ID単位	2021年末時点、2022年末時点および2023年末時点	高	システム管理部門からX月X日頃に入手予定
3	店舗クラスタリング結果	4章で行った店舗クラスタリングの結果	店舗ID、店舗クラスタリング結果のクラスタ	・店舗ID単位	―	高	4章の分析結果から利用。

▶ 成果物の整理

　こちらも前章までと同様に、データ分析を通じて作成する成果物を整理して、ステークホルダと合意します。

　今回は、対策の効果がどの程度あったのかの報告が求められているため、報告資料に整理して報告することにしました。また、ステークホルダから、実施した試行運用の概要や効果検証の方法もあわせて整理して報告してほしいとのリクエストがあったので、報告書に含めるよう整理することにしました。このように、分析前にどのような点を報告に含めてほしいかなどを先に合意しておくと、先方との認識誤差も少なくなり、報告後に再度修正する手間も少なくなるでしょう。

● 表：成果物の整理（分析ワークシート「2. 分析デザイン」）

No	成果物	概要	成果物の活用方法
1	報告資料	対策概要と効果検証方法、効果検証結果をまとめたドキュメント	マーケティングチームにて、7月以降もクーポン利用予測モデルの利用を試行運用後も継続するか等を判断する

7▶3 データの収集・加工（分析フェーズ3）

　それでは分析デザインの整理結果を踏まえてデータの収集や加工を進めていきましょう。

▶ 分析データの仕様を整理しよう

　まずは分析で必要となるデータ作成に向けて結合条件などの仕様を整理します。最終的にどのようなデータを作れば、分析したい結果が得られるか、を意識すると作成しないといけないデータが見えてくると思います。今回、最終的に分析したいものはクーポン出し分けを行った店舗において、クーポンを出し分ける対策がクーポン利用率に変化を及ぼしたか、となります。そのため、データの粒度は配信したクーポン×店舗ごととなります。また、クーポン×店舗ごとの利用率を知りたいため、店舗別の各クーポンにおける配信数と利用数があれば問題ない、と整理できます。

　このデータを作成するためには、配信したクーポンに関する情報をまとめた「クーポン配信データ」、顧客ごとの登録したマイ店舗IDを特定するための「顧客データ」をまとめれば、店舗別の各クーポンにおける配信数と利用数がまとまった「店舗別クーポン利用状況データ」が作成できます。また、店舗クラスタ2を特定するデータも必要となるので「店舗別クーポン利用状況データ」に4章で作成した「店舗クラスタリング結果」を結合すると、分析データが完成します。分析ワークシートを利用して簡単に整理すると次の表のようになります。

● 表：分析データ仕様の整理（分析ワークシート「3.データ収集・加工」）

No	分析データ名	分析データ概要	利用データ	データ結合・集計条件
1	店舗別クーポン利用状況データ	クーポン配信データに、顧客情報を結合したデータ	・クーポン配信データ ・顧客データ	・クーポン配信データに、クーポンを配信した前年末時点の顧客データを内部結合。 ・店舗別に各配信クーポンの配信数、利用数を集計 顧客コードと年で内部結合 （前年末時点の顧客データを内部結合） クーポン配信データ — 顧客データ
2	効果検証用データ	店舗別クーポン利用状況データに店舗クラスタリング結果を付与し、4章でのクラスタ情報を追加したデータ	・店舗別クーポン利用状況データ ・店舗クラスタリング結果	・店舗別クーポン利用状況データにクラスタリング結果を内部結合 店舗コードで結合 店舗別クーポン利用状況データ — 店舗クラスタリング結果

　整理した分析データ仕様をもとにシステム管理部門と調整したところ、今回は店舗別クーポン利用状況データについては集計した形で入手できました。こちらを利用して分析を進めていきたいと思います。

▶ 分析データの確認や前処理を進めよう

◆ 分析データを読み込んで確認しよう

　それでは、分析データの確認や前処理を進めていきましょう。

　これまでと同じように、まずはGoogle Driveにアクセスして7章のフォルダに入っているサンプルコードを起動します。書籍を見ながら自分でコーディングしたい人は「7_効果検証.ipynb」を、書籍のコードが記載されたサンプルコードで実行したい場合は「7_効果検証_anwer.ipynb」

をダブルクリックして起動しましょう。

　まず必要なライブラリをインポートした上で、データを格納した Google Drive に接続して、データを読み込んでいきます。なお、ファイルのパスについては2章で解説しましたように、本書サポートウェブからダウンロードしたファイルを解凍した上で、Google Drive のマイドライブ直下にアップロードした前提で記載しています。もし別のフォルダにアップロードした場合は先ほどの接続先の Google Drive のパスを変更してください。

　それでは先頭のセルを実行しましょう。ソースコードを実行すると Google Drive への接続の許可を求める画面が表示されますので、許可をしましょう。すると、「店舗別クーポン利用状況データ .csv」が読み込まれ、先頭の5行の情報が表示されます。

```
# 必要なライブラリのインストール
!pip install japanize_matplotlib
# 各種ライブラリのインポート
import pandas as pd
import matplotlib.pyplot as plt
import japanize_matplotlib
import seaborn as sns
# Google Driveと接続を行います。これを行うことで、Driveにあるデータにアクセスでき
るようになります。
# 下記セルを実行すると、Googleアカウントのログインを求められますのでログインしてく
ださい。
from google.colab import drive
drive.mount('/content/drive')

import os
# 作業フォルダへの移動を行います。
# もしアップロードした場所が異なる場合は作業場所を変更してください。
os.chdir('/content/drive/MyDrive/DA_WB/7章/data')

# データ読み込み
```

```
df_coupon = pd.read_csv('店舗別クーポン利用状況データ.csv', encoding = 'SJ
IS')
```

```
# 生データ確認
df_coupon.head()
```

●図8：データの読み込み確認

クーポンID	店舗ID	配信日	終了日	クーポン名	クーポンタイプ	ディスカウント率	配信数	利用数
CP-1064	S-0002	2022/1/8	2022/1/16	1月期間限定クーポン	ホビー・アウトドア	10	8773	1851
CP-1064	S-0068	2022/1/8	2022/1/16	1月期間限定クーポン	ホビー・アウトドア	10	5559	1246
CP-1064	S-0067	2022/1/8	2022/1/16	1月期間限定クーポン	ホビー・アウトドア	10	10338	2741
CP-1064	S-0066	2022/1/8	2022/1/16	1月期間限定クーポン	ホビー・アウトドア	10	8791	2181
CP-1064	S-0065	2022/1/8	2022/1/16	1月期間限定クーポン	ホビー・アウトドア	10	11739	2104

実行結果を確認すると、配信したクーポン×店舗ごとに配信数や利用
数がまとめられており、整理した効果検証で利用したいデータが入手で
きたようです。続いてデータの欠損状況やデータ型を確認してみましょ
う。

```
# データ確認
df_coupon.info()
```

●図9：データ型確認

```
<class 'pandas.core.frame.DataFrame'>
RangeIndex: 3300 entries, 0 to 3299
Data columns (total 9 columns):
 #   Column      Non-Null Count  Dtype
---  ------      --------------  -----
 0   クーポンID     3300 non-null   object
 1   店舗ID       3300 non-null   object
 2   配信日        3300 non-null   object
 3   終了日        3300 non-null   object
 4   クーポン名      3300 non-null   object
 5   クーポンタイプ    3300 non-null   object
 6   ディスカウント率   3300 non-null   int64
 7   配信数        3300 non-null   int64
 8   利用数        3300 non-null   int64
dtypes: int64(3), object(6)
memory usage: 232.2+ KB
```

　データに欠損はないことが確認できました。ただ、配信日や終了日が
object型で入っているので、一度日付型に変換しましょう。

```
# 型変換（日時）
df_coupon[['配信日', '終了日']] = df_coupon[['配信日', '終了日']].apply(p
d.to_datetime)
```

```
# 変換後型確認
df_coupon.info()
```

● 図10：変換後データ型確認

```
<class 'pandas.core.frame.DataFrame'>
RangeIndex: 3300 entries, 0 to 3299
Data columns (total 9 columns):
 #   Column      Non-Null Count   Dtype
---  ------      --------------   -----
 0   クーポンID     3300 non-null    object
 1   店舗ID        3300 non-null    object
 2   配信日         3300 non-null    datetime64[ns]
 3   終了日         3300 non-null    datetime64[ns]
 4   クーポン名       3300 non-null    object
 5   クーポンタイプ     3300 non-null    object
 6   ディスカウント率   3300 non-null    int64
 7   配信数         3300 non-null    int64
 8   利用数         3300 non-null    int64
dtypes: datetime64[ns](2), int64(3), object(4)
memory usage: 232.2+ KB
```

　では次に、データ期間を確認していきましょう。今回の分析データ期間
は「2022年1月～2024年6月」までなので、今回のデータの期間がどのよ
うになっているかを確認しましょう。6章と同様に「.describe()」を使用
して開始日、終了日のminとmaxなどを確認します。

```
# データ期間確認
df_coupon[['配信日','終了日']].describe(datetime_is_numeric=True)
```

● 図11：データ期間確認

	配信日	終了日
count	3300	3300
mean	2023-03-26 14:24:00	2023-04-03 20:00:00
min	2022-01-08 00:00:00	2022-01-16 00:00:00
25%	2022-08-06 00:00:00	2022-08-07 00:00:00
50%	2023-03-21 12:00:00	2023-04-02 00:00:00
75%	2023-11-03 00:00:00	2023-11-04 00:00:00
max	2024-06-15 00:00:00	2024-06-23 00:00:00

　実行結果から2022年1月から2024年6月までのデータとなっているのが確認できました。

　次の観点ですが、クーポンは1月に1度のみしか配信されないため店舗ごとにひと月一度の配信となっているはずです。実際に確認してみましょう。まずは配信日から配信年月を取り出しましょう。datetime型から年月を取り出すために「strftime」メソッドを使用します。このメソッドはdatetime型のデータを任意の文字列形式に変換できます。参考程度ですが、文字列から日時データに変換する際は「strptime」メソッドを使用します。この際、新しく変数を作成するので一度データをコピーしてから作成します。

```
# データコピー
df_coupon_add = df_coupon.copy()
# 配信年月取得
df_coupon_add['配信年月'] = df_coupon_add['配信日'].dt.strftime('%Y-
%m')
df_coupon_add.head()
```

● 図12：配信年月の作成

	クーポンID	店舗ID	配信日	終了日	クーポン名	クーポンタイプ	ディスカウント率	配信数	利用数	配信年月
0	CP-1064	S-0002	2022-01-08	2022-01-16	1月期間限定クーポン	ホビー・アウトドア	10	8773	1851	2022-01
1	CP-1064	S-0068	2022-01-08	2022-01-16	1月期間限定クーポン	ホビー・アウトドア	10	5559	1246	2022-01
2	CP-1064	S-0067	2022-01-08	2022-01-16	1月期間限定クーポン	ホビー・アウトドア	10	10338	2741	2022-01
3	CP-1064	S-0066	2022-01-08	2022-01-16	1月期間限定クーポン	ホビー・アウトドア	10	8791	2181	2022-01
4	CP-1064	S-0065	2022-01-08	2022-01-16	1月期間限定クーポン	ホビー・アウトドア	10	11739	2104	2022-01

　配信年月が作成できたので、配信年月ごとにデータ数に差がなく、店舗
ごとにもひと月1件のデータになっているかを確認します。今回は集約し
て集計を行える「agg」メソッドを使用し、データ件数を確認するcountと
ユニーク数を確認するnuniqueを使用します。

```
# 配信年月ごと店舗数チェック
df_coupon_add.groupby('配信年月').agg({'店舗ID': ['count','nunique']})
```

● 図13：ひと月1配信の確認（上5行抜粋）

	店舗ID	
	count	nunique
配信年月		
2022-01	110	110
2022-02	110	110
2022-03	110	110
2022-04	110	110
2022-05	110	110

　図は、実行結果から上5行を抜粋したものですが、上記コードを実行す
ると全開始月でcount、nuniqueともに110となっており、配信年月ごとに
データ数に差がなく、店舗ごとにもひと月1件のデータとなっていること
が分かります。

　以上の確認から用意したデータに不備はなく、データ粒度に関しては
想定通りのデータになっていそうだということが分かりました。この時
点で想定通りになっていなければさらにデータ加工が必要になったり、

場合によっては再抽出依頼が必要になるので、データが到着次第、早めに確認して不備があればすぐに抽出先に確認するようにしましょう。

◆ 分析データの前処理を進めよう

続いて、データの前処理を進めていきます。前章までと同様に、モデルの構築で必要となる目的変数や説明変数として利用できそうな項目があるかを確認し、必要に応じて作成していきます。

まずは目的変数となるクーポン利用率を作成しましょう。各店舗のクーポン利用率は以下の数式で計算できるので、以下に合わせて計算していきましょう。

クーポン利用率　＝　クーポン利用数　／　クーポン配信数

```
# クーポン利用率作成
df_coupon_add['利用率'] = df_coupon_add['利用数']/df_coupon_add['配信数']
df_coupon_add.head()
```

● 図14：クーポン利用率の作成

	クーポンID	店舗ID	配信日	終了日	クーポン名	クーポンタイプ	ディスカウント率	配信数	利用数	配信年月	利用率
0	CP-1064	S-0002	2022-01-08	2022-01-16	1月期間限定クーポン	ホビー・アウトドア	10	8773	1851	2022-01	0.210988
1	CP-1064	S-0068	2022-01-08	2022-01-16	1月期間限定クーポン	ホビー・アウトドア	10	5559	1246	2022-01	0.224141
2	CP-1064	S-0067	2022-01-08	2022-01-16	1月期間限定クーポン	ホビー・アウトドア	10	10338	2741	2022-01	0.265138
3	CP-1064	S-0066	2022-01-08	2022-01-16	1月期間限定クーポン	ホビー・アウトドア	10	8791	2181	2022-01	0.248095
4	CP-1064	S-0065	2022-01-08	2022-01-16	1月期間限定クーポン	ホビー・アウトドア	10	11739	2104	2022-01	0.179232

今回作成したクーポン利用率が効果検証には非常に重要になるので、実際に値に違和感がないかを確認していきましょう。

まずは各月のクーポンに対して、店舗ごとにクーポン利用率の最小と最大を求めます。この時1を超えるものやマイナスになるものがあれば利用率の作成方法やデータに不備があることになります。

```
# 配信年月別クーポン利用率区間チェック
df_coupon_add.pivot_table(index=['配信年月','クーポンタイプ'], values='利
用率', aggfunc=[min, max], margins=True, margins_name='全体').round(2)
```

●図15：各クーポンの利用率の範囲（5行抜粋）

| | | min | max |
| | | 利用率 | 利用率 |
配信年月	クーポンタイプ		
2022-01	ホビー・アウトドア	0.10	0.35
2022-02	家電製品	0.15	0.38
2022-03	ホビー・アウトドア	0.05	0.32
2022-04	エンターテインメント・AV機器	0.15	0.44
2022-05	家電製品	0.14	0.47

　図は実行結果の上5行を抜粋したものですが、上記コードを実行すると全開始月で特に異常な数値がないことが分かります。利用率の分布も確認しておきましょう。

```
# クーポン利用率可視化
sns.histplot(data=df_coupon_add, x='利用率', binwidth=0.05)
```

●図16：クーポン利用率のヒストグラム

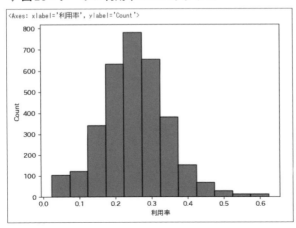

実行結果として出力されたヒストグラムを確認すると、山が一つであ
ることや、全ての値が0から1の範囲にあるため、異常値がないことが確
認できます。これで一旦新しく作成した利用率の確認は終了とします。

　次に共変量となるかどうかを確かめるための特徴量を作成していきま
す。今回は効果検証のため分析デザインで整理した仮説から特徴量を作
成していきます。

● 表：共変量に関する仮説

No	仮説
1	共変量候補として次の項目が考えられる。 ・「家電」クーポンの配信 ・ディスカウント率
2	共変量候補として次の項目が考えられる。 ・店舗クラスタ2の店舗
3	共変量候補として次の項目が考えられる。 ・クーポン配信年が2024年 ・クーポン配信月が4月〜6月

　仮説1のクーポンタイプやディスカウント率は既にデータに項目が存
在するため、それ以外の特徴量を追加していきましょう。

店舗クラスタ情報を追加しよう（仮説2）

　まず、仮説2の「店舗クラスタ」を追加します。店舗クラスタ情報は4章
で作成した「店舗クラスタリング結果」にありますので、「店舗クラスタ
リング結果.csv」を読み込みましょう。なお、このデータは先ほどの「店
舗別クーポン利用状況データ.csv」と同じ場所に保存されているため、特
にディレクトリ変更を行う必要はありません。

```
# データ読み込み
df_tenpo_cluster = pd.read_csv('店舗クラスタリング結果.csv', encoding =
'SJIS')
df_tenpo_cluster.head()
```

● 図17：店舗クラスタデータ

	店舗ID	都道府県	市区町村	店舗クラスタ
0	S-0002	埼玉県	北本市	2
1	S-0003	千葉県	市川市	3
2	S-0004	埼玉県	川越市	2
3	S-0005	茨城県	稲敷郡阿見町	2
4	S-0006	千葉県	浦安市	3

　無事データを読み込めましたが、今回必要なのはクラスタ番号のみなので、データ結合用のキーである「店舗ID」と「店舗クラスタ番号」のみのデータに絞ります。

```
# 必要情報絞り込み
df_tenpo_cluster_small = df_tenpo_cluster[['店舗ID','店舗クラスタ']]
df_tenpo_cluster_small.head()
```

● 図18：必要カラムを絞り込んだ店舗クラスタデータ

	店舗ID	店舗クラスタ
0	S-0002	2
1	S-0003	3
2	S-0004	2
3	S-0005	2
4	S-0006	3

　では、これで結合するデータが完成したので先に作成していたdf_coupon_addと左結合させます。今回の結合キーは「店舗ID」となります。

```
# クーポン利用データ、店舗クラスタデータ結合
df_coupon_cluster_merge = pd.merge(df_coupon_add, df_tenpo_cluster_small, on = '店舗ID', how='left')
df_coupon_cluster_merge.head()
```

● 図19：データ結合結果

	クーポンID	店舗ID	配信日	終了日	クーポン名	クーポンタイプ	ディスカウント率	配信数	利用数	配信年月	利用率	店舗クラスタ
0	CP-1064	S-0002	2022-01-08	2022-01-16	1月期間限定クーポン	ホビー・アウトドア	10	8773	1851	2022-01	0.210988	2
1	CP-1064	S-0068	2022-01-08	2022-01-16	1月期間限定クーポン	ホビー・アウトドア	10	5559	1246	2022-01	0.224141	1
2	CP-1064	S-0067	2022-01-08	2022-01-16	1月期間限定クーポン	ホビー・アウトドア	10	10338	2741	2022-01	0.265138	3
3	CP-1064	S-0066	2022-01-08	2022-01-16	1月期間限定クーポン	ホビー・アウトドア	10	8791	2181	2022-01	0.248095	3
4	CP-1064	S-0065	2022-01-08	2022-01-16	1月期間限定クーポン	ホビー・アウトドア	10	11739	2104	2022-01	0.179232	1

　データを結合した際はしっかりデータ結合前後でレコード数の変化がないか、や結合できていないデータがないか、などを確認しましょう。何を確認するかは結合するデータと結合されるデータの関係性によって変わってくるので都度考慮の必要があります。今回は、データ結合先「df_coupon_add」とデータ結合元「df_coupon_cluster_merge」は1対1の関係のため、レコード数の変化とすべてのデータが結合しているかを確認しましょう。

```
# データ結合前後のレコード数チェック
print(f'データ結合前レコード数：{df_coupon_add.shape[0]}')
print(f'データ結合後レコード数：{df_coupon_cluster_merge.shape[0]}')
```

● 図20：結合前後でのレコード数チェック

```
データ結合前レコード数：3300
データ結合後レコード数：3300
```

　実行結果を確認すると結合前後でのレコード数は一致しているようです。続いて、店舗クラスタ情報が付与されていないデータがないかをチェックしてみましょう。

```
# null値チェック
df_coupon_cluster_merge['店舗クラスタ'].isnull().sum()
```

図21：クラスタが付与されていないデータのチェック

```
# null値チェック
df_coupon_cluster_merge['店舗クラスタ'].isnull().sum()

0
```

　実行結果を確認するとnull値は0件ですので店舗クラスタ情報が付与
されていないデータもなく、そのまま分析に移行できそうです。実務でも
集計すると元データの数が増えてしまっている等よくあるのでデータ結
合は丁寧に行う必要があります。

クーポン配信年、クーポン配信月を追加しよう（仮説3）

　次に仮説3の共変量候補であるクーポン配信年、クーポン配信月を追加
しましょう。先ほど配信年月を作成する際に使用した「strftime」メソッ
ドを使用します。

```
# 配信年月取得
df_coupon_cluster_merge['配信年'] = df_coupon_cluster_merge['配信日
'].dt.strftime('%Y')
df_coupon_cluster_merge['配信月'] = df_coupon_cluster_merge['配信日
'].dt.strftime('%m')
df_coupon_cluster_merge.head()
```

図22：配信年、配信月の取得

	クーポンID	店舗ID	配信日	終了日	クーポン名	クーポンタイプ	ディスカウント率	配信数	利用数	配信年月	利用率	店舗クラスタ	配信年	配信月
0	CP-1064	S-0002	2022-01-08	2022-01-16	1月期間限定クーポン	ホビー・アウトドア	10	8773	1851	2022-01	0.210988	2	2022	01
1	CP-1064	S-0068	2022-01-08	2022-01-16	1月期間限定クーポン	ホビー・アウトドア	10	5559	1246	2022-01	0.224141	2	2022	01
2	CP-1064	S-0067	2022-01-08	2022-01-16	1月期間限定クーポン	ホビー・アウトドア	10	10338	2741	2022-01	0.265138	3	2022	01
3	CP-1064	S-0066	2022-01-08	2022-01-16	1月期間限定クーポン	ホビー・アウトドア	10	8791	2181	2022-01	0.248095	3	2022	01
4	CP-1064	S-0065	2022-01-08	2022-01-16	1月期間限定クーポン	ホビー・アウトドア	10	11739	2104	2022-01	0.179232	1	2022	01

　これでデータの準備が整いました。最後に基礎集計結果やデータ前処
理の内容について、シートに記入しておくと、他の人に説明する際や、後
日自分で思い出すためにも役に立ちますのでポイントを記入しておきま
しょう。

● 表：基礎集計結果やデータ前処理内容（分析ワークシート「3.データ収集・加工」）

No	分析データ名	基礎集計結果	データ前処理内容
1	店舗別クーポン利用状況データ	・1店舗1クーポン1データになっている ・一部データ型の見直しが必要 ・欠損値など、違和感のある項目はなし ・利用率に異常値はなし	・クーポン配信開始日、終了日を型変換 ・店舗ごとに利用率を計算
2	効果検証用データ	・結合前後でレコード数にずれがない ・全データが結合しているのを確認	・クーポン配信開始年、配信開始月を特定する変数を作成

7

「対策の評価」を進めよう（重回帰分析）

7▸4 データ分析を進めよう（分析フェーズ4）

　それではいよいよ重回帰モデルを利用した効果検証を実行していきます。今回は下記ステップで進めていきます。

・各変数とクーポン利用率との関係性を可視化
　仮説で整理した変数がクーポン利用率と関係がありそうかを確認し、重回帰モデルに投入する共変量の選定を行う。

・重回帰モデルを作成し、効果を測定
　前節の可視化で確認した利用率を説明できそうな特徴量とクーポン出し分け対策の介入対象に寄与しそうな特徴量を用いて重回帰モデルを作成し、偏回帰係数によりクーポン出し分けの効果を測定する。

　分析ワークシートを利用してまとめると下記のような形になります。

●表：分析条件・内容整理（分析ワークシート「4.データ分析」）

No	分析テーマ	分析条件	分析内容
1	各変数とクーポン利用率との関係性を可視化	■データ：効果検証用データ ■スコープ ・期間は2022/1/1～2024/3/31 ■分析手法：可視化	・クーポン利用率と他変数の関係性を可視化し、介入対象の選定において潜在的なクーポン利用傾向に差がないかを確認
2	重回帰モデルを作成し、効果を測定	■データ：効果検証用データ ■スコープ ・期間は2022/1/1～2024/6/30 ■分析モデル：重回帰 ■目的変数：クーポン利用率	・出し分け対象のクラスタ2の店舗とそれ以外の店舗での対策実施時期のクーポン利用率の差を検証

▶ 各変数とクーポン利用率との関係性を可視化

　それでは、効果検証で利用する回帰モデルを作成で利用する共変量の選定を行っていきましょう。7-2の「仮説の整理」パートで整理した共変量候補に対して、実際に利用率と関係のある項目かを確認していきます。

💬 表：共変量候補に関する仮説

No	仮説
1	共変量候補として次の項目が考えられる。 ・「家電」クーポンの配信 ・ディスカウント率
2	共変量候補として次の項目が考えられる。 ・店舗クラスタ2の店舗
3	共変量候補として次の項目が考えられる。 ・クーポン配信年が2024年 ・クーポン配信月が4月〜6月

　介入対象の選定の際に、セレクションバイアスが発生していないか（潜在的な利用傾向に差がないか）を確認するため、介入前の2024年3月までのデータにおいて確認していきます。そのため、まずはデータを2024年3月までに絞りましょう。

```
# 介入前のデータに絞り込み
df_coupon_check = df_coupon_cluster_merge.loc[~(df_coupon_cluster_me
rge['配信年月'].isin(['2024-04','2024-05','2024-06'])), :]
```

　今後このdf_coupon_checkデータを使用して、共変量候補とクーポン利用率の関係性を確認していきます。まずは店舗クラスタと利用率の関係性を可視化します。今回は主に、seabornという可視化ライブラリを利用してクーポン利用率との関係性を可視化します。seabornでは棒グラフを描く際は縦軸と横軸を引数x,yにカラム名を指定するだけで簡単に書くことができます。

```
# 店舗クラスタ別利用率
sns.barplot(df_coupon_check, x='店舗クラスタ', y='利用率')
```

● **図23：店舗クラスタとクーポン利用率の関係性**

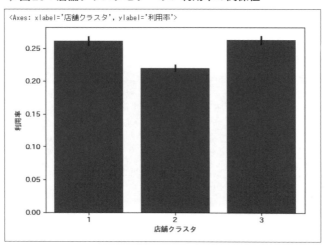

　図を確認すると、店舗クラスタ2のみがクーポン利用率が下がっている傾向にあります。よって、もう少し調べるために店舗クラスタごとのクーポン利用率の分布も確認してみましょう。seabornではhueに可視化したい切り口を設定すると、簡単に層別の可視化ができます。

```
# 店舗クラスタ別利用率のヒストグラム
sns.histplot(data=df_coupon_check, x='利用率', binwidth=0.05, hue='店
舗クラスタ',palette='Set1', kde=True)
```

● 図24：店舗クラスタごとのクーポン利用率分布

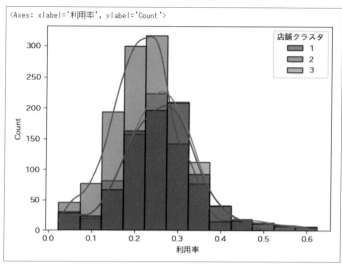

<Axes: xlabel='利用率', ylabel='Count'>

　図の分布を見ても店舗クラスタ2のみクーポン利用率が低いと思われるため、介入対象を店舗クラスタ2の店舗に設定することによるセレクションバイアスが発生している可能性は高そうです。モデル化の際は店舗クラスタ2のみダミー変数化しておきましょう。

　では、共変量である店舗クラスタ2の判別フラグを作成していきます。店舗クラスタ2であれば1、店舗クラスタ2以外であれば0のフラグを作成します。

```
# 店舗クラスタ2の判別用の変数作成
df_coupon_cluster_merge['クラスタ2判別'] = (df_coupon_cluster_merge['店
舗クラスタ']==2).astype(int)
df_coupon_cluster_merge.head()
```

● 図25：店舗クラスタ２判別フラグの作成

	クーポンID	店舗ID	配信日	終了日	クーポン名	クーポンタイプ	ディスカウント率	配信数	利用数	配信年月	利用率	店舗クラスタ	配信年	配信月	クラスタ2判別
0	CP-1064	S-0002	2022-01-08	2022-01-16	1月期間限定クーポン	ホビー・アウトドア	10	8773	1851	2022-01	0.210988	2	2022	01	1
1	CP-1064	S-0068	2022-01-08	2022-01-16	1月期間限定クーポン	ホビー・アウトドア	10	5559	1246	2022-01	0.224141	1	2022	01	0
2	CP-1064	S-0067	2022-01-08	2022-01-16	1月期間限定クーポン	ホビー・アウトドア	10	10338	2741	2022-01	0.265138	3	2022	01	0
3	CP-1064	S-0066	2022-01-08	2022-01-16	1月期間限定クーポン	ホビー・アウトドア	10	8791	2181	2022-01	0.248095	3	2022	01	0
4	CP-1064	S-0065	2022-01-08	2022-01-16	1月期間限定クーポン	ホビー・アウトドア	10	11739	2104	2022-01	0.179232	1	2022	01	0

　次に、クーポンタイプと利用率の関係性を可視化していきましょう。今回、グラフにするとクーポンタイプの文字が長いため、重なってしまいx軸の判別が難しくなるため、rotationで角度30°を指定して見やすくしています。

```
# クーポンタイプ別利用率
sns.barplot(df_coupon_check, x='クーポンタイプ', y='利用率')
plt.xticks(rotation=30)
```

● 図26：クーポンタイプとクーポン利用率の関係性

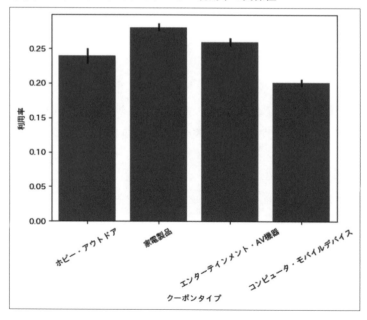

各クーポンタイプにより、クーポン利用率に変化がありそうなため、配信するクーポンタイプによってもセレクションバイアスが発生している可能性は高いでしょう。

　ではクーポンタイプを使って、介入変数「出し分け」と共変量「家電製品」を判別していきます。今回作成するクーポンの「出し分け」フラグが介入変数となります。そのため、最終的には「出し分け」フラグの偏回帰係数に着目することとなります。
　ここで今回測りたい効果を確認します。今回測りたい効果は図27の通り、通常配信するメインクーポンのみの場合と比較して、「出し分け」クーポンがどれだけ上乗せ効果があるか、ということです。そのため該当のクーポン配信期間で、通常配信するメインクーポンがどのクーポンタイプだったかを識別するフラグが必要になります。今回の試行運用期間に配信するメインクーポンは「家電」のみのため、「家電」クーポンの効果を考慮できるよう介入対象のデータにも「家電製品」フラグを1として共変量を作成します。

💬 **図27：検証したい効果**

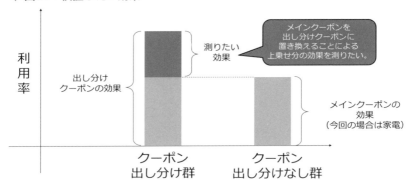

　それでは、介入変数「出し分け」や共変量「家電製品」を作成していきましょう。

7

「対策の評価」を進めよう（重回帰分析）

```
# 出し分けクーポン配信をフラグ化
df_coupon_cluster_merge['出し分け'] = (df_coupon_cluster_merge['クーポン
タイプ'] == '出し分け（家電製品とホビー・アウトドア）').astype(int)
```

```
# 家電クーポン配信をフラグ化、2024年4月〜6月の介入対象のデータも家電製品クーポン配信
期間とする
df_coupon_cluster_merge['家電製品'] = (df_coupon_cluster_merge['クーポン
タイプ'] == '家電製品').astype(int)
df_coupon_cluster_merge.loc[(df_coupon_cluster_merge['配信年月'].isi
n(['2024-04','2024-05','2024-06'])), '家電製品'] = 1
df_coupon_cluster_merge.head()
```

● **図28：出し分けクーポン、家電クーポンフラグの作成**

	クーポンID	店舗ID	配信日	終了日	クーポン名	クーポンタイプ	ディスカウント率	配信数	利用数	配信年月	利用率	店舗クラスタ	配信年	配信月	クラスタ2判別	出し分け	家電製品
0	CP-1064	S-0002	2022-01-08	2022-01-16	1月期間限定クーポン	ホビー・アウトドア	10	8773	1851	2022-01	0.210988		2	2022	01	1	0	0
1	CP-1064	S-0068	2022-01-08	2022-01-16	1月期間限定クーポン	ホビー・アウトドア	10	5559	1246	2022-01	0.224141		1	2022	01	0	0	0
2	CP-1064	S-0067	2022-01-08	2022-01-16	1月期間限定クーポン	ホビー・アウトドア	10	10338	2741	2022-01	0.265138		3	2022	01	0	0	0
3	CP-1064	S-0066	2022-01-08	2022-01-16	1月期間限定クーポン	ホビー・アウトドア	10	8791	2181	2022-01	0.248095		3	2022	01	0	0	0
4	CP-1064	S-0065	2022-01-08	2022-01-16	1月期間限定クーポン	ホビー・アウトドア	10	11739	2104	2022-01	0.179232		1	2022	01	0	0	0

　次に、ディスカウント率と利用率の関係性を可視化していきましょう。

```
# クーポンディスカウント率別利用率
sns.barplot(df_coupon_check, x='ディスカウント率', y='利用率')
```

● 図29：ディスカウント率とクーポン利用率の関係性

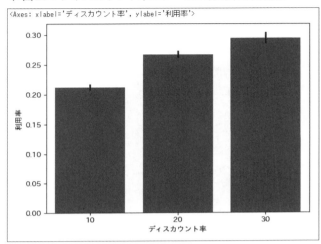

〈Axes: xlabel='ディスカウント率', ylabel='利用率'〉

　図のようにディスカウント率によって、クーポン利用率は変化している可能性が高いです。よって、ディスカウント率も今回モデル化する共変量として採用しましょう。

　続いて配信年と利用率の関係性を可視化していきましょう。

```
# 配信年別利用率
sns.barplot(df_coupon_check, x='配信年', y='利用率')
```

● **図30：配信年とクーポン利用率の関係性**

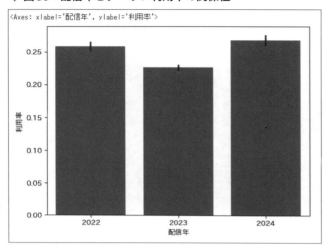

　図のように、配信年に関しては2023年が少し下がっていることが分かります。よって、配信年も今回モデル化する共変量として採用しましょう。

　最後に配信月と利用率の関係性を可視化していきましょう。

```
# 配信月別利用率
sns.barplot(df_coupon_check, x='配信月', y='利用率')
```

● **図31：配信月とクーポン利用率の関係性**

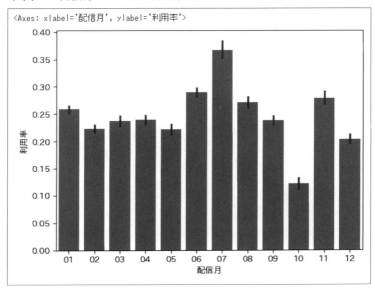

図のように、配信月に関してはバラツキがありつつも全体を通しての月傾向は不明瞭になりました。今回介入対象となる4月から6月に関しては、6月が他の月より高めの傾向があり、完全に配信月によってセレクションバイアスが発生していないとは言い切れないため、今回は、配信月もモデル化する共変量として採用しましょう。

では最後に、共変量である2024年、4月〜6月を特定するフラグを作成します。ここでも2022年や2023年、4月〜6月以外の期間は介入対象の利用率（目的変数）に影響しないため、共変量としては扱いません。

```
# 2024年と4月、5月、6月をフラグ化
df_coupon_cluster_merge['2024年'] = (df_coupon_cluster_merge['配信年']
== '2024').astype(int)


df_coupon_cluster_merge['4月'] = (df_coupon_cluster_merge['配信月'] ==
'04').astype(int)
```

7

「対策の評価」を進めよう（重回帰分析）

```
df_coupon_cluster_merge['5月'] = (df_coupon_cluster_merge['配信月'] ==
'05').astype(int)
```

```
df_coupon_cluster_merge['6月'] = (df_coupon_cluster_merge['配信月'] ==
'06').astype(int)
```

```
df_coupon_cluster_merge.head()
```

● 図32：クーポン配信年月フラグの作成

　こちらで今回検討する共変量の作成がすべて完了しました。これまで
の結果から7-2の分析デザインの仮説の中で整理した共変量候補はすべて
モデルに組み込むことにしました。次節で、実際に効果検証用のモデルを
作成し、効果を測定していきます。では、最後に分析ワークシートを利用
して今節の結果をまとめておきましょう。

● 表：クーポン利用率の傾向の分析結果整理（分析ワークシート「4.データ分析」）

No	分析テーマ	分析条件	分析内容	分析結果（精度など）	ネクストアクション
1	各変数とクーポン利用率との関係性を可視化	■データ：効果検証用データ ■スコープ ・期間は2022/1/1〜2024/3/31 ■分析手法：可視化	・クーポン利用率と他変数の関係性を可視化し、介入選定において潜在的なクーポン利用傾向に差がないかを確認	下記変数を共変量として設定する。 ・店舗クラスタ2の判別フラグ ・家電クーポンフラグ ・ディスカウント率 ・2024年配信フラグ ・4月〜6月配信フラグ	・左の変数すべてを共変量として設定し、重回帰分析を行う

▶ 重回帰モデルを作成し、効果を測定

　前節の結果から介入変数の共変量として設定する特徴量を洗い出しま
した。本節では実際にモデルを作成して、効果検証を行っていきます。こ
こで、一度モデルに投入する特徴量を整理しましょう。

- **目的変数**：クーポン利用率
- **介入変数**：クーポン出し分けフラグ
- **共変量**：店舗クラスタ2の判別フラグ、家電クーポンフラグ、ディスカウント率、2024年配信フラグ、4月〜6月配信フラグ

　上記をもとに、モデル化に必要な変数に絞り込んだデータを準備しましょう。

```
# モデル化データの作成
use_list = ['クーポンID', '配信年月', '2024年', '4月', '5月', '6月', 'クラスタ2判別', '出し分け', '家電製品', 'ディスカウント率', '利用率']
df_coupon_lm = df_coupon_cluster_merge[use_list]
df_coupon_lm.head()
```

●図33：モデル化データ作成

	クーポンID	開始年月	2024年	4月	5月	6月	クラスタ2判別	出し分け	家電製品	ディスカウント率	利用率
0	CP-1064	2022-01	0	0	0	0	1	0	0	10	0.210988
1	CP-1064	2022-01	0	0	0	0	0	0	0	10	0.224141
2	CP-1064	2022-01	0	0	0	0	0	0	0	10	0.265138
3	CP-1064	2022-01	0	0	0	0	0	0	0	10	0.248095
4	CP-1064	2022-01	0	0	0	0	0	0	0	10	0.179232

　これでデータが完成したので、モデリングを行います。まず、目的変数のデータと説明変数のデータを作成します。

```
# 目的変数と説明変数を分けたデータの作成
df_coupon_y = df_coupon_lm['利用率']
df_coupon_x = df_coupon_lm.drop(['クーポンID', '配信年月', '利用率'], axis=1)
```

　こちらでモデル作成の準備が整ったので、次に回帰モデルを作成していきます。今回は回帰分析において p 値を出力するのが重要になるので、

偏回帰係数と p 値を一度に確認できる statsmodel というライブラリによる重回帰モデルの作成を行います。そのため、まずは statsmodel のライブラリをインストールしてから、分析モデルを作成し、実際に効果を測定していきます。OLS 関数を利用して、第一引数に目的変数、第二引数に説明変数のデータを設定します。この際、add_constant 関数を説明変数のデータに適用することで切片を含んだモデルが作成できます。

```python
import statsmodels.api as sm
# 重回帰のモデリング
model = sm.OLS(df_coupon_y, sm.add_constant(df_coupon_x))
result = model.fit()

# 重回帰分析の結果を表示
result.summary()
```

● 図34：重回帰モデルの作成結果

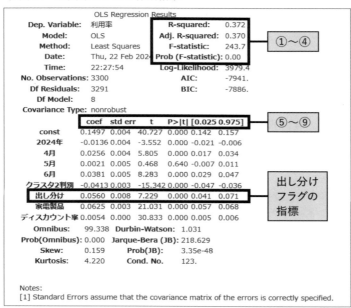

モデル適用結果に、summaryメソッドを適用することで図のような出力を得ることができます。簡単に重回帰分析において重要な指標を説明していきます。①〜④がモデル全体に関する指標を表しており、⑤〜⑨が各説明変数に関する指標を表しています。

①R-squared:決定係数

モデルの当てはまりの良さ（度合い）を表す値です。モデルの精度を表す場合に利用されます。通常0〜1の範囲で表され、1に近づくほど精度の良いモデルとなります。

②Adj. R-squared：自由度調整済み決定係数

決定係数は説明変数の数が増えるほど1に近づくという欠点を持っています。そのため、決定係数による評価だと説明変数が多いモデルほど良いモデルと判断されてしまいます。その欠点を解消するために説明変数の数に対してペナルティを課したものが自由度調整済み決定係数となります。

③F-statistic：F値

F値は、「すべての説明変数に対する偏回帰係数が0である」という仮説を検定する際に使われます。具体的な活用方法は④Prob（F-statistic）で確認します。

④Prob（F-statistic）：F値の有意確率

上記③のF値が算出される確率です。この値が小さければ小さいほど、学習したモデルの説明変数のいずれかが目的変数と関係し、有用なモデルとなっていることを表す指標となっています。

一般的には0.05を下回ると概ね確からしいと判断することができます。さらに精度の高い検証をする際は0.01を設定することもあります。

「対策の評価」を進めよう（重回帰分析）

⑤coef：偏回帰係数

偏回帰係数は先で説明したものと同様で、回帰分析モデルにおける各説明変数の目的変数への影響度を示す値です。値が大きいほど説明変数が1上がったときの目的変数への影響力がある、と言えます。効果検証においては介入変数における偏回帰係数がそのまま「効果」とみなされます。ちなみにconstは切片を表したものとなります。

⑥std err：標準誤差

各説明変数における偏回帰係数の推定のバラツキを表す値です。小さい値であるほど、ばらつきが小さく精度の高い推定量という評価になります。

⑦t：t値

「各説明変数における偏回帰係数が0である」という仮説を検定するために使用される値となります。F値と同様で具体的な活用方法は⑧P>|t|で確認します。

⑧P>|t|：p値

上記⑦のt値が算出される確率です。この値が小さければ小さいほど、説明変数の偏回帰係数が0でない確率が高くなり、目的変数に意味のある変数と捉えることができます。

一般的には0.05を下回ると概ね確からしいと判断することができます。さらに精度の高い検証をする際は0.01を設定することもあります。

⑨[0.025 0.975]：95%信頼区間

偏回帰係数の信頼区間を表す値となります。信頼区間は偏回帰係数と標準誤差で算出され、この95%信頼区間は同じ母集団から100回データを取った際に95回はこの信頼区間の中に真の偏回帰係数が含まれる区間となります。統計的な考え方となりますので、詳細な説明は本書では割愛します。

効果検証の場合は介入変数の偏回帰係数にのみ着目したモデルとなっているため、①～④の全体精度についてはあまり気にする必要はありません。ただ、通常の回帰分析であれば重要となるので、覚えておくと良いでしょう。

　先ほどの図34のcoefが重回帰の各説明変数の偏回帰係数となります。そのため、最終的に対策の効果として推定されるのは、クーポン出し分けを表す説明変数「出し分け」の偏回帰係数となります。よって、数値を確認すると0.056となり、今回の結果では出し分けによる効果は約5.6%ということが分かりました。また、効果検証で重要な観点としてはもう一つp値があり、p値を確認すると0.000となり、偏回帰係数が0である確率はほとんどないといえます。よって、クーポン出し分けの効果はあり、出し分けによって約5.6%クーポン利用率が上昇することが確認できました。

　なお、重回帰分析においては説明変数同士に大きな相関関係があると、正確に偏回帰係数の大きさを推定できません。このような特性を多重共線性と言い、実務ではVIFという指標を使い、10を超えるものがあればそのような変数を省いて再度モデリングを行います。この点も注意しながら効果検証も行うと良いでしょう。VIFに関してはstatsmodelライブラリのvariance_inflation_factor関数を利用すると、簡単に算出できます。

```
# statsmodelsのvifをインポート
from statsmodels.stats.outliers_influence import variance_inflation_
factor
# vifを計算する
vif = pd.DataFrame()
vif_values = []
for i in range(df_coupon_x.shape[1]):
    tmp = variance_inflation_factor(df_coupon_x.values, i)
    vif_values.append(tmp)

vif['VIF Factor'] = vif_values
```

```
vif['features'] = df_coupon_x.columns

# vifの計算結果を出力する
print(vif)
```

● 図35：多重共線性の確認

```
   VIF Factor  features
0   1.777480      2024年
1   1.150382         4月
2   1.244360         5月
3   1.233810         6月
4   1.638004   クラスタ2判別
5   1.469533       出し分け
6   1.674712      家電製品
7   2.267945  ディスカウント率
```

　今回の場合だと多重共線性が小さいことも確認できたので、最終的には結論は変えず、クーポン出し分けの効果は存在し、出し分けによって約5.6%クーポン利用率が上昇する、といえるでしょう。

　今回、回帰分析による効果検証を行いました。回帰分析による効果検証では、セレクションバイアスを考え、それに沿った共変量を考慮しモデルに落とし込むことが非常に重要になります。セレクションバイアスが生じる共変量を適切に選択し、モデル化を行うとバイアスの少ない適切な効果が得られます。しかし、現実にはバイアスを生み出す要因を特定できてもそれを再現できる変数を作成できなかったり、そのようなデータを入手できず、バイアスを取り除けない場合もあります。そのような場合は、回帰分析による効果検証だけでなく、他の効果検証方法を行ってみると良いでしょう。介入対象の選定に対して、同質のサンプル同士で比較する傾向スコアマッチングや時系列データに対して効果を発揮するDIDやCausal Impact等さまざまな手法があるので、この機会に学んでみると良いでしょう。興味のある方は書籍『効果検証入門〜正しい比較のための因果推論/計量経済学の基礎』（安井 翔太,技術評論社,2020）に詳しく解説されていますので、ぜひそちらを参照いただければと思います。

最後に今回の分析結果について分析ワークシートを利用してまとめて
いきます。

● 表：効果検証の分析結果整理（分析ワークシート「4.データ分析」）

No	分析 テーマ	分析条件	分析内容	分析結果 （精度など）	ネクスト アクション
2	重回帰モデルを 作成し、効果を 測定	■データ：効果検証用 　データ ■スコープ ・期間は2022/1/1～ 　2024/6/30 ■分析モデル：重回帰 ■目的変数：クーポン 　利用率	・出し分け対象のク 　ラスタ2の店舗と 　それ以外の店舗で 　の対策実施時期の 　クーポン利用率の 　差を検証	・結果としてクー 　ポン出し分けの 　効果は約5.6% 　と確認できた	・効果検証結果を 　ドキュメントで 　整理して報告

7▶5 分析結果を整理・活用しよう（分析フェーズ5）

　これまで実施した効果検証の結果について、今回実施したクーポン配信の試行運用の内容も含めて報告書に整理の上、マーケティングチームなどのステークホルダーに報告しました。報告では、これまで実施していたクーポン配信と大きく変わらないコストでクーポン利用率の向上に寄与できたことを分析結果から定量的に示したことが評価され、7月以降もクーポン予測モデルを利用した運用を継続することが決まりました。

　また、今後に向けた依頼として、クーポンタイプの増加に向けた予測モデルの追加に加え、分析モデルの自動化や保守運用面に関する検討依頼も受けました。実際に何度もモデル実行する必要がある際は分析コードの簡潔化や学習の自動化、精度のモニタリング等運用面のことも考慮する必要があるので注意するようにしましょう。

●表：分析結果や考察、提案の整理（分析ワークシート「5.分析結果の活用」）

No	分析結果（事実）	考察	提案	採否	優先度	備考
1	・クーポンタイプやディスカウント率等によってクーポン利用率に差が生じている ・結果としてクーポン出し分けの効果は約5.6%と確認できた	・クーポンタイプによって使用するユーザーの属性が異なることが分かった ・さらに複数のクーポンの出し分けを行うことで利用率の向上が見込まれるのではないか	コストに対してクーポン出し分けの効果が十分大きいことから、引き続きの対策実施に加え、さらにお客さま一人ひとりに合ったモデルの開発を提案	○	—	

　前述のようにRCTは効果検証という観点では優れた手法であり、実務でも利用するケースがあります。そこで、簡単な例を用いてRCTを用いた介入効果の確認を進めてみましょう。

　今回理想的な状態として、DMを送付すると確実に売上が100円上がるような対策があるとします。このとき、10名のDM送付候補がいて、まず、介入前の売上が800円以上のお客さまにDMを送付するとします。

● 表：セレクションバイアスのある介入操作

No	観測された売上	介入前の売上	介入後の売上	介入有無
1	1,100	1,000	1,100	1
2	300	300	400	0
3	900	800	900	1
4	1,000	900	1,000	1
5	400	400	500	0
6	300	300	400	0
7	1,000	900	1,000	1
8	200	200	300	0
9	1,000	900	1,000	1
10	300	300	400	0

　このとき、DM送付者とDM非送付者の平均売上による比較ではどうなるでしょうか？　計算してみると下記のようになります。

・**DM送付者の平均売上：1,000円**
・**DM非送付者の平均売上：300円**
・**DM送付者とDM非送付者の平均売上の差：700円**

　単純にDM送付群とDM非送付群の平均売上の差を確認すると、700円もDMによる効果があったのではないか、と錯覚してしまいます。しかし、真のDMの対策効果は100円と決まっています。この600円の差がセレクションバイアスになります。

　では、次に介入対象をランダムに決めた場合どうなるかを見てみましょう。例えば、乱数を振って下記のような結果となったとします。

● 表：RCTによる介入操作

No	観測された売上	介入前の売上	介入後の売上	介入有無
1	1,000	1,000	1,100	0
2	400	300	400	1
3	800	800	900	0
4	900	900	1,000	0
5	400	400	500	0
6	300	300	400	0
7	1,000	900	1,000	1
8	200	200	300	0
9	1,000	900	1,000	1
10	400	300	400	1

　先と同様に、DM送付者とDM非送付者の平均売上による比較を行います。計算してみると下記のようになります。

・DM送付者の平均売上：700円
・DM非送付者の平均売上：600円
・DM送付者とDM非送付者の平均売上の差：100円

　このように介入対象をランダムに選定すると、真の値に近い介入効果が得ることができます。
　今回の場合はRCTと言いつつ、介入前の売上が介入群と非介入群で同様の値となるように介入群を設定しました。結局は介入対象と非介入対象の介入前の性質が同質になることが重要で、そのためには無作為に介入対象を選ぶことが最も恣意的な結果にならないということになります。但し、サンプル数が小さい場合ではランダムに対象を選んだとしても、介入対象と非介入対象の介入前の性質が同質にならない場合があるので気を付ける必要があります。サンプル数が大きい場合においてはRCTはより効果を発揮することができるでしょう。

索引

おわりに

　本書で一番お伝えしたかった点は、データ分析でビジネスの課題解決に貢献するためにはどうすればいいのか、と悩む人への一つの処方箋を提供することでした。これまで多くのデータサイエンティストの育成に携わる中で、多くの人や企業が抱えていた課題であるからです。その処方箋として、1章でデータサイエンティストがどのようにビジネス成果に貢献していけるのか、またそのためにはデータ分析の技術だけでなく段取りやコツといった「思考」も必要になるという点、また「思考」は教科書を読むだけでなく場数を踏むことで初めて身に付けることができる点をお伝えしました。また、2章でPythonを利用したデータ分析の基礎体力作りをした上で、3章から7章では一連の課題解決プロセスの中でデータ分析を活用しながらビジネスの課題解決への貢献に取り組んでいただきました。

　課題解決プロセスを意識した分析を身に付けていただくために、現実よりも単純化された仮想の分析プロジェクトではありましたが、データ分析の基本的な段取りやポイントを整理した「分析ワークシート」を用いながら分析を進めることで思考面を意識いただくとともに、Pythonで実際に手を動かして分析を進めていただくことで「技術」と「思考」の分析スキルを深めていただけたのではと考えています。ただ、データ分析は「こうしなければ間違い」という堅苦しいものではありません。本書を一つの分析の進め方ととらえながら、実際のプロジェクトを経験して肉付けをしながら自身の分析スタイルを築き、磨き上げていっていただければと思います。また、技術の進歩で特にデータ分析の「技術面」は今後大きく変わっていくでしょう。しかし本書で説明したような「思考面」については普遍的なスキルとして残ると思います。ぜひ本書での経験や実務での経験を活かして、皆様がデータサイエンティストとして活躍されることを心より祈念いたします。

最後に、本書の執筆では多くの方々にご支援をいただきました。特に中井大輔さんには査読にご協力いただき、データサイエンティストの専門的な観点から実践的なアドバイスをいただきました。また、三井住友海上火災保険株式会社のデータサイエンスチームや、株式会社Iroribiのスタッフの皆さんなどの多くの関係者や、家族の理解・協力がなければ完成することができませんでした。この場をお借りして心より感謝申し上げます。

著者略歴

黒木 賢一（くろき けんいち）

　NTTデータで、データ活用による経営課題解決の取り組みに長年従事した後、三井住友海上火災保険のデータサイエンスチームで上席データサイエンティストとして分析コンサルティング業務やデータサイエンティスト育成を担当。2023年からは生成AI専門チームであるAIインフィニティラボで技術調査・活用にも従事。NTTデータでは2015年からTableauを用いた経営ダッシュボード基盤構築・普及推進や、機械学習を用いた各種兆候検知モデル構築、People Analytics 等の分析プロジェクトを担当。共著『BIツールを使った データ分析のポイント』『Python × APIで動かして学ぶ AI活用プログラミング』『Tableau データ分析〜実践から活用まで〜』（秀和システム）。データサイエンティスト協会スキル定義委員会メンバー。

安田 浩平（やすだ こうへい）

　CXデザイン部　データマーケティングチーム　上席データサイエンティスト。シンクタンクでデータ分析を用いたコンサルティング業務に従事し、マーケティングからリスク管理まで幅広いテーマでのデータ分析を経験。2020年に三井住友海上火災保険にデータサイエンティストとして入社し、分析コンサルティング業務やデータサイエンティスト育成、分析基盤管理、産学連携による新技術の研究などを担当。2024年から現職。社内のマーケティング統括部門にて、マーケティング領域のデータ分析を主導している。共著『金融AI成功パターン』（日経BP）。データサイエンティスト協会企画委員会、金融データ活用推進協会企画出版委員会メンバー。

桑元 凌（くわもと りょう）

　2021年、三井住友海上火災保険株式会社にデータサイエンティストとして新卒から入社。現在ビジネスデザイン部データサイエンスチームに所属し、これまで分析コンサルティング業務や社内データサイエンティスト育成に従事。現在、社内システムの予測モデルの開発や運用、産学連携による新技術の研究などに携わる。

下山 輝昌（しもやま てるまさ）

　日本電気株式会社の中央研究所にてデバイスの研究開発に従事した後、独立。機械学習を活用したデータ分析や機械学習等に裾野を広げ、データ分析コンサルタント/AIエンジニアとして幅広く案件に携わる。2021年にはテクノロジーとビジネスの橋渡しを行い、クライアントと一体となってビジネスを創出する株式会社Iroribiを創業。技術の幅の広さからくる効果的なデジタル技術の導入/活用に強みを持ちつつ、クライアントの新規事業やDX/AIプロジェクトを推進している。共著「Python 実践データ分析100本ノック」「BIツールを使った データ分析のポイント」「Python × APIで動かして学ぶ AI活用プログラミング」（秀和システム）など。

本書サポートページ

秀和システムのウェブサイト

https://www.shuwasystem.co.jp/

本書ウェブページ

本書のサンプルは、以下からダウンロード可能です。

https://www.shuwasystem.co.jp/support/7980html/7142.html

Python実践 データ分析
課題解決ワークブック

発行日	2024年　4月　1日	第1版第1刷

著　者　黒木 賢一／安田 浩平／桑元 凌／下山 輝昌

発行者　斉藤　和邦

発行所　株式会社　秀和システム

　　　　〒135-0016

　　　　東京都江東区東陽2-4-2　新宮ビル2F

　　　　Tel 03-6264-3105（販売）Fax 03-6264-3094

印刷所　日経印刷株式会社　　　　　　　　Printed in Japan

ISBN978-4-7980-7142-8 C3055